普通高等教育"十三五"规划教材
普通高等院校物理精品教材

大学物理简明教程(上册)

主　编　王安蓉　贺叶露　何成林
　　　　刘利利
副主编　孙　跃　刘定兴　邹　星
　　　　许　刚　魏　勇　舒纯军
主　审　陈立万　聂祥飞　赖于树

华中科技大学出版社
中国·武汉

内容简介

本书以物理学的基本概念、定律和方法为核心，在保证物理学知识体系完整的同时，重点突出以物理学的思想和方法来分析问题、解决问题的综合能力的培养和训练，同时结合地方普通高等院校的特点，增补了一些物理学在相关交叉学科的发展和应用实例，理论联系实践，既激发学生的学习兴趣，又丰富知识面，可不断提高学生的综合素质。

全书共分为8章，分别介绍了质点运动学、质点动力学、刚体的转动、机械振动、机械波、光的干涉、光的衍射、光的偏振等内容。每章配有习题，全书最后给出了部分参考答案。

本书为适应不同地区理工类各本科专业、高职、成人教育"大学物理"课程教学和自学而编写，可作为本科生、高职类学生及成人教育类学生的"大学物理"课程教学的教材和自学用书。

图书在版编目(CIP)数据

大学物理简明教程. 上册/王安蓉等主编. —武汉：华中科技大学出版社，2017.9(2020.1重印)
ISBN 978-7-5680-3273-5

Ⅰ.①大… Ⅱ.①王… Ⅲ.①物理学-高等学校-教材 Ⅳ.①O4

中国版本图书馆CIP数据核字(2017)第188379号

大学物理简明教程(上册)
Daxue Wuli Jianming Jiaocheng (Shangce)

王安蓉 贺叶露 何成林 刘利利 主编

策划编辑：范　莹
责任编辑：熊　慧
封面设计：潘　群
责任校对：张会军
责任监印：周治超
出版发行：华中科技大学出版社(中国·武汉)　　电话：(027)81321913
　　　　　武汉市东湖新技术开发区华工科技园　　邮编：430223
录　　排：武汉市洪山区佳年华文印部
印　　刷：武汉科源印刷设计有限公司
开　　本：710mm×1000mm　1/16
印　　张：12.25
字　　数：248千字
版　　次：2020年1月第1版第3次印刷
定　　价：29.80元

前　言

进入21世纪，我国的高等教育已从精英教育逐步走向大众教育。为适应新形势下科学技术的发展对人才培养的新要求，高等教育越来越强化基础教育课程，注重学生综合素质的培养。另外，随着科学技术的发展，学科之间的交叉与融合尤为突出，物理学正进一步向电子、机械、土木、生物、化学、材料科学、医学等学科领域渗透与发展。因此，具有良好的物理基础是学好其他自然科学与工程技术科学的基本保障。物理学所阐述的基本原理、基本知识、基本思想、基本规律和基本方法，不仅是学生学习后续专业课的基础，也是全面提高学生科学素质、科学思维和科学研究能力的重要内容。"大学物理"课程是理工类各专业的必修公共基础课，在培养学生辩证唯物主义世界观、科学时空观等方面起着重要的作用。

本书在保持"大学物理"课程体系的完整性、科学性、系统性和逻辑性等特点的前提下，适当调整了部分内容的顺序和结构，对内容难度大的部分进行删改，在注重陈述物理学的基本知识、概念、规律的同时，适当减少综合性、运算繁复的例题，选用一些切合实际的应用题，增加了一些物理学与其他学科的交叉发展和应用实例。

《大学物理简明教程》分为上、下两册。上册包括力学和波动光学；下册包括热学、电场和磁场、近代物理。其中力学由贺叶露老师编写，波动光学由何成林老师编写，习题由孙跃、刘利利编写，刘定兴、邹星、许刚、魏勇、舒纯军参与了编写讨论与修改，最后由王安蓉老师负责全书的修改和定稿工作。陈立万、聂祥飞和赖于树教授仔细审阅了此书，华中科技大学出版社有关工作人员在本书的编辑出版过程中付出了大量的辛勤劳动，在此一并表示感谢。

不同院校不同专业的物理教学计划学时数可能存在差异，在使用本书时可根据其具体情况对内容进行重组或取舍，书中带"*"号的内容可根据实际教学课时量处理，选择讲授或让学生自己阅读。

由于编者学识和教学经验有限，书中难免存在不当和疏漏之处，恳请各位读者批评指正。

编　者

2017年8月

目　录

第1篇　力　学

第2篇 波动光学

第 1 篇

力　学

力学是物理学中最古老和发展最完美的学科之一。它起源于公元前4世纪古希腊学者亚里士多德关于力产生运动的说法，以及我国《墨经》中关于杠杆原理的论述等。但其成为一门科学理论则始于17世纪伽利略论述惯性运动，继而牛顿提出了力学三大运动定律。

本篇主要讲述质点运动学、质点动力学、刚体的转动，以及机械振动和机械波。

第1章 质点运动学

1.1 质点、参考系和坐标系

机械运动是人们熟悉的一种运动。一个物体相对于另一个物体的位置，或者一个物体的某些部分相对于其他部分的位置，随着时间变化而变化的过程，称为机械运动。为了研究物体的机械运动，不仅需要确定描述物体运动的方法，还需要对复杂的物体运动进行科学合理的抽象，提出物理模型，突出主要矛盾，化繁为简，以利于解决问题。

1.1.1 质点

任何物体都有一定的大小、形状、质量和内部结构，即使是很小的分子、原子以及其他微观粒子也不例外。一般来说，物体运动时，其内部各点的位置变化通常是各不相同的，而且物体的大小和形状也可能发生变化，但是，如果在所研究的问题中，物体的大小和形状不起作用，或者所起的作用并不显著而可以忽略不计，就可以近似地把该物体看作是一个具有质量而大小和形状可以忽略的理想物体，该理想物体称为质点。例如，研究地球绕太阳公转时，由于地球的平均半径(约为 6.4×10^3 km)比地球与太阳间的距离(约为 1.50×10^8 km)小得多，因此地球上各点相对于太阳的运动就可看作是相同的。这时，就可以忽略地球的大小和形状，把地球当作一个质点。但是在研究地球的自转时，如果仍然把地球看作一个质点，则将无法解决实际问题。由此可知，一个物体是否可以抽象为一个质点，应根据问题的不同情况而定。根据具体问题，提出相应的物理模型，这种方法是很有实际意义的。从理论上说，研究质点的运动规律，也是研究物体运动的基础。因为可以把整个物体看作由无数个质点所组成，从这些质点运动的分析入手，就有可能了解整个物体的运动规律。除了有质点模型以外，在后续章节中还会遇到刚体、弹簧谐振子、理想弹性介质、理想气体、点电荷等物理模型。

1.1.2 参考系和坐标系

自然界中的一切物质都处于永恒运动之中，绝对静止的物体是不存在的，大到星系，小到原子、电子，无一不在运动。无论从机械运动来说，还是从其他运动来说，运动和物质都是不可分割的，物质的运动存在于人们的意识之外，这便是运动本身的绝对性。例如,地球在自转的同时绕太阳公转,太阳相对于银河系中心以大约 250 km/s 的速率运动,而我们所处的银河系又相对于其他星系以大约 600 km/s 的速率运动着。

在这些错综复杂的运动中,物体与物体之间有着不同的运动关系。要描述一个物体的机械运动,可根据不同的运动关系,选择另一物体或者几个彼此之间相对静止的物体作为参考,研究这个物体相对于这些物体是如何运动的。被选作参考的物体称为参考系。例如,要研究物体在地面上的运动,可选择路面或者地面上静止的物体作为参考系,要研究宇宙飞船的运动,则常选太阳作为参考系。

同一物体的运动,所选取的参考系不同,对其运动的描述就会不同。例如,在作匀速直线运动的车厢中,有一个自由下落的物体,若以车厢为参考系,则物体作直线运动,若以地面为参考系,则物体作抛物线运动。在不同参考系中,对同一物体具有不同描述的事实,称为运动描述的相对性。

通过上面的讨论,我们知道,要明确地描述一个物体的运动,只有在选取某一确定的参考系后才有可能,而且由此作出的描述总是具有相对性的。为了从数量上确定物体相对于参考系的位置,需要在参考系上选用一个固定的坐标系,一般在参考系上选定一点作为坐标系的原点,取通过原点并标有长度的线作为坐标轴。常用的坐标系是直角坐标系,它的三条坐标轴(x 轴、y 轴和 z 轴)互相垂直。根据需要,也可以选用其他的坐标系,例如,极坐标系、球坐标系或柱坐标系等。

1.2 位置矢量、位移、速度、加速度

1.2.1 位置矢量

在坐标系中,质点的位置常用位置矢量(简称位矢)表示,位矢是从坐标原点指向质点位置的有向线段,用矢量 $\boldsymbol{r}$ 表示。质点位置所在坐标(x,y,z)即为 $\boldsymbol{r}$ 在坐标轴上的三个分量,如图 1.1 所示。

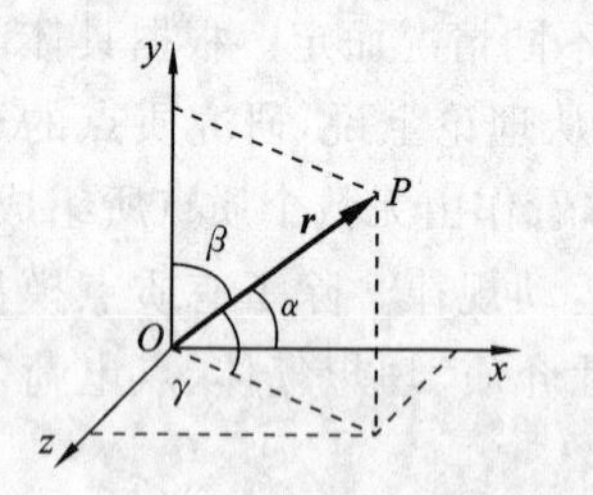

图 1.1 直角坐标系下的位矢

在直角坐标系中,位矢 $\boldsymbol{r}$ 可以表示成

$$\boldsymbol{r}=x\boldsymbol{i}+y\boldsymbol{j}+z\boldsymbol{k} \tag{1.1}$$

式中:$\boldsymbol{i},\boldsymbol{j},\boldsymbol{k}$ 分别表示沿 x,y,z 三轴正方向的单位矢量。

位矢 $\boldsymbol{r}$ 的大小为

$$|\boldsymbol{r}|=r=\sqrt{x^2+y^2+z^2} \tag{1.2}$$

位矢的方向余弦是

$$\cos\alpha=\frac{x}{r},\quad \cos\beta=\frac{y}{r},\quad \cos\gamma=\frac{z}{r} \tag{1.3}$$

若质点的位置随时间发生变化,即质点的坐标(x,y,z)和位矢$\boldsymbol{r}$都是时间t的函数,则这个函数可表示为

$$x=x(t),\quad y=y(t),\quad z=z(t) \tag{1.4a}$$

或

$$\boldsymbol{r}=\boldsymbol{r}(t)=x(t)\boldsymbol{i}+y(t)\boldsymbol{j}+z(t)\boldsymbol{k} \tag{1.4b}$$

它们称为质点的运动学方程。知道了运动学方程,就能确定任意时刻质点的位置,从而确定质点的运动。

已知运动学方程,消去时间t,即可求出质点轨迹方程,即质点在空间的运动路径。若轨迹为直线,则称该运动为直线运动;若轨迹为曲线,则称该运动为曲线运动。轨迹方程和运动方程最明显的区别就在于,轨迹方程不是时间t的显函数。

1.2.2　位移

设曲线AB是质点运动轨迹的一部分,在t时刻,质点在A处,在$t+\Delta t$时刻,质点运动到B处,A、B两点的位置分别用位矢$\boldsymbol{r}_1$、$\boldsymbol{r}_2$表示,在时间Δt内,质点的位置变化,即位矢增量,如图1.2所示。

$$\Delta\boldsymbol{r}=\boldsymbol{r}_2-\boldsymbol{r}_1 \tag{1.5}$$

称为质点的位移矢量,简称位移,在图上用由起始位置A指向终止位置B的有向线段$\overrightarrow{AB}$来表示。位移除了表明B点与A点两个质点的距离外,还表明B点相对于A点的方位。位移是矢量,它的运算遵守矢量加法的平行四边形法则(或三角形法则)。

在直角坐标系中,位移的表达式为

$$\Delta\boldsymbol{r}=(x_B-x_A)\boldsymbol{i}+(y_B-y_A)\boldsymbol{j}+(z_B-z_A)\boldsymbol{k}=\Delta x\boldsymbol{i}+\Delta y\boldsymbol{j}+\Delta z\boldsymbol{k} \tag{1.6}$$

位移的大小为

$$|\Delta\boldsymbol{r}|=\sqrt{(x_B-x_A)^2+(y_B-y_A)^2+(z_B-z_A)^2} \tag{1.7}$$

必须注意,$|\Delta\boldsymbol{r}|\neq\Delta r$。$\Delta r$表示位矢大小的增量,即$\Delta r=|\boldsymbol{r}_2|-|\boldsymbol{r}_1|$,在通常情况下,两者不相等,如图1.3所示。

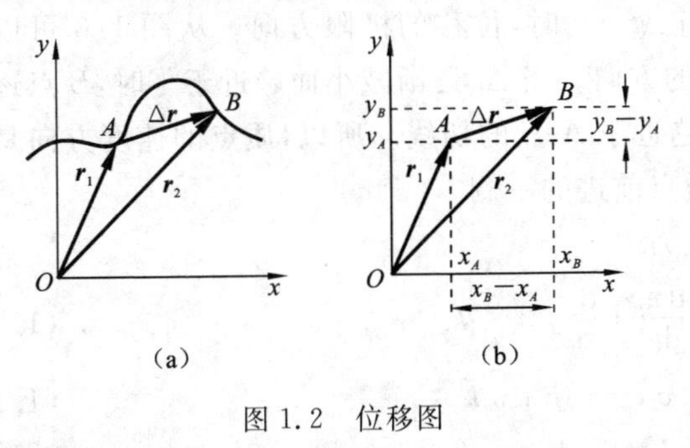

图1.2　位移图

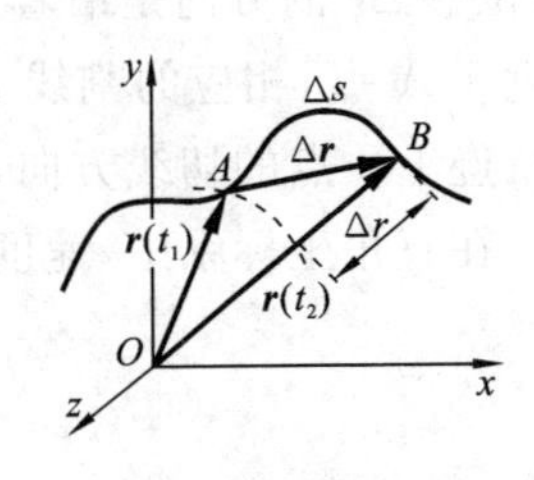

图1.3　位移的大小

另外需要注意的是,位移表示物体位置的改变,并非质点所经历的路程,如图1.3所示,位移是有向线段$\overrightarrow{AB}$,是一个矢量,它的量值$|\Delta\boldsymbol{r}|$为$\overrightarrow{AB}$的长度。路程是标量,

是曲线 AB 的长度,用 Δs 表示。A、B 两点间的路程不是唯一的,但位移却是唯一的。一般来说,$\Delta s \neq |\Delta \boldsymbol{r}|$,只有在 Δt 趋近于零时,才有 $|\mathrm{d}\boldsymbol{r}| = \mathrm{d}s$。应当指出,即使在 Δt 趋近于零时,$|\mathrm{d}\boldsymbol{r}| = \mathrm{d}r$ 这个等式也不成立。

位移和路程的单位均是长度的单位,国际单位制(SI 制)中为 m。

1.2.3 速度

当质点在时间 Δt 内完成了位移 $\Delta \boldsymbol{r}$ 时,为了表示在这段时间内质点运动的快慢程度,将质点的位移 $\Delta \boldsymbol{r}$ 与相应的时间 Δt 的比值,称为质点在 Δt 内的平均速度。

$$\bar{\boldsymbol{v}} = \frac{\Delta \boldsymbol{r}}{\Delta t} \tag{1.8}$$

这就是说,平均速度的方向与位移的方向相同,平均速度的大小与在相应的时间 Δt 内每单位时间的位移大小相同。

在直角坐标系中,平均速度的表达式为

$$\bar{\boldsymbol{v}} = \frac{\Delta x}{\Delta t}\boldsymbol{i} + \frac{\Delta y}{\Delta t}\boldsymbol{j} + \frac{\Delta z}{\Delta t}\boldsymbol{k} \tag{1.9}$$

显然,用平均速度描述物体的运动是比较粗糙的,因为在 Δt 时间内,质点各个时刻的运动情况不一定相同,质点的运动可以时快时慢,方向也可以不断地改变,平均速度不能反映质点运动的真实细节,是一种粗略描述。如果要精确地知道质点在某一时刻或某一位置的实际运动情况,应使 Δt 尽量减小,即 $\Delta t \to 0$,用平均速度的极限值——瞬时速度(简称速度)来描述。

质点在某时刻或者某位置的瞬时速度,等于该时刻附近 $\Delta t \to 0$ 时平均速度的极限值,数学表达式为

$$\boldsymbol{v} = \lim_{\Delta t \to 0} \frac{\Delta \boldsymbol{r}}{\Delta t} = \frac{\mathrm{d}\boldsymbol{r}}{\mathrm{d}t} \tag{1.10}$$

可见,速度等于位矢对时间的一阶导数。

速度是矢量,速度的方向就是当 $\Delta t \to 0$ 时,位移的极限方向。从图 1.3 可以看出,位移 $\Delta \boldsymbol{r}$ 的方向是沿着割线 AB 的方向。当 Δt 逐渐减小而趋近于零时,B 点逐渐趋近于 A 点,相应的割线 AB 逐渐趋近于 A 点的切线。所以,质点的速度方向是沿着轨迹上质点的切线方向,并指向质点前进的一侧。

在直角坐标系中,速度的表达式为

$$\boldsymbol{v} = \frac{\mathrm{d}x}{\mathrm{d}t}\boldsymbol{i} + \frac{\mathrm{d}y}{\mathrm{d}t}\boldsymbol{j} + \frac{\mathrm{d}z}{\mathrm{d}t}\boldsymbol{k} \tag{1.11}$$

$$\boldsymbol{v} = v_x\boldsymbol{i} + v_y\boldsymbol{j} + v_z\boldsymbol{k} \tag{1.12}$$

$$v_x = \frac{\mathrm{d}x}{\mathrm{d}t}, \quad v_y = \frac{\mathrm{d}y}{\mathrm{d}t}, \quad v_z = \frac{\mathrm{d}z}{\mathrm{d}t} \tag{1.13}$$

而速度的大小为

$$v=|\boldsymbol{v}|=\sqrt{v_x^2+v_y^2+v_z^2} \tag{1.14}$$

在描述质点运动时，也常采用“速率”这个物理量。例如，质点在 Δt 时间内行经的路程为 Δs，路程 Δs 与时间 Δt 的比值称为平均速率，数学表达式为

$$\bar{v}=\frac{\Delta s}{\Delta t} \tag{1.15}$$

显然，平均速率是标量，等于质点在单位时间内所行经的路程，不考虑质点运动的方向。因此，不能把平均速率与平均速度等同起来。例如，在某一段时间内，质点环行了一个闭合路径，显然质点的位移等于零，所以平均速度也等于零，而平均速率却不等于零。

但在 $\Delta t \to 0$ 的极限条件下，位移 $\Delta \boldsymbol{r}$ 的量值 $|\Delta \boldsymbol{r}|$ 与路程 Δs 相等，即 $\Delta t \to 0$ 时，$|\mathrm{d}\boldsymbol{r}|=\mathrm{d}s$，所以瞬时速率

$$v=\lim_{\Delta t\to 0}\frac{\Delta s}{\Delta t}=\frac{\mathrm{d}s}{\mathrm{d}t}=\frac{\mathrm{d}|\boldsymbol{r}|}{\mathrm{d}t}=|\boldsymbol{v}| \tag{1.16}$$

瞬时速度的大小即为瞬时速率。

速度和速率在量值上都是长度与时间的比值，国际单位制（SI）中为 m/s。

1.2.4　加速度

质点在轨迹上不同的位置，通常有着不同的速度。如图 1.4 所示，一个质点在时刻 t 位于 A 点时的速度为$\boldsymbol{v}_A$，在时刻 $t+\Delta t$ 位于 B 点时的速度为$\boldsymbol{v}_B$。在时间 Δt 内，质点速度的增量为

$$\Delta \boldsymbol{v}=\boldsymbol{v}_B-\boldsymbol{v}_A \tag{1.17}$$

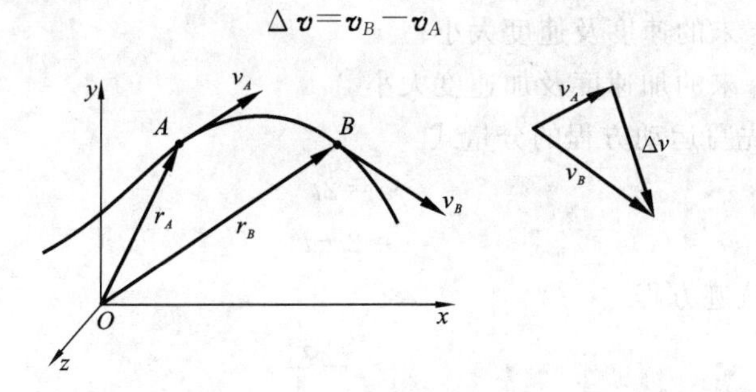

图 1.4　速度的增量

这里要注意，在直线运动中 $\Delta \boldsymbol{v}$的方向和$\boldsymbol{v}_A$ 的方向或者相同，或者相反，所以 $\Delta \boldsymbol{v}$实际上只反映质点速度在量值上有所变化；而在曲线运动中，$\Delta \boldsymbol{v}$的方向和$\boldsymbol{v}_A$ 的方向并不一致，$\Delta \boldsymbol{v}$所描述的速度变化，包括速度方向的变化和速度量值的变化。

与平均速度的定义相类似，质点的平均加速度定义为

$$\bar{\boldsymbol{a}}=\frac{\Delta \boldsymbol{v}}{\Delta t} \tag{1.18}$$

平均加速度只是描述在时间 Δt 内速度的平均变化率,为了精确地描述质点在任一时刻 t(或任一位置处)的速度的变化率,必须在平均加速度概念的基础上引入瞬时加速度的概念,瞬时加速度(简称加速度)定义为

$$\boldsymbol{a}=\lim_{\Delta t\to 0}\frac{\Delta \boldsymbol{v}}{\Delta t}=\frac{\mathrm{d}\boldsymbol{v}}{\mathrm{d}t}=\frac{\mathrm{d}^2\boldsymbol{r}}{\mathrm{d}t^2} \tag{1.19}$$

可见,加速度等于速度对时间的一阶导数,或等于位矢对时间的二阶导数。

加速度是矢量,加速度的方向就是当 $\Delta t\to 0$ 时,速度增量 $\Delta\boldsymbol{v}$ 的极限方向。应该注意:$\Delta\boldsymbol{v}$ 的方向和它的极限方向不一致。

在直角坐标系中,加速度的三个分量 a_x、a_y、a_z 分别是

$$a_x=\frac{\mathrm{d}v_x}{\mathrm{d}t}=\frac{\mathrm{d}^2x}{\mathrm{d}t^2},\quad a_y=\frac{\mathrm{d}v_y}{\mathrm{d}t}=\frac{\mathrm{d}^2y}{\mathrm{d}t^2},\quad a_z=\frac{\mathrm{d}v_z}{\mathrm{d}t}=\frac{\mathrm{d}^2z}{\mathrm{d}t^2} \tag{1.20}$$

$\boldsymbol{a}$ 的表达式为

$$\boldsymbol{a}=a_x\boldsymbol{i}+a_y\boldsymbol{i}+a_z\boldsymbol{k} \tag{1.21}$$

加速度的量值为

$$a=\sqrt{a_x^2+a_y^2+a_z^2} \tag{1.22}$$

例 1.1　已知质点的运动方程 $\boldsymbol{r}=2t\boldsymbol{i}+(2-t^2)\boldsymbol{j}$(国际单位制),求:

(1) 质点的轨迹;

(2) $t=0$ s 及 $t=2$ s 时,质点的位置矢量;

(3) $t=0$ s 到 $t=2$ s 时间内的位移;

(4) $t=0$ s 到 $t=2$ s 内的平均速度;

(5) $t=2$ s 末的速度及速度大小;

(6) $t=2$ s 末的加速度及加速度大小。

解　(1) 先写运动方程的分量式

$$x=2t$$

$$y=2-t^2$$

消去 t 得轨迹方程

$$y=2-\frac{x^2}{4}$$

为一条抛物线。

(2) $t=0$ s 及 $t=2$ s 时,质点的位置矢量

$t=0$ s 时,　　$\boldsymbol{r}=2\boldsymbol{j}$

$t=2$ s 时,　　$\boldsymbol{r}=4\boldsymbol{i}-2\boldsymbol{j}$

(3) $t=0$ s 到 $t=2$ s 时间内的位移

$$\Delta\boldsymbol{r}=\boldsymbol{r}_{t=2\,\mathrm{s}}-\boldsymbol{r}_{t=0\,\mathrm{s}}=4\boldsymbol{i}-2\boldsymbol{j}-2\boldsymbol{j}=4\boldsymbol{i}-4\boldsymbol{j}$$

大小　　$|\Delta\boldsymbol{r}|=\sqrt{4^2+(-4)^2}\ \mathrm{m}=5.66\ \mathrm{m}$

方向 $$\theta_0=\arctan\frac{-4}{4}=-\frac{\pi}{4}$$

(4) 0～2 s 内的平均速度

$$\bar{\boldsymbol{v}}=\frac{\Delta\boldsymbol{r}}{\Delta t}=\frac{\Delta x}{\Delta t}\boldsymbol{i}+\frac{\Delta y}{\Delta t}\boldsymbol{j}=2\boldsymbol{i}-2\boldsymbol{j}$$

大小 $$|\bar{\boldsymbol{v}}|=\sqrt{\bar{v}_x^2+\bar{v}_y^2}=2.82\ \text{m/s}$$

(5) 速度

$$\boldsymbol{v}=\frac{\mathrm{d}\boldsymbol{r}}{\mathrm{d}t}=\frac{\mathrm{d}x}{\mathrm{d}t}\boldsymbol{i}+\frac{\mathrm{d}y}{\mathrm{d}t}\boldsymbol{j}=2\boldsymbol{i}-2t\boldsymbol{j}$$

$$\boldsymbol{v}_{t=2\ \mathrm{s}}=2\boldsymbol{i}-4\boldsymbol{j}$$

大小 $$v_{t=2\ \mathrm{s}}=\sqrt{v_x^2+v_y^2}=4.47\ \text{m/s}$$

(6) 加速度

$$\boldsymbol{a}=\frac{\mathrm{d}\boldsymbol{v}}{\mathrm{d}t}=-2\boldsymbol{j}$$

$$\boldsymbol{a}_{t=2\ \mathrm{s}}=-2\boldsymbol{j}$$

加速度大小 $a=2\ \text{m/s}^2$，方向沿 y 轴负方向。

1.3　圆周运动及其描述

圆周运动是曲线运动的一个重要特例。研究圆周运动以后，再研究一般曲线运动就比较方便。物体绕定轴转动时，物体中每个质点都是作圆周运动，所以，圆周运动又是研究物体转动的基础。

在一般圆周运动中，质点速度的大小和方向都在改变着，亦即存在着加速度。为了使加速度的物理意义更为清晰，通常在圆周运动的研究中，都采用自然坐标系。

1.3.1　切向加速度和法向加速度

如图 1.5(a)所示，设质点绕圆心 O 在作变速圆周运动。在轨迹上任一点可建立如下坐标系，其中一根坐标轴沿轨迹在该点 P 的切线方向，该方向单位矢量用 $\boldsymbol{e}_\tau$ 表示，另一坐标轴沿该点轨迹的法线方向凹侧，相应单位矢量用 $\boldsymbol{e}_\mathrm{n}$ 表示，这种坐标系就称为自然坐标系。显然，沿轨迹上各点，自然坐标轴的方位是不断地变化着的。

质点的速度是沿着轨迹的切线方向的，因此，在自然坐标系中，可将它写成

$$\boldsymbol{v}=v\boldsymbol{e}_\tau$$

加速度 $\boldsymbol{a}$ 可由上式对时间求导数得出。应该注意，上式右方不仅速率 v 是变量，而且由于轨迹上各点的切线方向不同，故其单位矢量 $\boldsymbol{e}_\tau$ 也是一个变量。设在 $\mathrm{d}t$ 时间内 $\boldsymbol{e}_\tau$ 的增量为 $\mathrm{d}\boldsymbol{e}_\tau$，则由加速度的定义得

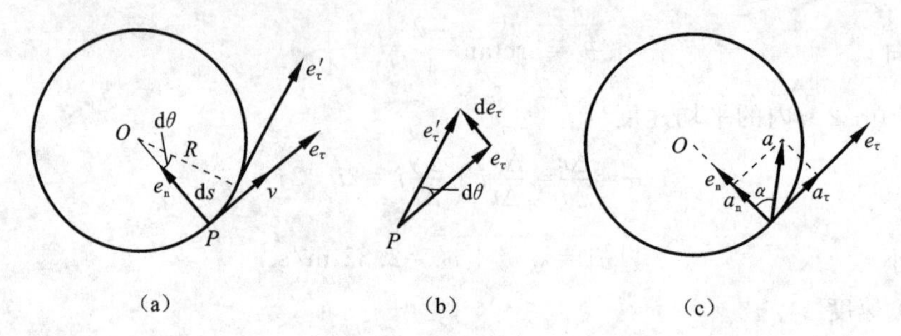

图 1.5 自然坐标系

$$\boldsymbol{a}=\frac{\mathrm{d}}{\mathrm{d}t}(v\boldsymbol{e}_\tau)=\frac{\mathrm{d}v}{\mathrm{d}t}\boldsymbol{e}_\tau+v\frac{\mathrm{d}\boldsymbol{e}_\tau}{\mathrm{d}t}$$

由图 1.5(b)可见,$\mathrm{d}\boldsymbol{e}_\tau$ 的方向垂直于 $\boldsymbol{e}_\tau$ 并指向圆心,所以它与 $\boldsymbol{e}_n$ 的方向一致。因单位矢量 $\boldsymbol{e}_\tau$ 的长度是 1,所以 $\mathrm{d}\boldsymbol{e}_\tau$ 的大小应为 $|\boldsymbol{e}_\tau|\mathrm{d}\theta=\mathrm{d}\theta$,于是 $\mathrm{d}\boldsymbol{e}_\tau=\mathrm{d}\theta\boldsymbol{e}_n$,因而

$$\frac{\mathrm{d}\boldsymbol{e}_\tau}{\mathrm{d}t}=\frac{\mathrm{d}\theta}{\mathrm{d}t}\boldsymbol{e}_n=\frac{\mathrm{d}(R\theta)}{R\mathrm{d}t}\boldsymbol{e}_n=\frac{1}{R}\frac{\mathrm{d}s}{\mathrm{d}t}\boldsymbol{e}_n=\frac{v}{R}\boldsymbol{e}_n$$

式中:$\mathrm{d}s$ 为质点在时间 $\mathrm{d}t$ 内经过的弧长,将上式代入 $\boldsymbol{a}$ 的表达式,即得

$$\boldsymbol{a}=\frac{\mathrm{d}v}{\mathrm{d}t}\boldsymbol{e}_\tau+\frac{v^2}{R}\boldsymbol{e}_n \tag{1.23}$$

由此可见,如图 1.5(c)所示,运动的加速度可分解为相互正交的切向加速度 $\boldsymbol{a}_\tau$ 和法向加速度 $\boldsymbol{a}_n$。

$$\boldsymbol{a}_\tau=\frac{\mathrm{d}v}{\mathrm{d}t}\boldsymbol{e}_\tau,\quad \boldsymbol{a}_n=\frac{v^2}{R}\boldsymbol{e}_n \tag{1.24}$$

切向加速度的大小 $\mathrm{d}v/\mathrm{d}t$ 表示质点速度大小变化的快慢,法向加速度的大小 v^2/R 表示质点速度方向变化的快慢。

总加速度 $\boldsymbol{a}$ 的大小为

$$a=\sqrt{a_\tau^2+a_n^2}=\sqrt{\left(\frac{\mathrm{d}v}{\mathrm{d}t}\right)^2+\left(\frac{v^2}{R}\right)^2} \tag{1.25}$$

其方向可用它和 $\boldsymbol{e}_n$ 间的夹角 α 表示

$$\alpha=\arctan\frac{a_\tau}{a_n} \tag{1.26}$$

如果质点作匀速圆周运动,那么 $\mathrm{d}v/\mathrm{d}t=0$,于是 $\boldsymbol{a}_\tau=0$,这时质点只有法向加速度 $a_n=v^2/R$,即速度只改变方向而不改变大小。

应该指出,以上有关变速圆周运动中加速度的讨论及其结果,对任何平面上的曲线运动也都是适用的,但要注意,与圆周运动中恒定半径 R 不同,计算式中要用 ρ 来代替 R,ρ 是曲线在该点处的曲率半径。一般说来,曲线上各点处的曲率中心和曲率半径是逐点变化的,但法向加速度 $\boldsymbol{a}_n$ 处处指向曲率中心。质点运动时,如果同时有法向加速度和切向加速度,那么速度的方向和大小将同时改变,这是一般曲线运动的特征。质点运动时，如果只有切向加速度，没有法向加速度，那么速度不改变方向而只改变大小，这就是变速直线运动。如果只有法向加速度，没有切向加速度，那么速度只改变方向而不改变大小，这就是匀速曲线运动。

综上所述，加速度这个物理量之所以重要，在于它能够反映速度变化的快慢。读者或许会问，加速度有变化，要不要用什么物理量来反映呢？单从质点运动学的角度，回答不了这个问题，要学到质点动力学才会明白。

1.3.2　圆周运动的角量描述

质点作圆周运动时，由于其轨道的曲率半径处处相等，而速度方向始终在圆周的切线上，因此，对圆周运动常常采用平面自然坐标系为基础的线量描述和以平面极坐标系为基础的角量描述。对平面自然坐标系前面已作介绍，现简单介绍平面极坐标系如下。

如图1.6所示，一质点在平面Oxy内，绕原点O作圆周运动，如果在时刻t，质点在A点，半径OA与Ox轴成θ角，θ角称为角位置。在时刻$t+\Delta t$，质点到达B点，半径OB与Ox轴成$\theta+\Delta\theta$角，即在Δt时间内，质点转过角度$\Delta\theta$，$\Delta\theta$称为质点对O点的角位移。角位移不但有大小，而且有转向，一般规定沿逆时针转向的角位移取正值，沿顺时针转向的角位移取负值。

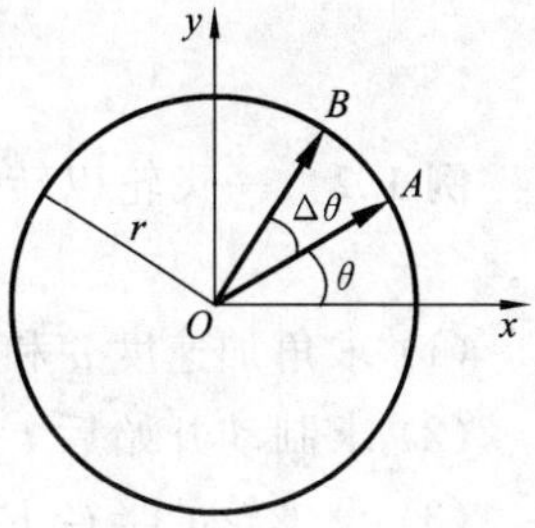

图1.6　角位移

角位移$\Delta\theta$与时间Δt之比在Δt趋于零时的极限值为

$$\omega=\lim_{\Delta t\to 0}\frac{\Delta\theta}{\Delta t}=\frac{d\theta}{dt} \tag{1.27}$$

式中：ω称为某一时刻t质点对O点的瞬时角速度，简称角速度。

设质点在某一时刻的角速度为ω_0，经过时间Δt后，角速度为ω，因此$\Delta\omega=\omega-\omega_0$称为在这段时间内角速度的增量。角速度的增量$\Delta\omega$与时间$\Delta t$之比在$\Delta t$趋于零时的极限值为

$$\alpha=\lim_{\Delta t\to 0}\frac{\Delta\omega}{\Delta t}=\frac{d\omega}{dt} \tag{1.28}$$

式中：α称为某一时刻t质点对O点的瞬时角加速度，简称角加速度。

角位移的单位是rad，角速度和角加速度的单位分别为1/s和$1/s^2$或rad/s和rad/s^2。

质点作匀速和匀变速圆周运动时，用角量表示的运动学方程与匀速和匀变速直线运动的运动学方程完全相似。匀速圆周运动的运动学方程为

$$\theta=\theta_0+\omega t \tag{1.29}$$

匀变速圆周运动的运动学方程为

$$\left.\begin{aligned}&\omega=\omega_0+\alpha t\\&\theta=\theta_0+\omega_0 t+\frac{1}{2}\alpha t^2\\&\omega^2=\omega_0^2+2\alpha(\theta-\theta_0)\end{aligned}\right\}\tag{1.30}$$

式中:θ、θ_0、ω、ω_0 和 α 分别表示角位置、初角位置、角速度、初角速度和角加速度。

不难证明,质点作圆周运动时,有关线量(速度、加速度)和角量(角速度、角加速度)之间存在如下关系:

$$\left.\begin{aligned}&\mathrm{d}s=R\mathrm{d}\theta\\&v=\frac{\mathrm{d}s}{\mathrm{d}t}=R\frac{\mathrm{d}\theta}{\mathrm{d}t}=R\omega\\&a_\tau=\frac{\mathrm{d}v}{\mathrm{d}t}=R\frac{\mathrm{d}\omega}{\mathrm{d}t}=R\alpha\\&a_\mathrm{n}=\frac{v^2}{R}=R\omega^2\end{aligned}\right\}\tag{1.31}$$

例 1.2 一飞轮以转速 $n=1500$ r/min 转动,受制动后均匀地减速,经 $t=50$ s 静止。

(1) 求角加速度 α 和从制动开始到静止飞轮的转数 N;

(2) 求制动开始后 $t=25$ s 时,飞轮的角速度 ω;

(3) 设飞轮的半径 $R=1$ m,求 $t=25$ s 时,飞轮边缘上任一点的速度和加速度。

解 旋转速度 n 表示单位时间内转过的圈数,单位是转/分(r/min),与角速度之间的关系为

$$\omega=\frac{n\pi}{30}$$

(1) 由题意知

$$\omega_0=2\pi n=2\pi\times\frac{1500}{60}=50\pi\ \mathrm{rad/s}$$

当 $t=50$ s 时,$\omega=0$,由式(1.30)可得

$$\alpha=\frac{\omega-\omega_0}{t}=\frac{-50\pi}{50}\ \mathrm{rad/s^2}=-\pi\ \mathrm{rad/s^2}$$

从开始到静止,质点的角位移及转数分别为

$$\theta-\theta_0=\omega_0 t+\frac{1}{2}\alpha t^2=\left(50\pi\times50-\frac{\pi}{2}\times50^2\right)\mathrm{rad}=1250\pi\ \mathrm{rad}$$

$$N=\frac{1250\pi}{2\pi}=625$$

(2) $t=25$ s 时质点的角速度为

$$\omega=\omega_0+\alpha t=(50\pi-25\pi)\ \mathrm{rad/s}=25\pi\ \mathrm{rad/s}$$

(3) $t=25$ s时质点的速度为

$$v=R\omega=1\times25\pi\ \text{m/s}=78.5\ \text{m/s}$$

相应的切向加速度和法向加速度为

$$a_\tau=R\alpha=-\pi\ \text{m/s}^2=-3.14\ \text{m/s}^2$$

$$a_\text{n}=R\omega^2=1\times(25\pi)^2\ \text{m/s}^2=6.16\times10^3\ \text{m/s}^2$$

1.3.3 运动学中的两类问题

(1) 由已知的运动方程求速度、加速度。求解这类问题主要是运用求导的方法。

例1.3 已知一质点的运动方程为 $\boldsymbol{r}=3t\boldsymbol{i}-4t^2\boldsymbol{j}$，式中 $\boldsymbol{r}$ 以 m 计，t 以 s 计，求质点的运动轨迹、速度、加速度。

解 将运动方程写成分量式

$$x=3t,\quad y=-4t^2$$

消去参变量 t，得轨迹方程 $4x^2+9y=0$，这是顶点在原点的抛物线。

由速度的定义得

$$\boldsymbol{v}=\frac{\mathrm{d}\boldsymbol{r}}{\mathrm{d}t}=3\boldsymbol{i}-8t\boldsymbol{j}$$

其模为 $v=\sqrt{3^2+(-8t)^2}$，与 x 轴的夹角 $\theta=\arctan\dfrac{-8t}{3}$。

由加速度的定义得

$$\boldsymbol{a}=\frac{\mathrm{d}\boldsymbol{v}}{\mathrm{d}t}=-8\boldsymbol{j}$$

即加速度的方向沿 y 轴负方向，大小为 8 m/s^2。

例1.4 一质点沿半径为 1 m 的圆周运动，它通过的弧长 s 按 $s=t+2t^2$ 的规律变化，问它在 2 s 末的速率、切向加速度、法向加速度各是多少？

解 由速率的定义，有

$$v=\frac{\mathrm{d}s}{\mathrm{d}t}=1+4t$$

将 $t=2$ 代入，得 2 s 末的速率为

$$v=(1+4\times2)\ \text{m/s}=9\ \text{m/s}$$

其法向加速度为

$$a_\text{n}=\frac{v^2}{R}=81\ \text{m/s}^2$$

由切向加速度的定义，得

$$a_\tau=\frac{\mathrm{d}^2s}{\mathrm{d}t^2}=4\ \text{m/s}^2$$

例1.5 一质点沿半径为 1 m 的圆周转动，其角量运动方程为 $\theta=2+3t-4t^3$（单

位:rad),求质点在 2 s 末的速率和切向加速度。

解　因为
$$\omega=\frac{d\theta}{dt}=3-12t^2$$
$$\alpha=\frac{d\omega}{dt}=-24t$$

将 $t=2$ s 代入,得 2 s 末的角速度为
$$\omega=(3-12\times2^2)\ \text{rad/s}=-45\ \text{rad/s}$$
2 s 末的角加速度为
$$\alpha=-24\times2\ \text{rad/s}^2=-48\ \text{rad/s}^2$$
$$v=R\omega=-45\ \text{m/s}$$
切向加速度为
$$a_\tau=R\alpha=-48\ \text{m/s}^2$$

(2) 已知加速度和初始条件,求速度和运动方程。求解这类问题要用积分的方法。

例 1.6　一质点沿 x 轴运动,其加速度 $a=-kv^2$,式中 k 为正常数,设 $t=0$ 时,$x=0$,$v=v_0$。

(1) 求 v 和 x 作为 t 的函数表达式;

(2) 求 v 作为 x 的函数表达式。

解　(1) 因为
$$dv=adt=-kv^2dt$$
分离变量得
$$\frac{dv}{v^2}=-kdt$$
积分得
$$kt=\frac{1}{v}+c_1$$
因为 $t=0$ 时,$v=v_0$,所以 $c_1=-\frac{1}{v_0}$,代入并整理得
$$v=\frac{v_0}{1+v_0kt}$$
再由 $dx=vdt$,将 v 的表达式代入,并取积分得
$$x=\int\frac{v_0dt}{1+v_0kt}+c_2=\frac{1}{k}\ln(1+v_0kt)+c_2$$
因为 $t=0$ 时,$x=0$,所以 $c_2=0$,于是
$$x=\frac{1}{k}\ln(1+kv_0t)$$

(2) 因为
$$a=\frac{dv}{dt}=\frac{dv}{dx}\frac{dx}{dt}=v\frac{dv}{dx}$$
所以有
$$v\frac{dv}{dx}=-kv^2$$

分离变量,并取积分

$$-\int k\mathrm{d}x=\int\frac{\mathrm{d}v}{v}+c_3$$

$$-kx=\ln v+c_3$$

因为 $x=0$ 时,$v=v_0$,所以 $c_3=-\ln v_0$,代入并整理得

$$v=v_0\mathrm{e}^{-kx}$$

例 1.7 一质点受阻力作用沿圆周作减速转动过程中,其角加速度与角位置 θ 成正比,比例系数为 $k(k>0)$,且 $t=0$ 时,$\theta_0=0$,$\omega=\omega_0$。

(1) 求角速度作为 θ 的函数表达式;

(2) 求最大角位移。

解 (1) 依题意 $\alpha=-k\theta$,即

$$\alpha=\frac{\mathrm{d}\omega}{\mathrm{d}t}=\frac{\mathrm{d}\omega}{\mathrm{d}\theta}\frac{\mathrm{d}\theta}{\mathrm{d}t}=\frac{\mathrm{d}\omega}{\mathrm{d}\theta}\omega$$

所以有

$$-k\theta=\frac{\mathrm{d}\omega}{\mathrm{d}\theta}\omega$$

分离变量并积分,且考虑到 $t=0$ 时,$\theta_0=0$,$\omega=\omega_0$,有

$$-\int_0^\theta k\theta\mathrm{d}\theta=\int_{\omega_0}^{\omega}\omega\mathrm{d}\omega$$

得

$$\frac{\omega^2}{2}-\frac{\omega_0^2}{2}=-k\frac{\theta^2}{2}$$

所以

$$\omega=\sqrt{\omega_0^2-k\theta^2}\quad(\text{取正值})$$

(2) 最大角位移发生在 $\omega=0$ 时,所以

$$\theta=\frac{1}{\sqrt{k}}\omega_0\quad(\text{只能取正值})$$

1.4 相对运动

在第1.1.1小节中曾指出,选取的参考系不同,对同一物体运动的描述就会不同。这反映了运动描述的相对性。运动的相对性表明,只有相对于确定的参考系,才能对运动进行量度。换句话说,要了解质点是运动还是静止,只有对确定的参考系才有意义。描述质点运动的许多物理量,如位矢、速度和加速度,都具有这种相对性。例如,在无风的下雨天,一位坐在车内的乘客,他看到的雨滴的速度是随车辆运行情况不同而变的。当车辆静止时,他看到雨滴是在竖直下落。当车辆运动时,他看到雨滴沿斜线迎面而来,车速越快,他看到雨滴倾斜程度越大。我们不禁要问,车辆静止时车内旅客所测到的雨滴速度 $\boldsymbol{v}_k$ 与车辆运动时车内旅客所测到的雨滴速度 $\boldsymbol{v}_{k'}$ 之间

究竟是什么关系?

1.4.1　伽利略坐标变换

设两个参考系之间的相对运动为平动。取静止的车辆为基本坐标系 K,而以速度 $\boldsymbol{v}$ 运动的车辆为运动参考系 K'。质点(雨滴)P 在 K 系和 K' 系中的位矢分别为 $\boldsymbol{r}$ 和 $\boldsymbol{r}'$,并以 $\boldsymbol{R}$ 代表 K' 系原点 O' 对 K 系原点 O 的位矢。从图 1.7 可见

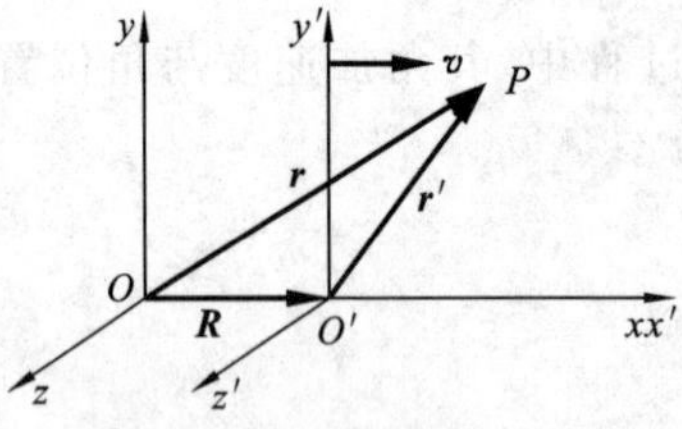

$$\boldsymbol{r}=\boldsymbol{R}+\boldsymbol{r}' \tag{1.32}$$

图 1.7　运动描述的相对性

式(1.32)表明了位矢的相对性。同一质点在不同参考系中的位矢是不同的。质点 P 在 K 系中的位矢 $\boldsymbol{r}$ 等于它在 K' 系中的位矢 $\boldsymbol{r}'$ 与 O' 相对于 O 的位矢 $\boldsymbol{R}$ 的矢量和。式(1.32)似乎让人一看就明白,非常简单,其实式子成立是有条件的。

首先,从 K 系讨论。$\boldsymbol{r}$ 和 $\boldsymbol{R}$ 为 K 的观测值,而 $\boldsymbol{r}'$ 是 K' 的观测值。在矢量相加时,各矢量必须由同一坐标系来测定,所以,只有 K 系观测得 $\overline{O'P}$ 的矢量值确实与 $\boldsymbol{r}'$ 相同,对 K 系才有 $\boldsymbol{r}=\boldsymbol{R}+\boldsymbol{r}'$。由此可见,上式成立的条件是:空间绝对性。

其次,运动的研究不仅涉及空间,还要涉及时间。同一运动所经历的时间,由 K 系观测为 t,由 K' 系观测为 t',日常经验告诉我们,两者是相同的,即 $t=t'$,这表明时间与坐标系无关,这个结论称为时间绝对性。因此 $\boldsymbol{R}=\boldsymbol{v}t=\boldsymbol{v}t'$。

上述关于时间和空间的两个结论构成了经典力学的绝对时空观。这种观点是和大量日常经验相符合的。

综上所述,质点 P 在 K' 系中的空间坐标 (x',y',z')、时间坐标 t' 与 K 系中的空间坐标 (x,y,z)、时间坐标 t 之间的关系式为

$$\left.\begin{aligned}\boldsymbol{r}'&=\boldsymbol{r}-\boldsymbol{v}t\\ t'&=t\end{aligned}\right\}\quad\text{或}\quad\left.\begin{aligned}\boldsymbol{r}&=\boldsymbol{r}'+\boldsymbol{v}t\\ t&=t'\end{aligned}\right\} \tag{1.33a}$$

或者写成

$$\left.\begin{aligned}x'&=x-vt\\ y'&=y\\ z'&=z\\ t'&=t\end{aligned}\right\}\quad\text{或}\quad\left.\begin{aligned}x&=x'+vt\\ y&=y'\\ z&=z'\\ t&=t'\end{aligned}\right\} \tag{1.33b}$$

两个坐标系间的关系式称为伽利略(坐标)变换式。

1.4.2　速度变换与加速度变换

为了求出同一质点在各个参考系中的速度之间的关系,将式(1.32)对时间求导,即得

$$\frac{\mathrm{d}\boldsymbol{r}}{\mathrm{d}t}=\frac{\mathrm{d}\boldsymbol{R}}{\mathrm{d}t}+\frac{\mathrm{d}\boldsymbol{r}'}{\mathrm{d}t}$$

根据速度的定义，$\frac{\mathrm{d}\boldsymbol{r}}{\mathrm{d}t}$和$\frac{\mathrm{d}\boldsymbol{r}'}{\mathrm{d}t}$分别为质点 P 相对于 K 系和 K'系的速度，用$\boldsymbol{v}_{PK}$和$\boldsymbol{v}_{PK'}$表示，$\frac{\mathrm{d}\boldsymbol{R}}{\mathrm{d}t}$为$K'$系的原点$O'$相对于 K 系的速度，用$\boldsymbol{v}_{KK'}$表示。于是上式可写成

$$\boldsymbol{v}_{PK}=\boldsymbol{v}_{PK'}+\boldsymbol{v}_{KK'} \tag{1.34}$$

即质点 P 对 K 系的速度$\boldsymbol{v}_{PK}$等于 P 对 K'系速度$\boldsymbol{v}_{PK'}$和 K'系对 K 系速度$\boldsymbol{v}_{KK'}$的矢量和。

将上式对时间求导，就得到质点 P 在两个参考系中的加速度之间的关系，即

$$\boldsymbol{a}_{PK}=\boldsymbol{a}_{PK'}+\boldsymbol{a}_{KK'} \tag{1.35}$$

即质点 P 对 K 系的加速度$\boldsymbol{a}_{PK}$等于P 对 K'系加速度$\boldsymbol{a}_{PK'}$和 K'系对 K 系加速度$\boldsymbol{a}_{KK'}$的矢量和。

如果 K 和 K'间没有加速度，即$\boldsymbol{a}_{KK'}=0$，则$\boldsymbol{a}_{PK}=\boldsymbol{a}_{PK'}$。这时质点在两个相对作匀速直线运动的参考系中的加速度是相同的。这表明质点的加速度对于相对作匀速直线运动的各个参考系是个绝对量。

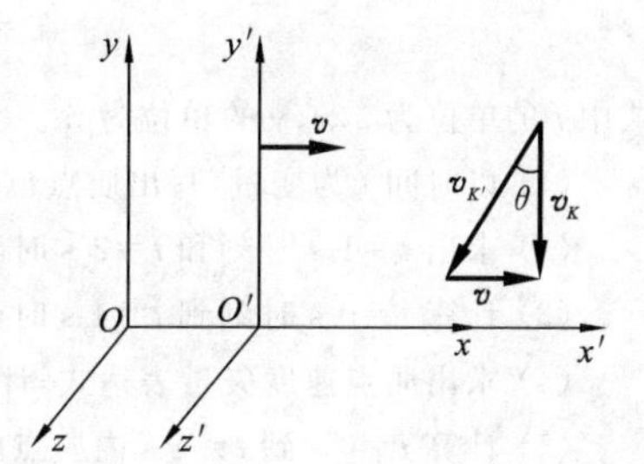

图 1.8　速度变换

回到雨滴的运动上来。应用式(1.34)，已知雨滴对静止车辆的速度$\boldsymbol{v}_K$是垂直于地面的，而运动车辆对地的速度$\boldsymbol{v}$则在水平方向上，如图 1.8 所示。

由图 1.8 可见，雨滴与竖直方向的夹角θ可由下式求出：

$$\tan\theta=\frac{v}{v_K} \tag{1.36}$$

如果运动车辆中的旅客测得雨滴的偏角满足式(1.36)，则这无疑是给经典力学观点提供了实验基础。实践表明，对雨滴运动这类低速运动，式(1.33)和式(1.36)是成立的。但对于高速现象，它们就失效了，只有用相对论力学才能解决。

习　题　1

一、选择题。

(1) 一运动质点在某瞬时位于矢径 $\boldsymbol{r}(x,y)$的端点处，其速度大小为(　　)。

(A) $\frac{\mathrm{d}r}{\mathrm{d}t}$　　(B) $\frac{\mathrm{d}\boldsymbol{r}}{\mathrm{d}t}$　　(C) $\frac{\mathrm{d}|\boldsymbol{r}|}{\mathrm{d}t}$　　(D) $\sqrt{\left(\frac{\mathrm{d}x}{\mathrm{d}t}\right)^2+\left(\frac{\mathrm{d}y}{\mathrm{d}t}\right)^2}$

(2) 一质点作直线运动，某时刻的瞬时速度 $v=2$ m/s，瞬时加速度 $a=-2$ m/s^2，则 1 s 后质点的速度(　　)。

(A) 等于零　　(B) 等于-2 m/s　　(C) 等于 2 m/s　　(D) 不能确定

(3) 一质点沿半径为 R 的圆周作匀速率运动，每 t 秒转一圈，在 $2t$ 时间间隔中，其平均速度和平均速率分别为(　　)。

(A) $\frac{2\pi R}{t},\frac{2\pi R}{t}$　　(B) $0,\frac{2\pi R}{t}$　　(C) 0,0　　(D) $\frac{2\pi R}{t}$,0

二、填空题。

(1) 一质点以 π m/s 的匀速率作半径为 5 m 的圆周运动，则该质点在 5 s 内，位移的大小是______；经过的路程是______。

(2) 一质点沿 x 方向运动，其加速度随时间的变化关系为 $a=3+2t$(SI)，如果初始时刻质点的速度 v_0 为 5 m/s，则当 t 为 3 s 时，质点的速度 $v=$______。

(3) 轮船在水上以相对于水的速度 $\boldsymbol{v}_1$ 航行，水流速度为 $\boldsymbol{v}_2$，一人相对于甲板以速度 $\boldsymbol{v}_3$ 行走。如人相对于岸静止，则 $\boldsymbol{v}_1$、$\boldsymbol{v}_2$ 和 $\boldsymbol{v}_3$ 的关系是______。

三、一质点在 xOy 平面上运动，运动方程为

$$x=3t+5,\quad y=\frac{1}{2}t^2+3t-4$$

式中 t 的单位为 s，x，y 的单位为 m。

(1) 以时间 t 为变量，写出质点位置矢量的表达式；

(2) 求出 $t=1$ s 时刻和 $t=2$ s 时刻的位置矢量，计算这 1 s 内质点的位移；

(3) 计算 $t=0$ s 时刻到 $t=4$ s 时刻内的平均速度；

(4) 求出质点速度矢量表达式，计算 $t=4$ s 时质点的速度；

(5) 计算 $t=0$ s 到 $t=4$ s 内质点的平均加速度；

(6) 求出质点加速度矢量的表达式，计算 $t=4$ s 时质点的加速度(请把位置矢量、位移、平均速度、瞬时速度、平均加速度、瞬时加速度都表示成直角坐标系中的矢量式)。

四、质点沿 x 轴运动，其加速度和位置的关系为 $a=2+6x^2$，a 的单位为 m/s²，x 的单位为 m。质点在 $x=0$ 处，速度为 10 m/s，试求质点在任何坐标处的速度值。

五、已知一质点作直线运动，其加速度为 $a=4+3t$ m/s²，开始运动时，$x=5$ m，$v=0$，求该质点在 $t=10$ s 时的速度和位置。

六、一质点沿半径为 1 m 的圆周运动，运动方程为 $\theta=2+3t^3$，式中 θ 以弧度计，t 以秒计，求：

(1) $t=2$ s 时，质点的切向和法向加速度；

(2) 当加速度的方向和半径成 45°时，其角位移是多少？

七、质点沿半径为 R 的圆周按 $s=v_0t-\frac{1}{2}bt^2$ 的规律运动，式中 s 为质点离圆周上某点的弧长，v_0，b 都是常量。求：

(1) t 时刻质点的加速度；

(2) t 为何值时，加速度在数值上等于 b。

八、飞轮半径为 0.4 m，自静止启动，其角加速度为 $\beta=0.2$ rad/s²，求 $t=2$ s 时边缘上各点的速度、法向加速度、切向加速度和合加速度。

九、一艘船以速率 $v_1=30$ km/h 沿直线向东行驶，另一艘小艇在其前方以速率 $v_2=40$ km/h 沿直线向北行驶，问在船上看小艇的速度为多少？在艇上看船的速度又为多少？

阅读材料

混　沌

1. 线性系统与非线性系统

从17世纪开始,以牛顿运动定律为基础建立起来的经典力学体系,无论在自然科学还是在工程技术领域都取得了巨大的成功。上至星移斗转,下至车船行驶,大至日月星辰,小至原子微粒,都有牛顿力学的用武之地。然而,牛顿运动定律的魅力更在于它的确定性,即只要知道了物体的受力情况及它的初始条件,那么这个物体的“过去、现在、未来”等一切都在掌握之中。1757年哈雷彗星在预定时间回归、1846年海王星在预言的方位上被发现,都惊人地证明了这种认识。牛顿运动定律对大量经典系统的动力学行为的描述获得了巨大的成功,使得人们对自然现象的确定性深信不疑。法国数学家拉普拉斯曾断言:给定宇宙的初始条件,我们就能预言它的未来!

与确定性理论完全对立的是19世纪后半叶逐步建立起来的随机性理论,即统计理论。玻尔兹曼、麦克斯韦等人将“概率”的语言引入确定性理论统治的物理学,引发了物理学史上的一场革命。在这里,确定的轨道毫无意义。已知的外界作用条件、给定的初值只能对物体(或体系)的状态进行概率描述,长期以来,人们以为确定性理论和随机性理论之间有不可逾越的鸿沟。

在牛顿力学运用的范围内,任何系统果真都那样确定吗?20世纪60年代以来,越来越多的研究结果表明:在一个没有外来随机干扰的确定论系统中,同样存在着随机行为——这就是混沌现象。

问题出在何处?问题不在外部而在内部,在于某些系统内部的非线性特性。

“线性”和“非线性”这两个词源于数学。在数学中,将

$$y=ax+b$$

称为线性函数,意指依据这个函数在图中画出的是条直线,其他高于变量 x 的一次方的多项式函数和其他函数都是非线性函数。将这一概念延伸至微分方程,则凡是变量和变量的导数(可以是 n 阶导数)都是一次方的微分方程,都称为线性微分方程。在物理学中,将能用线性微分方程或线性函数描述的系统称为线性系统,反之,称为非线性系统。

非线性微分方程除了极小部分有解析解外,其余都没有解析解。每一个具体问题似乎都要求发明特殊的算法,运用新颖的技巧。非线性问题曾被人们认为是个性极强、无从逾越的难题。在早期的研究中,人们总是用适用于线性微分方程描述的理想化模型来处理真实复杂的物理世界。尽管这种描述是不完全的,但这种方法常常能起到抓住本质的作用,因而线性理论在科学发展史上是至关重要的,它正确解释了

自然界的许多现象。然而世界本质上是非线性的。早在伽利略-牛顿时代,从有精确的自然科学开始,就遗留下许多非线性问题。只不过它们始终处于支流的地位。

随着现代科学技术,特别是计算机技术的飞速发展,从20世纪60年代开始,非线性问题逐步成为一门新兴学科而兴起。在自然科学和工程技术领域,几乎都有各自的非线性问题,如物理学中有非线性力学、非线性声学、非线性光学、非线性电路等。本节介绍的“混沌”就是一个典型的非线性问题。

2. 混沌

混沌泛指确定论系统中出现的貌似无规则的随机行为,其根源就是系统内的非线性相互作用。

例如,单摆的微分方程为

$$\frac{d^2\theta}{dt^2}+\omega^2\theta=0 \tag{1.37}$$

在没有外界的随机干扰时,它的解是完全确定的,即为

$$\theta(t)=\theta_m\cos(\omega t+\varphi_0)$$

式中:θ_m 和 φ_0 是由初始条件确定的两个积分常数;ω 则由系统的动力学特征决定,例如单摆的 $\omega=\sqrt{g/l}$。

对于单摆这样的确定论系统,只要给定了初始条件,它以后的运动状态就完全确定了。任何时刻 t 的角位移和角速度都可以精确地预言。如果初始条件发生微小变化,只是使常数 θ_m 和 φ_0 发生一点微小变化,但它以后的运动依然可以精确预言。换句话说,确定论系统对于初始条件的细微变化并不敏感。按传统的见解,一个确定论系统在确定性的激励下,其响应一定是确定的。只有当系统本身是随机的,或是在外来随机性的激励下,运动才是随机的。然而20世纪后半叶近20年的研究结果表明:上述结论是有条件的,只有确定论系统本身并无任何非线性成分时,式(1.37)所描述系统的解才是完全确定的。若该系统是确定论系统,但其内部有非线性成分时,如大角度的受迫振动,其运动微分方程为

$$\frac{d^2\theta}{dt^2}+2\alpha\frac{d\theta}{dt}+\omega_0\sin\theta=f\cos\pi t$$

则这就是一个非线性系统。即使在受到确定性的激励时,也可能出现随机的响应,即显出混沌行为。

比如,小行星围绕一对静止双星的运动就是一种混沌。对于小行星的运动,运用牛顿运动定律可以列出它在双星引力作用下的运动微分方程,但这是一组非线性微分方程,只能用计算机数值方法求解。根据一定的初始条件,计算机给出的结果如图1.9所示。

这时小行星的运动就是确定论系统中的随机性行为。人们不可能预知小行星何时围绕A星或B星运动,也无法预知小行星何时由A星附近转向B星附近。但为

图1.9　计算机给出的结果

什么对太阳系中八大行星的运动没有观察到这种混沌现象呢？这是因为各行星受的引力主要是太阳的引力。作为一级近似，它们都可被认为是在太阳引力下运动而不受其他行星的影响。这样太阳系中八大行星的运动就可分别视为两体问题而有确定的解析解（水星的运动属广义相对论范畴，不在此列）。但火星和木星之间的小行星带中小行星的运动就不能作上述简化，它们的运动必须同时考虑太阳的引力和木星的引力（因这些小行星离木星较近且木星为八大行星之最）。1985年有人曾对小行星的轨道运动进行了计算机模拟，证明了小行星的运动的确可能变成混沌，其后结果是被从圆轨道中抛出，有的甚至可能抛入地球大气层而成为流星。顺便指出：人造宇宙探测器的轨道不会出现混沌，是因为地面站或宇航员随时对其加以控制。

混沌的最显著特征就是系统的行为对初值的细微变化极其敏感。美国气象学家洛伦兹提出的蝴蝶效应就是一个典型例证。为研究大气对流对天气的影响，洛伦兹抛弃了许多次要因素后，建立了一组仍然有12个变量的非线性微分方程组。解这组非线性微分方程只能用数值解法——给定初值后一次一次地迭代。他当时使用的计算机每秒钟大约只能进行一次迭代，与现代计算机不可同日而语。1961年冬之某日，他在某一初值设定下已算出一系列气候演变的数据。当再次开机想考察这一系列更长期的演变时，他不想再等上几个小时从头算起，而是把记录下来的中间数据当作初值输入。他本指望计算机重复给出上次计算的后半段结果，然后接下去算新的，却未料到经过一段重复过程后，新的计算很快就偏离了原来的结果（见图1.10）。他很快意识到，这并非是计算机出了毛病，问题是出在他输入的数据上。计算机内原储存的是6位小数0.506127，但打印出来的却是3位小数0.506。他这次输入的就是这3位数字。原来以为这不到千分之一的误差无关紧要，但就是初值的细微差异导致了结果序列的逐渐分离，而形成了完全不同的终态。洛伦兹意识到，他的方程不具有传统数学想象的那种行为，而是高度初值敏感的。他为这种现象取了一个名字，叫作“蝴蝶效应”。意思是说：北京的一只蝴蝶今天拍了一下翅膀，使大气的状态产生微小的变化，过一段时间，譬如1个月，就有可能在纽约掀起一场风暴。洛伦兹的结论是：长期的天气预报是不可能的。

由确定性方程得到不确定的解并不违背数学理论。动力学系统控制方程（即动力学方程）的解依赖于初值。如前所说，在给定的初值下，解是确定的。但是在某些

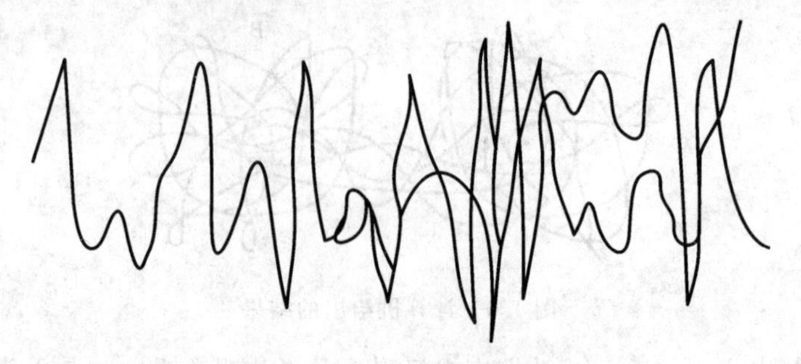

图 1.10　洛伦兹发现的蝴蝶效应

非线性系统中,解对初值的依赖特别敏感,任何微小的改变都会引起解的长期性质起变化。要把这种系统的解长期确定下来,需要无限精确的初值。这在数学上可以做到,但在物理上,由于测量等原因,不可能无限精确。因此,解在短期内的性质虽不会有定性的变化,但在长期内将不可预测,从而得到混沌的解。非线性系统的混沌与随机系统的差别在于:混沌的解在短期内可以预测而在长期内不可预测;而真正的随机过程即使在短期内也是不可预测的(只能讨论其概率分布)。也就是说,混沌是非线性系统的时间演化行为。

然而,混沌并非只是简单地代表一种混乱的无规运动。现在已发现在各类混沌内还存在一些共同的细微规则,例如:都具有运动局域不稳定性和全局稳定性;有些混沌区域还有内部自相嵌套的细微结构;都具有相同的费根鲍姆常数;等等。因此,可以说,在牛顿力学背后隐藏着奇异的混沌,而在混沌深处又隐藏着更奇异的秩序。同时,混沌的存在使得对自然现象两种对立的描述——确定论描述和概率论描述——之间的鸿沟正在缩小。

混沌目前还是一个很不完备且正在发展中的领域。人们认为自然界存在着的许多极为复杂的运动可能大多与混沌有关。现在发现,不仅在力学中,而且在电磁学、热学、量子物理中都有混沌存在,甚至在社会学、经济学及生命科学中也有混沌现象。

第2章 质点动力学

在上一章中，我们介绍了质点运动学的内容，解决了如何描述机械运动的问题。从本章开始，我们将进而研究动力学问题。动力学的基本研究对象是物体间的相互作用，以及由此引起物体运动状态变化的规律。牛顿关于运动的三个定律，是整个动力学的基础。

2.1 牛顿运动定律

牛顿运动定律是经典力学的基础，虽然牛顿运动定律一般是对质点而言的，但这并不限制定律的广泛适用性。因为复杂的物体在原则上可看作质点的组合。从牛顿运动定律出发可以导出刚体、流体、弹性体等的运动定律，从而建立起整个经典力学的体系。牛顿集前人有关力学的研究，特别是吸取了伽利略的研究结果，在1687年发表了他的名著《自然哲学的数学原理》。它的出版标志着经典力学体系的确立。牛顿在书中概括的基本定律有三条，就是通常所说的牛顿运动三大定律。

2.1.1 牛顿第一定律

任何物体都保持静止或沿直线作匀速运动的状态，直到作用在它上面的力迫使它改变这种状态为止。

牛顿第一定律指明了任何物体都具有惯性，因此牛顿第一定律又称惯性定律。所谓惯性，就是物体所具有的保持其原有的运动状态不变的性质。物体的惯性不仅表现在物体不受外力时要保持其运动状态不变，原来静止的仍然静止，原来运动的则作匀速直线运动，而速度的大小和方向都不改变；而且，物体的惯性还体现在迫使其运动状态改变的难易程度上。在一定外力作用下，物体的惯性越大，要使它改变运动状态就越难，物体惯性越小，要使它改变运动状态就越容易。凡是物质运动，都有相应的惯性。此处的质点运动其实就是物体的平动，所以此处的惯性是平动惯性。对于转动有转动惯性，对于热运动有热惯性，对电磁运动有电磁惯性，这些都有相应的物理量进行量度。

牛顿第一定律还说明，仅当物体受到其他物体的作用时才会改变其运动状态，亦即，其他物体的作用是物体改变运动状态的原因。以棒击球，棒的作用使球的运动状态改变；地球对月亮的作用使月亮的运动状态不断改变；地面对小车的作用使滑行的小车逐渐停止。这些使物体运动状态改变的相互作用就是力。因此，力是运动状态改变的原因。

事实上,任何物体都不可能完全不受其他物体所作用的力。但是,如果这些作用力恰好相互抵消,则物体的速度就保持不变,静止的仍然静止,运动的作匀速直线运动,力处于平衡之中。从这个角度看问题,可以说,牛顿第一定律所描述的是力处于平衡时物体的运动规律。

此外,由于运动只有对于一定的参考系才有意义,因此牛顿第一定律还定义了一种参考系。在这种参考系中观察,一个不受力作用的物体或处于受力平衡状态下的物体,将保持其静止或匀速直线运动的状态不变。这样的参考系称为惯性参考系,并非任何参考系都是惯性参考系。实验指出,对一般力学现象来说,地面参考系是一个足够精确的惯性系。对天体运动的研究表明,如果选定太阳为参考系,则所观察到的大量天文现象都能和牛顿运动定律推算的结果相符。太阳系也是个惯性参考系。牛顿运动定律只有在惯性参考系中才成立。在以后各章节的例题中,如无特殊说明,都是指在惯性参考系中应用牛顿定律。

2.1.2 牛顿第二定律

中学所学的牛顿第二定律是这样叙述的:

物体受到外力作用时,它所获得的加速度的大小与外力的大小成正比,并与物体的质量成反比,加速度的方向与外力的方向相同。

牛顿第二定律的数学表达式为

$$\boldsymbol{F}=m\boldsymbol{a} \tag{2.1}$$

在国际单位制中,质量的单位是 kg,加速度的单位是m/s^2,力的单位则是 N。

为了加深对牛顿第二定律的认识和理解,现在对质量、定律的瞬时性和矢量性等分别讨论如下。

“质量”这个概念是牛顿首先采用的。根据牛顿第一定律,我们知道惯性的定义,即物体保持其原有运动状态不变的这个特性称为物体的惯性。而牛顿第二定律给出了惯性大小的量度。从牛顿第二定律可以看出,在外力一定时,不同物体的加速度与其质量成反比:质量越大,加速度就越小,物体改变运动状态就越难;质量越小,加速度越大,物体改变运动状态就越容易。所以,质量是物体惯性的量度。将出现在牛顿第二定律中的质量称为惯性质量。

牛顿第二定律定量地表述了物体的加速度与所受外力之间的瞬时关系。$\boldsymbol{a}$ 表示瞬时加速度,$\boldsymbol{F}$ 表示瞬时力,它们同时存在,同时消失,但这并不意味着物体停止运动。按照牛顿第一定律,这时物体将作匀速直线运动,这正是惯性的表现。物体有无运动表现在它有无速度,而运动有无变化,则要取决于它有无加速度,如果有加速度,则作用在物体上的外力一定存在,力是产生加速度的原因。为了突出牛顿第二定律的瞬时性,利用瞬时加速度的定义(式(1.19)),将式(2.1)改写成

$$\boldsymbol{F}=m\frac{\mathrm{d}\boldsymbol{v}}{\mathrm{d}t} \tag{2.2}$$

这将更为醒目。

式(2.1)原是对物体只受一个外力的情况来说,在一个物体同时受到几个力的作用时,它们和物体的加速度有什么关系呢?实验证明,如果几个力作用在一个物体上,则物体产生的加速度等于每个力单独作用时产生的加速度的叠加,也等于这几个力的合力所产生的加速度。这一结论称为力的独立性或力的叠加原理。如果以 $\boldsymbol{F}_1,\boldsymbol{F}_2,\cdots,\boldsymbol{F}_n$ 表示同时作用在物体上的几个外力,以 $\boldsymbol{F}$ 表示它们的合力,以 $\boldsymbol{a}_1,\boldsymbol{a}_2,\cdots,\boldsymbol{a}_n$ 分别表示它们各自作用所产生的加速度,以 $\boldsymbol{a}$ 表示合力加速度,则力的叠加原理可表示为

$$\begin{aligned}\boldsymbol{F}&=\boldsymbol{F}_1+\boldsymbol{F}_2+\cdots+\boldsymbol{F}_n=\sum_{i=1}^{n}\boldsymbol{F}_i\\&=m\boldsymbol{a}_1+m\boldsymbol{a}_2+\cdots+m\boldsymbol{a}_n=m\boldsymbol{a}=m\frac{\mathrm{d}\boldsymbol{v}}{\mathrm{d}t}\end{aligned} \tag{2.3}$$

式(2.3)是矢量式,实际应用时常用它们的投影式和分量式。在直角坐标系中这些投影式为

$$\begin{aligned}F_x&=m\frac{\mathrm{d}v_x}{\mathrm{d}t}=m\frac{\mathrm{d}^2x}{\mathrm{d}t^2}\\F_y&=m\frac{\mathrm{d}v_y}{\mathrm{d}t}=m\frac{\mathrm{d}^2y}{\mathrm{d}t^2}\\F_z&=m\frac{\mathrm{d}v_z}{\mathrm{d}t}=m\frac{\mathrm{d}^2z}{\mathrm{d}t^2}\end{aligned} \tag{2.4}$$

对于平面曲线运动,常用平面自然坐标系,有

$$\left.\begin{aligned}F_\tau&=ma_\tau=m\frac{\mathrm{d}v}{\mathrm{d}t}\\F_\mathrm{n}&=ma_\mathrm{n}=m\frac{v^2}{\rho}\end{aligned}\right\} \tag{2.5}$$

式中:F_τ 和 F_n 分别表示合外力的切向分量和法向分量;ρ 是质点所在处曲线的曲率半径。

2.1.3　牛顿第三定律

作用在物体上的力都是来自其他物体的。但是,任何一个力还只是两个物体之间相互作用的一个方面。我们发现,不论何时,一个物体如对第二个物体施力,则第二个物体就同时也对第一个物体施力。一个单独的孤立的力实际上是不可能存在的。力的这种相互作用性质已为牛顿第三定律所揭示。牛顿第三定律的内容如下:

两个物体之间的作用力和反作用力在同一直线上,大小相等而方向相反。或者说,当物体 A 以力 $\boldsymbol{F}_{\mathrm{AB}}$ 作用在物体 B 上时,物体 B 必定同时以力 $\boldsymbol{F}_{\mathrm{BA}}$ 作用在物体 A 上,$\boldsymbol{F}_{\mathrm{AB}}$ 和 $\boldsymbol{F}_{\mathrm{BA}}$ 在一条直线上,大小相等而方向相反,亦即

$$\boldsymbol{F}_{\mathrm{AB}}=-\boldsymbol{F}_{\mathrm{BA}} \tag{2.6}$$

将 $\boldsymbol{F}_{AB}$ 和 $\boldsymbol{F}_{BA}$ 中的一个称为作用力，则另一个就称为反作用力。牛顿第三定律表明，作用力和反作用力总是同时以大小相等、方向相反的方式成对地出现的，它们同时出现，同时消失，没有主次之分。为什么力具有这种相互作用性？人们从目前力的定义中是找不到答案的，只有弄清楚力的成因，才能解决问题。牛顿第三定律揭示出，力的出现与相互作用的两个物体都有关系。

图 2.1 所示的是关于牛顿第三定律的几个例子，从中可以看出，作用力和反作用力属于同一种性质。例如，图 2.1(a)中是一对磁力；图 2.1(b)中都是万有引力；图 2.1(c)中都是摩擦力；图 2.1(d)中是一对电磁力；图 2.1(e)中都是张力。

从图 2.1 中还可以看出，作用力和反作用力是分别作用在两个物体上的，这对掌握和应用牛顿第三定律是特别重要的。在图 2.1(e)中，如把车、绳看作一个整体，则马作用在绳上的力 $\boldsymbol{F}_{BA}$ 和绳作用在马上的力 $\boldsymbol{F}_{AB}$ 是分别作用在绳和马上的。若将马和车看作一个系统，则马和车之间的相互作用是系统的内力。与外力不同，内力在系统内是成对出现的，牛顿第三定律表明，系统的内力之和总是零，所以它们对系统的整体运动不发生影响。对上述马车来说，它的运动变化其实只依靠来自地面的推力和摩擦力，前者起推动作用，后者起阻碍作用，两者都是作用在马车这个系统上的外力，而不是内力。

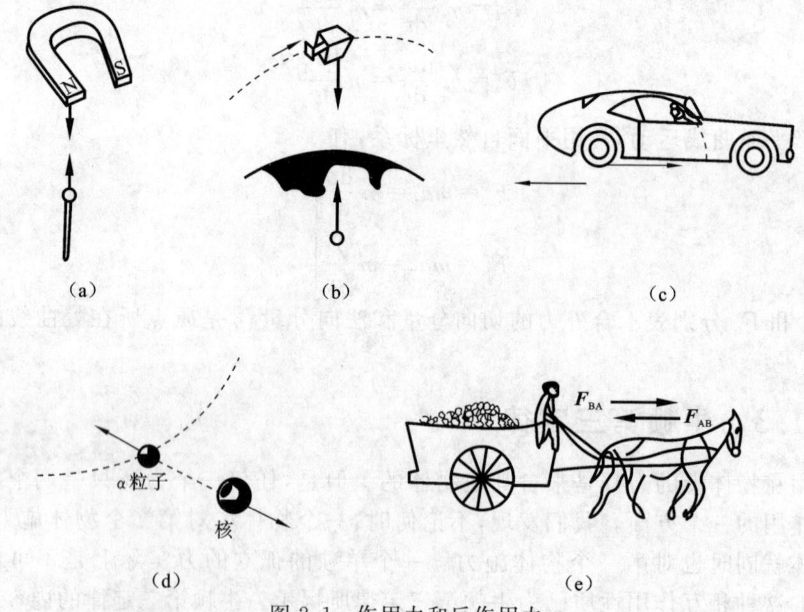

图 2.1　作用力和反作用力

2.1.4　牛顿运动定律的应用

牛顿三大运动定律是一个整体，不能只注意牛顿第二定律，而把其他两条定律抛诸脑后。牛顿第一定律是牛顿力学的思想基础，它说明任何物体都有惯性，牛顿运动定律只能在惯性参考系中应用。力是使物体产生加速度的原因，不能把 ma 误认为是力。牛顿第三定律指出了力有相互作用的性质，为正确分析物体受力情况提供了依据。通常在力学问题中，对每个物体来说，除重力外其他外力都可以在该物体和其他物体相接触处去寻找，以免把作用在物体上的一些力漏掉。所有这些都是在应用牛顿第二定律进行定量计算时所需考虑的。

通常的力学问题可分为两类：一类是已知力求运动；另一类是已知运动求力。当然在实际问题中常常是两者兼有。本课程中具体涉及的问题则有两种：一是在常力作用下的连接体问题，另一种是变力作用下的单体问题。分别举例如下。

1. 常力作用下的连接体问题

例 2.1 设电梯中有一质量可以忽略的滑轮，在滑轮的两侧用轻绳挂着质量分别为 m_1 和 m_2 的重物 A 和 B。已知 $m_1>m_2$。当电梯(1)匀速上升，(2)加速上升时，求绳中的张力和物体 A 相对于电梯的加速度 a_τ。

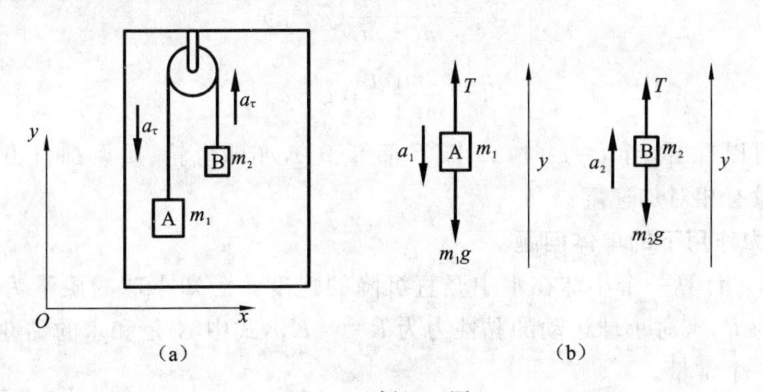

图 2.2 例 2.1 图

解 (1)取地面为参考系，如图 2.2(a)所示。把 A 与 B 隔离开来，分别画出它们的受力图，如图 2.2(b)所示。可以看出，每个质点都受两个力的作用，即绳子向上的拉力和质点的重力。

当电梯匀速上升时，物体对电梯的加速度等于它们对地面的加速度。选取 y 轴向上为正方向，则 B 以 a_τ 向上运动，而 A 以 a_τ 向下运动。因绳子的质量可忽略，所以轮子两侧绳子的向上拉力相等。由牛顿第二定律得

$$T-m_1g=-m_1a_\tau \tag{2.7}$$

$$T-m_2g=m_2a_\tau \tag{2.8}$$

由上列两式消去 T，解得

$$a_\tau=\frac{m_1-m_2}{m_1+m_2}g \tag{2.9}$$

把 a_τ 代入式(2.7)，得

$$T=\frac{2m_1 m_2}{m_1+m_2}g \tag{2.10}$$

(2) 当电梯以加速度 a 上升时，A 相对于地面的加速度为 $a_1=a_\tau-a$，B 相对于地面的加速度为 $a_2=a_\tau+a$，因此

$$T-m_1 g=-m_1 a_1=m_1(a-a_\tau) \tag{2.11}$$

$$T-m_2 g=m_2 a_2=m_2(a_\tau+a) \tag{2.12}$$

由此解得

$$a_\tau=\frac{m_1-m_2}{m_1+m_2}(a+g) \tag{2.13}$$

$$T=\frac{2m_1 m_2}{m_1+m_2}(a+g) \tag{2.14}$$

显然，如果 $a=0$，则上两式就归结为式(2.9)与式(2.10)。

如在式(2.13)与式(2.14)中用 $-a$ 代替 a，则下降时的结果如下：

$$a_\tau=\frac{m_1-m_2}{m_1+m_2}(g-a) \tag{2.15}$$

$$T=\frac{2m_1 m_2}{m_1+m_2}(g-a) \tag{2.16}$$

由此可以看出，当 $a=g$ 时，a_τ 与 T 都等于 0，亦即滑轮、质点都自由落体，两个物体之间没有相对加速度。

2. 变力作用下的单体问题

例 2.2　计算一个小球在水中竖直沉降的速度。已知小球的质量为 m，水对小球的浮力为 B，水对小球运动的黏性力为 $R=-Kv$，式中 K 是和水的黏性、小球的半径有关的一个常量。

解　先对小球所受的力做分析：重力为 G，竖直向下；浮力为 B，竖直向上；黏性力为 R，竖直向上(见图 2.3)。

取向下方向为正，根据牛顿第二定律，小球的运动方程可写为

$$G-B-R=ma$$

即

$$mg-B-Kv=ma=m\frac{\mathrm{d}v}{\mathrm{d}t}$$

或

$$a=\frac{\mathrm{d}v}{\mathrm{d}t}=\frac{mg-B-Kv}{m} \tag{2.17}$$

当 $t=0$ 时，设小球初速度为零，由式(2.17)可知，此时加速度有最大值 $g-\frac{B}{m}$。当小球速度 v 逐渐增加时，其加速度就逐渐减小了。令

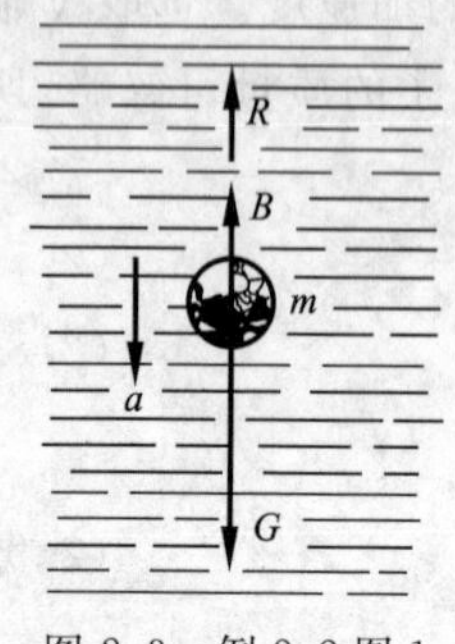

图 2.3　例 2.2 图 1

$$v_\mathrm{T}=\frac{mg-B}{K} \tag{2.18}$$

于是式(2.17)可化作

$$\frac{dv}{dt}=\frac{K(v_T-v)}{m} \quad 或 \quad \frac{dv}{v_T-v}=\frac{K}{m}dt \tag{2.19}$$

对上式两边取积分,则有

$$\int_0^v \frac{dv}{v_T-v}=\int_0^t \frac{K}{m}dt$$

$$\ln\frac{v_T-v}{v_T}=-\frac{K}{m}t$$

$$v=v_T(1-e^{\frac{-K}{m}t}) \tag{2.20}$$

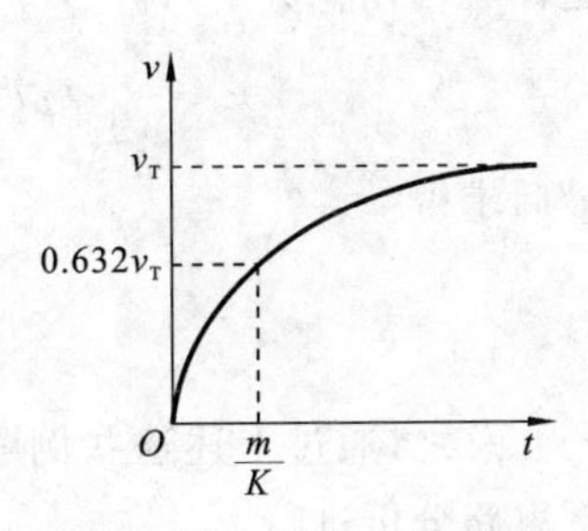

图 2.4 例 2.2 图 2

式(2.20)表明小球沉降速度 v 随 t 增大的函数关系,如图 2.4 所示。

由式(2.20)可知,当 $t\to\infty$ 时,$v=v_T$,而当 $t=\frac{m}{K}$时,$v=v_T\left(1-\frac{1}{e}\right)=0.632v_T$。所以,只要 $t\gg\frac{m}{K}$,就可以认为 $v=v_T$。v_T 称为极限速度,它是小球沉降所能达到的最大速度。也就是说,当下降时间符合 $t\gg\frac{m}{K}$的条件时,小球即以极限速度匀速下降。

因小球在黏性介质中的沉降速度与小球半径有关,利用不同大小的小球有不同沉降速度的事实,可分离大小不同的球形微粒。所有物体在气体或液体中降落都存在类似情况。

例 2.3 有一密度为 ρ 的细棒,长度为 l,其上端用细线悬着,下端紧贴着密度为 ρ'的液体表面。现将悬线剪断,求细棒在恰好全部没入液体时的沉降速度。设液体没有黏性。

解 根据已知条件,液体没有黏性,所以在下落时,细棒只受到两个力:一个是重力 G,方向竖直向下,一个是浮力 B,方向竖直向上,如图 2.5 所示。其中 B 是个变力,当棒的浸没长度为 x 时,$B=\rho' xg$(为方便计,棒的截面设为 1 个单位)。取竖直向下为 x 坐标轴的正方向,则有

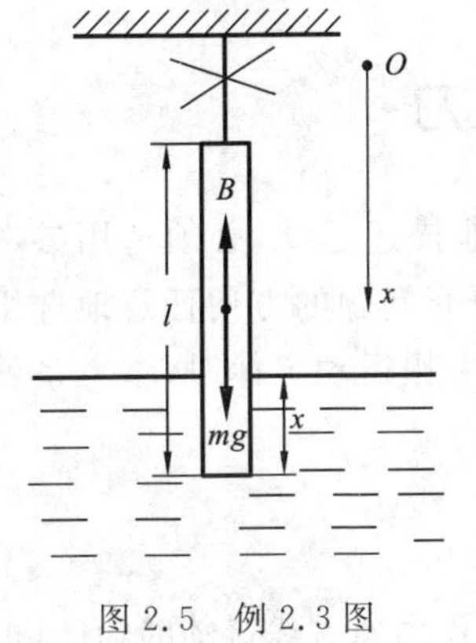

图 2.5 例 2.3 图

$$F=G-B=\rho lg-\rho' xg$$

由牛顿第二定律得

$$(\rho l-\rho' x)g=m\frac{dv}{dt}$$

因所求的是当浸没长度 x 为 l 时的棒速,所以上式中的变量 t 应消去而只保留 x 和 v 两个变量。考虑到这三个变量之间有关系 $v=\frac{dx}{dt}$,把它代入上式,并整理成如下

形式：

$$(\rho l-\rho' x)g\mathrm{d}x=mv\mathrm{d}v$$

这样就可以积分了，即

$$\int_0^l(\rho l-\rho' x)g\mathrm{d}x=\int_0^v mv\mathrm{d}v=\rho l\int_0^v v\mathrm{d}v$$

最后求得

$$v=\sqrt{\frac{2\rho lg-\rho' lg}{\rho}}$$

总之，通过上述这些例题可以看出，应用牛顿运动定律解决动力学问题，可按如下思路分析进行：

(1) 认物体。

在有关问题中选定一个物体作为分析对象。如果问题涉及几个物体，那就把它们一个一个地作为对象进行分析，认定每个物体的质量。

(2) 看物体。

分析所认定物体的运动状态，包括它的轨迹、速度和加速度。问题涉及几个物体时，还要找出它们之间运动学的联系，亦即它们的速度或加速度之间的关系。

(3) 查受力。

找出认定物体所受的一切外力，不能有所遗漏。这些力可能是重力、弹力、摩擦力，等等。而弹力又常常为接触面的压力或绳子的拉力。画出示力图，把物体受力情况和运动情况表达出来。

(4) 列方程。

把上面分析出的质量、加速度和力用牛顿第二定律联系起来，列出方程式。在方程式足够的情况下就可以求解未知量了。

(5) 作讨论。

通过分析讨论，巩固和增强对物理概念和定律的理解，提高分析能力。

*2.2 非惯性系、惯性力

我们一再指出，对运动的描述是相对的。为了具体地描述运动，必须选用参考系。如果问题只涉及对运动的描述，那就完全可以根据研究问题的方便任意地选用参考系。但是，如果问题涉及运动和力的关系，即要应用牛顿运动定律时，参考系就不能任意选择，因为牛顿运动定律只适用于惯性系。

2.2.1 非惯性系

地面参考系是个足够好的惯性系，一切对地面参考系作匀速直线运动的物体，也都是惯性系。一般地说，凡是对一个惯性系作匀速直线运动的物体都是惯性系。而对地面参考系作加速运动的物体则是非惯性系。牛顿运动定律对非惯性参考系是不成立的。现在举例说明如下。

站台上，停有一辆小车。相对于地面参考系来说，小车停着，加速度为 0，这是因为作用在它上面的力相互平衡，即合力为 0。这符合牛顿运动定律。如果以加速启动的列车为参考系，在列车车厢里的人看到小车的情况就大不一样了，小车是向列车车尾方向作加速运动的。小车受力的情况没有变化，合力仍然是 0，却有了加速度，这是违反牛顿运动定律的，因此，加速运动的列车是个非惯性系，相对于它，牛顿运动定律不成立。

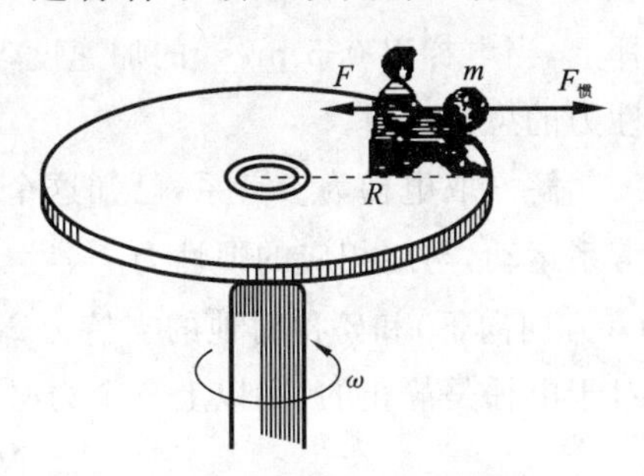

图 2.6　作匀角速度转动的参考系中的惯性系

再举一个水平转盘的例子。如图 2.6 所示，圆盘以匀角速度 ω 转动着。圆盘上坐着一人，手中捧了个小球，球的质量为 m，人与转轴的距离为 R。从地面参考系来看，小球是以角速度 ω 随圆盘一起转动的，具有向心加速度 $\boldsymbol{a}$，对小球提供向心力的是人手的拉力 F。这符合牛顿运动定律。但从圆盘上的人看来，小球受力情况不变，但静止着，手虽然拉着小球，但小球并不运动。这显然不符合牛顿运动定律。

2.2.2　惯性力

以上的讨论表明，在相对于惯性参考系以加速度 $\boldsymbol{a}$ 运动的非惯性系中，牛顿运动定律不再适用。但在实际问题中，往往需要在非惯性系中观察和处理物体的运动。这时，要引入惯性力的概念，以便在形式上利用牛顿运动定律去分析问题。惯性力是个虚拟的力，它是在非惯性系中来自参考系本身加速度效应的力。和真实力不同，惯性力找不到相应的真实力物体。它的大小等于物体的质量 m 和非惯性系加速度 $\boldsymbol{a}$ 的乘积，但方向和 $\boldsymbol{a}$ 的相反。如用 $\boldsymbol{F}_{惯}$ 表示惯性力，则

$$\boldsymbol{F}_{惯}=-m\boldsymbol{a} \tag{2.21}$$

在惯性系中，如物体受的真实力为 $\boldsymbol{F}$，另外加上惯性力 $\boldsymbol{F}_{惯}$，则物体对于非惯性系的加速度 $\boldsymbol{a}'$就可在形式上和牛顿运动定律中的一样，求得如下：

$$\boldsymbol{F}+\boldsymbol{F}_{惯}=m\boldsymbol{a}' \tag{2.22}$$

引入惯性力，就可对上述两个例子作出解释。在第一个例子中，以加速列车为参考系，与之相应的惯性力另加在小车上，这样，小车具有和列车相反的加速度，这就符合牛顿运动定律了。在第二个例子中，以转盘为参考系，小球上应另加一个惯性力，它和人手的拉力恰好平衡，因此，小球在转盘这个非惯性系中保持静止，这正是牛顿运动定律所要求的。

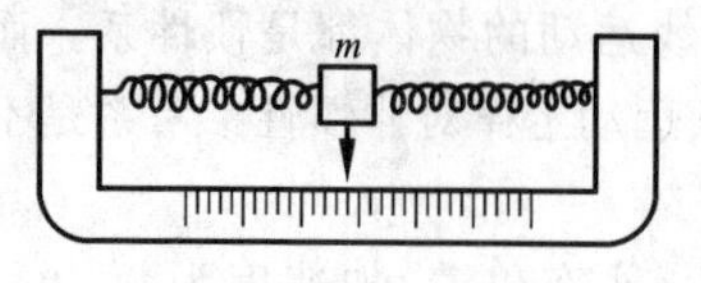

图 2.7 加速度计

惯性力在技术上有着广泛的应用。例如,导弹和舰艇的惯性导航系统中安装的加速度计(见图2.7),就是利用系统在加速移动时作用于质量为 m 的物体上的惯性力大小来确定加速度的。

例 2.4 一质量为 60 kg 的人,站在电梯中的磅秤上,当电梯以 $0.5\ \mathrm{m/s^2}$ 的加速度匀加速上升时,磅秤指示的读数是多少?试用惯性力的思路求解。

解 取电梯为参考系,已知这个非惯性系以 $a=0.5\ \mathrm{m/s^2}$ 的加速度相对地面参考系运动,与之相应的惯性力 $\boldsymbol{F}_{惯}=-m\boldsymbol{a}$。从电梯这个非惯性系看来,人除受到重力 G(方向向下)和磅秤对他的支持力 N(方向向上)之外,还要外加一个力 $F_{惯}$。此人相对于电梯是静止的,则以上三个力必须恰好平衡,即

$$N-G-F_{惯}=0$$

于是

$$N=G+F_{惯}=m(g+a)=618\ \mathrm{N}$$

由此可见,磅秤上的读数(根据牛顿第三定律,它读的是人对磅秤的正压力,而正压力和 N 是一对大小相等的相互作用力)不等于物体所受的重力 G:当加速上升时,$N>G$;加速下降时,$N<G$。前一种情况称为超重,后一种情况称为失重。尤其在电梯以重力加速度下降时,失重严重,磅秤上的读数将为零。

在现代航天技术中,惯性力也是必须考虑的因素。在火箭点火时,飞船起飞的加速度高达 $6g$ 以上,这时人们必须躺在座椅上,否则强大的惯性力会使人脑部失血而发昏。当飞船在轨道上作无动力飞行时,其情形与自由降落的电梯一样,宇航员处于完全失重状态,这将妨碍宇航员的正常生活和执行任务。

2.3 动量、动量守恒定律

前面一节,我们主要考虑的是力的瞬时效应,物体在外力作用下立即产生瞬时加速度。从本节开始,将从力的时间和空间积累效应,根据牛顿运动定律,导出动量定理、动能定理这两个运动定理,并且进一步讨论动量守恒、能量转换与守恒。对于求解质点力学问题,在一定条件下运用这两条运动定理和守恒定律,比直接运用牛顿运动定律往往更为方便。

2.3.1 质点的动量定理

牛顿在研究碰撞过程中所建立起来的牛顿第二定律并不是大家熟知的 $\boldsymbol{F}=m\boldsymbol{a}$ 这种形式。他选择的是

$$\frac{\mathrm{d}\boldsymbol{p}}{\mathrm{d}t}=\boldsymbol{F} \tag{2.23a}$$

或

$$\mathrm{d}\boldsymbol{p}=\boldsymbol{F}\mathrm{d}t \tag{2.23b}$$

式中：$\boldsymbol{p}=m\boldsymbol{v}$，称为物体的动量。

动量是矢量，它的方向与物体运动方向一致。动量也是个相对量，与参考系的选择有关。在国际单位制中，动量的单位是 kg·m/s。

式(2.23)就是牛顿第二定律的微分形式。牛顿当时认为，而且后来已有实验证明，对运动速度与光速相比很小的物体来说，它的质量是一个与其运动速度无关的常量。因此，由式(2.23)可得 $\mathrm{d}\boldsymbol{p}=m\mathrm{d}\boldsymbol{v}=\boldsymbol{F}\mathrm{d}t$，即

$$\boldsymbol{F}=m\frac{\mathrm{d}\boldsymbol{v}}{\mathrm{d}t}=m\boldsymbol{a}$$

这就成为大家熟悉的式(2.1)了。

需要强调的是，作为牛顿第二定律的基本的普通形式应该是它的微分形式(式(2.23))。这一方面是因为在物理学中动量的概念比速度、加速度等更为基本，也更为重要；另一方面还因为用式(2.1)来分析这类变质量体的运动，当物体的速度接近光速时，即使物体在运动过程中并不喷出或吸附质量，物体的质量也将随速度变化而改变，所以式(2.1)不再适用。但是式(2.23)却被实验证明仍然是成立的。

现在，我们直接从牛顿第二定律的微分形式 $F\mathrm{d}t=\mathrm{d}p$ 出发，考察力的时间积累效果。为此，将上式从 t_1 到 t_2 这段有限时间进行积分，即得

$$\int_{t_1}^{t_2}\boldsymbol{F}\mathrm{d}t=\int_{p_0}^{p}\mathrm{d}\boldsymbol{p}=\boldsymbol{p}-\boldsymbol{p}_0=m\boldsymbol{v}-m\boldsymbol{v}_0 \tag{2.24}$$

左侧积分表示在这段时间内的累积量，称为力的冲量，写成 $\boldsymbol{I}$，即

$$\boldsymbol{I}=\int_{t_1}^{t_2}\boldsymbol{F}\mathrm{d}t \tag{2.25}$$

于是式(2.25)可表示为

$$\boldsymbol{I}=\boldsymbol{p}-\boldsymbol{p}_0 \tag{2.26}$$

式(2.24)或式(2.26)就是牛顿第二定律的一种积分形式。它表明，物体在运动过程中所受合外力的冲量等于该物体动量的增量。这个结论称为动量定理。

动量定理使人们认识到：力在一段时间内的累积效果是使物体产生动量增量。要产生同样的效果，即同样的动量增量，力大力小都可以，但是力大的需要的时间短些，力小的需要的时间长些。只要力在一段时间里的累积量即冲量一样，就能产生同样的动量增量。

下面对动量定理做几点说明。

(1) 如果 $\boldsymbol{F}$ 是一个方向和大小都变的变力，则式(2.25)中 $\boldsymbol{I}$ 的方向和大小要由这段时间内所有微分冲量 $\boldsymbol{F}\mathrm{d}t$ 的矢量和来决定，而不能由某一瞬时的 $\boldsymbol{F}$ 来决定。只

有当 $\boldsymbol{F}$ 的方向恒定不变时,式(2.25)中的 $\boldsymbol{I}$ 才和 $\boldsymbol{F}$ 同方向。令人鼓舞的是,尽管外力在运动过程中时刻改变着,物体的速度方向可以逐点不同,但总是遵守着动量定理,亦即不管物体在运动过程中动量变化的细节如何,冲量的大小和方向总等于物体始末动量的矢量差。这便是应用动量定理解决问题的优点所在。

动量定理反映的是矢量方程,应用时可以直接用矢量作图,也可以写成坐标系中的投影式。在平面直角坐标系中,有

$$\left.\begin{aligned} I_x &= \int_{t_1}^{t_2} F_x \mathrm{d}t = mv_{2x} - mv_{1x} \\ I_y &= \int_{t_1}^{t_2} F_y \mathrm{d}t = mv_{2y} - mv_{1y} \\ I_z &= \int_{t_1}^{t_2} F_z \mathrm{d}t = mv_{2z} - mv_{1z} \end{aligned}\right\} \tag{2.27}$$

在国际单位制中,冲量的单位是 N·s,动量的单位是 kg·m/s,这两者其实是一致的,因为 $1\ \mathrm{N}=1\ \mathrm{kg\cdot m/s^2}$,所以 $1\ \mathrm{N\cdot s}=(1\ \mathrm{kg\cdot m/s^2})\cdot \mathrm{s}=1\ \mathrm{kg\cdot m/s}$。

(2) 动量定理在碰撞或冲击问题中有重要意义,它带来不少方便。在碰撞过程中,两物体相互作用的时间极短,有的短到几千分之一秒,有的甚至更短一些。并且,在这样短的时间内,迅速达到很大、变化很快、作用时间又很短的力,一般称为冲力。因为冲力是个变力,它随时间变化而变化的关系又比较难以确定,所以无法直接应用表示瞬时关系的牛顿第二定律。但是,根据动量定理,能够肯定冲力的冲量所具有的确定的量值。因为可从实验测出物体在碰撞或冲击前后的动量,从而由动量差值来决定冲量的量值。此外,如果还能测定冲力的作用时间,就可对冲力的平均大小作出估计。在图 2.8 中,$\overline{F}$ 表示变力 F(其方向是一定的)的平均大小。它是这样定义的:令 $\overline{F}$ 横线下的面积和变力 F 曲线下的面积相等,亦即 $\overline{F}$ 和作用时间 t_2-t_1 的乘积应等于变力 F 的冲量。当然,冲力的平均值小于冲力的峰值。在一些实际问题中,冲力平均值的估算是很必要的。

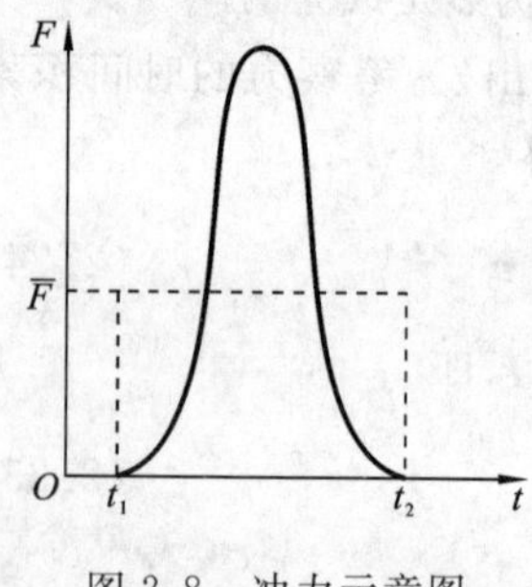

图 2.8 冲力示意图

在生产中,时常要利用冲力、增大冲力,有时又要减小冲力,避免冲力造成损害。例如,利用冲床压钢板,由于冲头受到钢板给它的冲量的作用,冲头的动量很快减小到零,相应的冲力很大,根据牛顿第三定律,钢板所受的反作用冲力也同样很大,所以钢板被冲断了。这是利用冲力的例子。又如,在码头和船只相接处都装有橡皮轮胎作为缓冲装备,这是为了延长碰撞时间、减小冲力。读者能举出一些日常生活中这样的例子吗?

(3) 我们曾提到过,当物体质量改变时,牛顿第二定律(式(2.1))是不适用的,因为定律中的 m 是个不变量。但变质量问题大量存在于现实生活中,例如:滚雪球时,

球愈滚愈大；雨滴或冰雹在过饱和水汽中降落时，因水汽不断凝结其上而使质量变大；洒水车因喷出水而质量变小；火箭在升空过程中，喷出燃气而使质量变小。这类现象组成了“变质量物体的力学”。根据动量定理，可以建立变质量物体的运动方程。动量在这里大显身手，其重要性就不言而喻了。

(4) 我们知道，在牛顿力学中，要描述物体运动，就必须选用惯性系。对不同的惯性系，物体的速度是不同的，当然物体的动量也随之不同。这就是动量的相对性。在应用动量定理时，物体的始末动量是不同的，但是动量定理的形式却没有改变。这就是动量定理的不变性。也就是说，动量定理对所有惯性系都是适用的。

例 2.5　质量 $M=3$ t 的重锤，从高度 $h=1.5$ m 处自由落体到受锻压的工件上(见图 2.9)，工件发生形变。试求作用的时间(1) $\tau=0.1$ s，(2) $\tau=0.01$ s 时，重锤对工件的平均冲力。

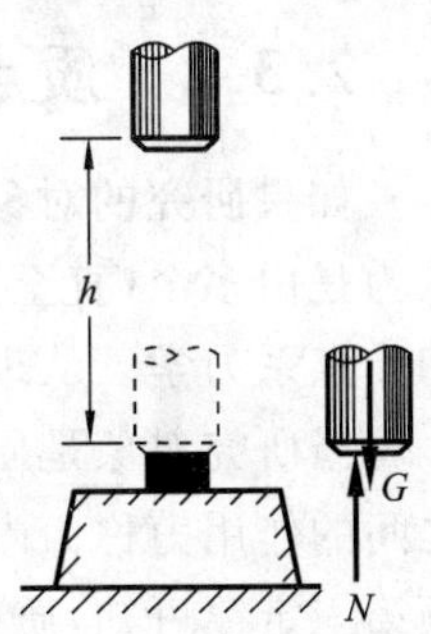

图 2.9　锻压工件

解法一　取重锤为研究对象，在 τ 这段时间内，作用在重锤上的力有两个：重力 G，方向向下；工件对锤的支持力 N，方向向上。此支持力是个变力，在极短时间 τ 内迅速变化，用平均支持力 $\overline{N}$ 来代替。

由自由落体公式，可以求出重锤刚接触工件时的速度为 $v_0=\sqrt{2gh}$。在极短时间 τ 内，重锤的速度由初速度 v_0 变到末速度 $v=0$。如取竖直向上的方向为坐标轴的正方向，那么，根据动量定理得到

$$(\overline{N}-G)\tau=0-(-Mv_0)=M\sqrt{2gh}$$

由此得

$$\overline{N}=\frac{M\sqrt{2gh}}{\tau}+G=Mg\left(\frac{1}{\tau}\sqrt{\frac{2h}{g}}+1\right)$$

将 M、h、τ 的数值代入，求得

$\tau=0.1$ s 时，　$\overline{N}=0.19\times10^5$ N

$\tau=0.01$ s 时，　$\overline{N}=0.17\times10^6$ N

重锤对工件的平均冲力 $\overline{N}'$ 的大小等于工件对重锤的平均支持力 $\overline{N}$，所以 $\overline{N}'$ 分别等于 0.19×10^5 N 和 0.17×10^6 N，但方向竖直向下。由上面的计算知道，重锤的自重($=0.29\times10^4$ N)对平均冲力是有影响的。但在第二种情况下，重锤对工件的平均冲力比重锤的自重要大几十倍，因此，在计算过程中可以忽略重锤自重的影响。

解法二　动量定理不仅可用于与工件接触短暂的过程，也可用于锻压时重锤运动的整个过程。设重锤自由落下 h 高度的时间为 t，显然

$$t=\sqrt{\frac{2h}{g}}$$

在这锻压的整个过程中，重力 G 的作用时间为 $t+\tau$，它的冲量大小等于

$G(t+\tau)$,方向竖直向下,N 的作用时间为 τ,它的冲量大小为 $\overline{N}\tau$,方向竖直向上。由于重锤在这整个过程的初、末速度均为零,因此它的初、末动量均为零。

如取竖直向上的方向为坐标轴的正方向,那么,根据动量定理得到

$$\overline{N}\tau - G(t+\tau) = 0$$

由此得

$$\overline{N} = G\left(\frac{t}{\tau}+1\right) = Mg\left(\frac{1}{\tau}\sqrt{\frac{2h}{g}}+1\right)$$

这和解法一的结果相同。

2.3.2 质点系的动量定理

如果研究的对象是多个质点,则称为质点系。一个不能抽象为质点的物体也可认为是由多个(直至无限个)质点所组成。从某种意义上讲,力学又可分为质点力学和质点系力学。从现在开始将多次涉及质点系力学的某些内容。

当研究对象是质点系时,其受力就可分为"内力"和"外力"。凡质点系内各质点之间的作用力称为内力,质点系以外物体对质点系内质点的作用力称为外力。由牛顿第三定律可知,质点系内质点间相互作用的内力必定是成对出现的,且每对作用内力都必沿质点连线的方向。这些就是研究质点系力学的基本观点。

设质点系由有相互作用的 n 个质点所组成,现考察质点 i 的受力情况。首先考察质点 i 所受内力之矢量和。设质点系内质点 j 对质点 i 的作用力为 $\boldsymbol{f}_{ji}$,则质点 i 所受内力为 $\sum\limits_{j=1,j\neq i}^{n}\boldsymbol{f}_{ji}$。若设质点 i 受到的外力为 $\boldsymbol{F}_{i外}$,则质点 i 受到的合力为 $\boldsymbol{F}_{i外}+\sum\limits_{j=1,j\neq i}^{n}\boldsymbol{f}_{ji}$,对质点 i 运用动量定理有

$$\int_{t_1}^{t_2}\left(\boldsymbol{F}_{i外}+\sum_{j=1,j\neq i}^{n}\boldsymbol{f}_{ji}\right)\mathrm{d}t = m_i\boldsymbol{v}_{i2} - m_i\boldsymbol{v}_{i1} \tag{2.28}$$

对 i 求和,并考虑到所有质点相互作用的时间 $\mathrm{d}t$ 都相同。此外,求和与积分顺序可以互换,于是得

$$\int_{t_1}^{t_2}\left(\sum_{i=1}^{n}\boldsymbol{F}_{i外}\right)\mathrm{d}t + \int_{t_1}^{t_2}\left(\sum_{i=1}^{n}\sum_{j=1,j\neq i}^{n}\boldsymbol{f}_{ji}\right)\mathrm{d}t = \sum_{i=1}^{n}m_i\boldsymbol{v}_{i2} - \sum_{i=1}^{n}m_i\boldsymbol{v}_{i1} \tag{2.29}$$

由于内力总是成对出现,且每对内力都等值反向,因此所有内力的矢量和

$$\sum_{i=1}^{n}\sum_{j=1,j\neq i}^{n}\boldsymbol{f}_{ji} = \boldsymbol{0} \tag{2.30}$$

于是有

$$\int_{t_1}^{t_2}\left(\sum_{i=1}^{n}\boldsymbol{F}_{i外}\right)\mathrm{d}t = \sum_{i=1}^{n}m_i\boldsymbol{v}_{i2} - \sum_{i=1}^{n}m_i\boldsymbol{v}_{i1} \tag{2.31}$$

这就是质点系的动量定理的数学表达式,即质点系总动量的增量等于作用于该

系统上合外力的冲量。这个结论说明内力对质点系的总动量无贡献。但由式(2.28)知,质点系内部动量的传递和交换则是内力起作用。

2.3.3 动量守恒定律

由式(2.31)知,若 $\sum_{i=1}^{n}\boldsymbol{F}_{i外}=\boldsymbol{0}$,则有

$$\sum_{i=1}^{n}m_i\,\boldsymbol{v}_{i2}=\sum_{i=1}^{n}m_i\,\boldsymbol{v}_{i1} \tag{2.32}$$

这就是说,如果系统所受到的外力之和为零$\left(即\sum_{i=1}^{n}\boldsymbol{F}_{i外}=\boldsymbol{0}\right)$,则系统的总动量保持不变,这个结论称为动量守恒定律。动量守恒定律的适用条件是,系统内各物体不受外力或所受的外力之和为零,为此,在应用时,首先要分析系统内各物的外力,当系统内所受的外力满足条件 $\sum_{i=1}^{n}\boldsymbol{F}_{i外}=\boldsymbol{0}$,或在极短的时间内,系统所受的外力远比系统内相互作用的内力小(例如碰撞过程)而可以忽略不计时,就可以应用动量守恒定律来处理问题。

动量守恒定律的数学表达式是一个矢量式。在实际计算时,可用它按各坐标轴分解的分量式,即

$$\left.\begin{aligned}
&若\sum_{i=1}^{n}\boldsymbol{F}_{ix}=\boldsymbol{0}, \quad m_1v_{1x}+m_2v_{2x}+\cdots+m_nv_{nx}=常量\\
&若\sum_{i=1}^{n}\boldsymbol{F}_{iy}=\boldsymbol{0}, \quad m_1v_{1y}+m_2v_{2y}+\cdots+m_nv_{ny}=常量\\
&若\sum_{i=1}^{n}\boldsymbol{F}_{iz}=\boldsymbol{0}, \quad m_1v_{1z}+m_2v_{2z}+\cdots+m_nv_{nz}=常量
\end{aligned}\right\} \tag{2.33}$$

有时,当分析系统所受的外力时,得出系统的外力之和并不等于零,但外力在某一方向的分量之和却为零。在这种情形下,尽管系统的总动量不守恒,但总动量在该方向的分量却是守恒的。这一结论也具有普遍性,在很多实际问题中要用到。

动量守恒定律表明,在物体机械运动转移过程中,系统中一物体获得动量的同时,必然是别的物体失去了一份与之相等的动量,所以,动量这个物理量的深刻意义在于它正是物体机械运动的一种量度,物体动量的转移反映了物体机械运动的转移。

例2.6 如图2.10所示,设炮车以仰角发射一炮弹,炮车和炮弹的质量分别为 m' 和 m,炮弹的出口速度为 v,求炮车的反冲速度 v'。炮车与地面之间的摩擦力略去不计。

解 把炮车和炮弹看成一个系统,发炮前,该系统在竖直方向所受的外力有重力

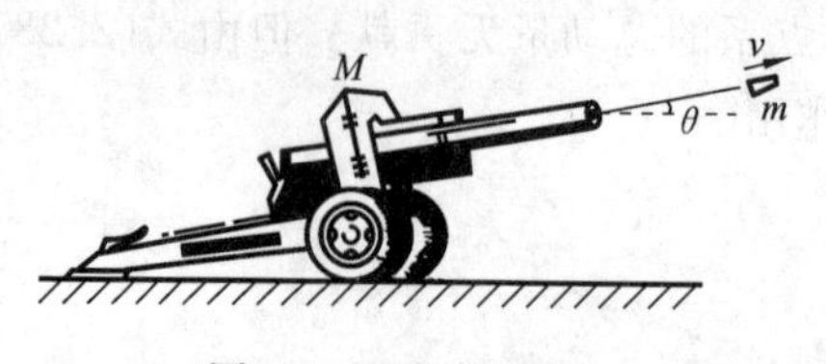

图 2.10　炮车的反冲

$\boldsymbol{G}$ 和地面的支持力 $\boldsymbol{N}$，而且 $\boldsymbol{G}=-\boldsymbol{N}$。在发射过程中，上述关系 $\boldsymbol{G}=-\boldsymbol{N}$ 并不成立(想一想，为什么)，系统所受外力的矢量和不为零，所以这一系统的总动量不守恒。

按假设忽略炮车与地面之间的摩擦力，则系统所受外力在水平方向的分量之和为零，因而系统沿水平方向的总动量守恒。在发射炮弹前，系统的总动量等于零，系统沿水平方向的总动量也为零，所以在炮弹出口的一瞬间，系统沿水平方向的总动量也应等于零。取炮弹前进时的水平方向为 Ox 轴正方向，那么炮弹出口速度(即炮弹相对于炮车的速度)沿 Ox 轴的分量是 $v\cos\theta$，炮车沿 Ox 轴的速度分量就是 $-v'$。在应用动量守恒定律的表达式时，应该注意式中各个动量必须是对同一参考系而言的。因此，对地面参考系而言，炮弹相对于地面的速度为 $\boldsymbol{u}$，所以 $\boldsymbol{u}=\boldsymbol{v}+\boldsymbol{v}'$，它的水平分量为 $u_x=v\cos\theta-v'$。于是，炮弹在水平方向的动量为 $m(v\cos\theta-v')$，而炮车在水平方向的动量为 $-m'v'$。根据动量守恒定律有

$$-m'v'+m(v\cos\theta-v')=0$$

由此得炮车的反冲速度为

$$v'=\frac{m}{m+m'}v\cos\theta$$

例 2.7　一个静止的物体炸裂成三块，其中两块具有相等的质量，且以相同的速率 30 m/s 沿相互垂直的方向飞开，第三块的质量恰好等于这两块质量的总和，试求第三块的速度(大小和方向)。

解　物体的动量原等于零。炸裂时，爆炸力是物体内力，它远大于重力，所以在爆炸过程中，可认为动量是守恒的。由此知道，物体分裂为三块后，这三块碎片的动量之和仍然等于零，即

$$m_1\boldsymbol{v}_1+m_2\boldsymbol{v}_2+m_3\boldsymbol{v}_3=\boldsymbol{0}$$

所以，这三个动量必处于同一平面内，且第三块的动量必和第一、二块的合动量大小相等而方向相反，如图 2.11 所示。因为 $\boldsymbol{v}_1$ 和 $\boldsymbol{v}_2$ 相互垂直，所以

$$(m_3v_3)^2=(m_1v_1)^2+(m_2v_2)^2$$

由于 $m_1=m_2=m$，$m_3=2m$，所以 $\boldsymbol{v}_3$ 的大小为

$$v_3=\frac{1}{2}\sqrt{v_1^2+v_2^2}=21.2\ \text{m/s}$$

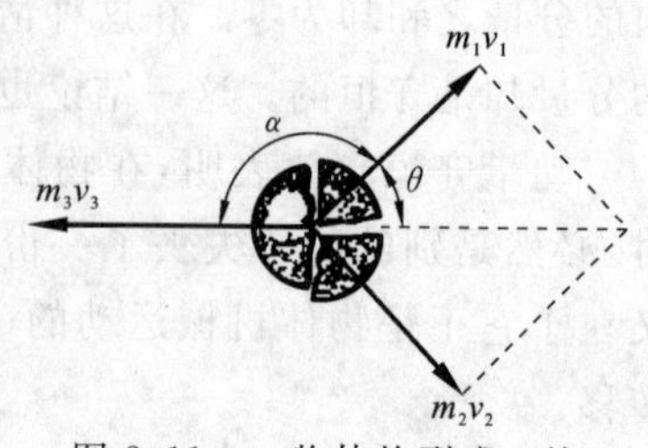

图 2.11　一物体炸裂成三块

$\boldsymbol{v}_3$ 和 $\boldsymbol{v}_1$ 所成的角 α 由 $\alpha=180°-\theta$ 决定。因 $\tan\theta=\frac{v_2}{v_1}=1$，$\theta=45°$，所以 $\alpha=135°$，即 $\boldsymbol{v}_3$ 与 $\boldsymbol{v}_1$、$\boldsymbol{v}_2$ 都成 135°角，且三者在同一平面内。

2.4　功、动能定理

一个运动的物体，在力的作用下，经历了一个过程然后得到某个速度，由初始状态改变为终末状态。我们知道，对任何过程的研究都离不开时间和空间。在上一节，研究了力的时间累积作用，由此推导出了牛顿第二定律的一种积分形式。在本节中，将研究力的空间累积作用，由此将推导出牛顿第二定律的另一种积分形式。

2.4.1　功的概念

在很多实际情况中，一个物体受的力随它的位置改变而改变，而且力和位置的关系事先是知道的。在这种情况下，常常需要知道在物体的运动过程中，力的空间累积将给物体带来什么效果。为了表示力的空间累积，引入功的概念。物体在力 $\boldsymbol{F}$ 的作用下发生一无限小的位移 $\mathrm{d}\boldsymbol{r}$（元位移）时，此力对它做的功定义为，力在位移方向上的投影和此元位移大小的乘积。以 $\mathrm{d}A$ 表示元功，则

$$\mathrm{d}A=(F\cos\varphi)\,|\mathrm{d}\boldsymbol{r}| \tag{2.34}$$

式中：φ 为 $\boldsymbol{F}$ 与 $\mathrm{d}\boldsymbol{r}$ 之间的夹角。

把两个矢量的上述乘积称为矢量的标积，为一标量（只有大小和正负，没有方向的量）。一般如式(2.34a)那样采用了“·”号，所以也称之为点积。

$$\mathrm{d}A=\boldsymbol{F}\cdot\mathrm{d}\boldsymbol{r} \tag{2.34a}$$

功是个标量，它没有方向，但有正负。当 $0\leqslant\varphi\leqslant\frac{\pi}{2}$ 时，$\mathrm{d}A>0$，力对物体做正功。当 $\varphi=\frac{\pi}{2}$ 时，$\mathrm{d}A=0$，力对物体不做功。当 $\frac{\pi}{2}<\varphi<\pi$ 时，$\mathrm{d}A<0$，力对物体做负功。这最后一种情况被说成物体在运动中克服外力 $\boldsymbol{F}$ 做了功。在行星绕太阳运行中，起作用的是太阳的引力。如图 2.12 所示，此引力有时对行星做负功（a 点），有时做正功（c 点），有时不做功（b 点）。

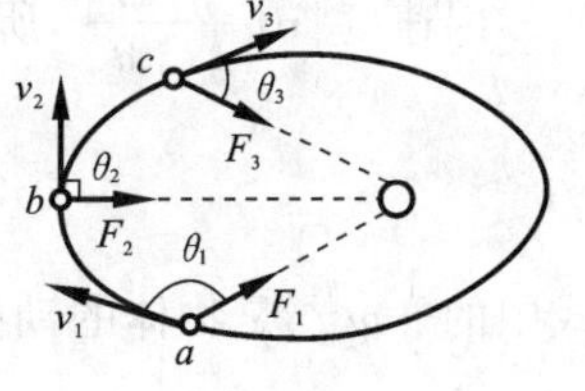

图 2.12　引力对行星做功

力 $\boldsymbol{F}$ 从 a 到 b 整个过程所做的总功就等于所有元功的代数和，即将式(2.34)积分

$$A=\int_a^b \mathrm{d}A=\int_a^b \boldsymbol{F}\cdot\mathrm{d}\boldsymbol{r}=\int_a^b F\cos\varphi\,|\mathrm{d}\boldsymbol{r}| \tag{2.35}$$

式(2.35)就是计算力做功的一般公式。如果建立了直角坐标系，则

$$\boldsymbol{F}=F_x\boldsymbol{i}+F_y\boldsymbol{j}+F_z\boldsymbol{k}$$
$$\mathrm{d}\boldsymbol{r}=\mathrm{d}x\boldsymbol{i}+\mathrm{d}y\boldsymbol{j}+\mathrm{d}z\boldsymbol{k}$$

那么式(2.35)就可以表示为

$$A=\int_a^b(F_x\mathrm{d}x+F_y\mathrm{d}y+F_z\mathrm{d}z)=\int_{(x_0,y_0,z_0)}^{(x,y,z)}(F_x\mathrm{d}x+F_y\mathrm{d}y+F_z\mathrm{d}z)\tag{2.36}$$

力在单位时间内做的功称为功率,用 P 表示:

$$P=\frac{\mathrm{d}A}{\mathrm{d}t}=\frac{\boldsymbol{F}\cdot\mathrm{d}\boldsymbol{r}}{\mathrm{d}t}=\boldsymbol{F}\cdot\boldsymbol{v}\tag{2.37}$$

功率这个物理量被用来表示力做功的快慢程度,功率愈大,做同样的功所花费的时间就愈少,做功的效率也愈高。它是个很有用的物理量。

在国际单位制中,力的单位是 N,位移的单位是 m,因此功的单位是 N·m、J(焦耳)。功率的单位是 J/s、W(瓦)。

2.4.2 动能定理

当物体在变力 $\boldsymbol{f}$ 的作用下,从 a 点沿曲线运动到 b 点时,用 $\boldsymbol{v}_a$ 和 $\boldsymbol{v}_b$ 分别表示它在起点 a 和终点 b 处的速度,如图 2.13 所示。变力 $\boldsymbol{f}$ 在这过程中所做的功是

$$A=\int_a^b f\cos\varphi|\mathrm{d}\boldsymbol{r}|$$

根据牛顿第二定律,有

$$f\cos\varphi=ma_\tau=m\frac{\mathrm{d}v}{\mathrm{d}t}$$

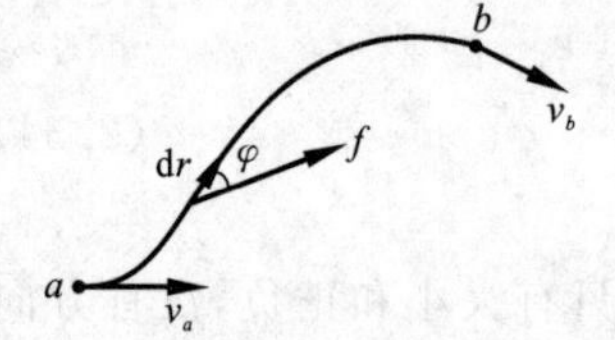

图 2.13 变力所做的功

因速度 $|\boldsymbol{v}|=\frac{|\mathrm{d}\boldsymbol{r}|}{\mathrm{d}t}$,所以 $f\cos\varphi|\mathrm{d}\boldsymbol{r}|=m\frac{\mathrm{d}v}{\mathrm{d}t}v\mathrm{d}t=mv\mathrm{d}v$,代入上式,即得

$$A=\int_{v_a}^{v_b}mv\mathrm{d}v=\frac{1}{2}mv_b^2-\frac{1}{2}mv_a^2\tag{2.38}$$

式中的 $\frac{1}{2}mv^2$ 是物体的动能,用 E_k 表示,即

$$E_\mathrm{k}=\frac{1}{2}mv^2\tag{2.39}$$

它是机械运动的一种形式,这样,式(2.38)就可以写成

$$A=E_{\mathrm{k}b}-E_{\mathrm{k}a}\tag{2.40}$$

式(2.38)是牛顿第二定律的又一积分形式,连同式(2.40)常被称为动能定理。动能定理告诉我们:合外力对物体做的功总等于物体动能的增量;当 $A>0$ 时,作用于物体上的合外力做正功,其结果是使物体增加了动能;当 $A<0$ 时,作用于物体上的合外力做负功,其结果是使物体减少了动能。

应该指出,动能定理适用于物体的任何运动方程,物体在外力的持续作用下经历某一段路程。不管外力是否是变力,也不管物体运动状态如何复杂,其路程是曲线还是直线,合外力对物体所做的功总是取决于物体始末动能之差。这样,运用动能定理

在解决某些力学问题时，往往比直接运用牛顿第二定律的瞬时关系要简便得多。

动能和功的单位是一样的，但意义不同。功反映力的空间累积，其大小取决于过程，是一个过程量；动能表示物体的运动状态，是个状态量，或者称为状态函数。动能定理启示我们：功是物体在某过程中能量改变的一种量度。这个观点将有助于识别与理解其他形式的能量。

动能定理也有其微分形式。从功率的表达式得

$$\frac{\boldsymbol{F}\cdot \mathrm{d}\boldsymbol{r}}{\mathrm{d}t}=\boldsymbol{F}\cdot \boldsymbol{v}$$

考虑到 $\boldsymbol{F}\cdot \mathrm{d}\boldsymbol{r}=F\cos\varphi|\mathrm{d}\boldsymbol{r}|$，由动能定理可知，这就是动能的微小变化，可写成 $\mathrm{d}E$，以此代入上式，即得

$$\boldsymbol{F}\cdot \boldsymbol{v}=\frac{\mathrm{d}E}{\mathrm{d}t} \tag{2.41}$$

式(2.41)就是物体动能定理的微分形式。

最后应该指出，由于位移和速度的相对性，功和动能都有相对性，它们的大小都依赖于参考系的选择。一颗飞行的子弹，对速度和它一样的飞机来说，其动能等于0。这颗子弹对飞机中驾驶员毫无威胁，但对固定在地面的物体来说，则可能穿到物体中去，此时子弹的动能就不能等闲视之。尽管功和动能都依赖于参考系的选择，在不同的惯性参考系中各有不同的量值，但是，在每个惯性参考系中却都存在着各自的动能定理。这就是说，动能定理的形式与惯性参考系选择无关。动能定理的这种不变性为人们应用它提供了很大的方便。

例 2.8　利用动能定理重做例 2.3。

解　如图 2.5 所示，细棒下落过程中，合外力 $G-B$ 对它做的功为

$$A=\int_0^l (G-B)\mathrm{d}x=\int_0^l (\rho l-\rho' x)g\mathrm{d}x=l^2\rho g-\frac{1}{2}\rho' l^2 g$$

应用动能定理，初速度 v 可求得如下：

$$\rho g l^2-\frac{1}{2}\rho' g l^2=\frac{1}{2}mv^2=\frac{1}{2}\rho l v^2$$

$$v=\sqrt{\frac{2\rho l-\rho' l}{\rho}g}$$

所得结果相同，而现在的解法无疑是大为简便了。

例 2.9　传送机通过滑道将长为 L、质量为 m 的柔软匀质物体以初速度 v_0 向右送上水平台面，物体前端在台面上滑动距离 s 后停下来，如图 2.14 所示。已知滑道上的摩擦可不计，物与台面间的摩擦系数为 μ，而且 $s>L$，试计算物体的初速度 v_0。

解　由于物体是柔软匀质的，在物体完全滑上台面之前，它对台面的正压力可认为与滑上台面部分的质量成正比，因此它所受台面的摩擦力 f_τ 是变化的。本题如用牛顿运动定律的瞬时关系求加速度是不大方便的。将变化的摩擦力表示为

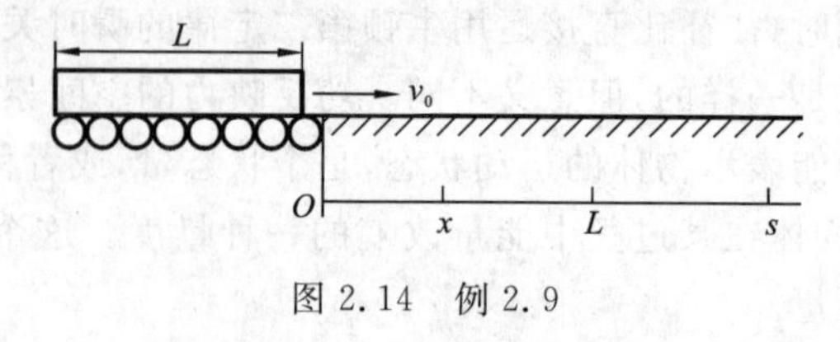

图 2.14　例 2.9

$$0<x<L,\quad f_\tau=\mu\frac{m}{L}gx$$

$$x\geqslant L,\quad f_\tau=\mu mg$$

当物体前端在 s 处停止时，摩擦力做的功为

$$A=\int\boldsymbol{F}\cdot\mathrm{d}\boldsymbol{x}=-\int f_\tau\mathrm{d}x=-\int_0^L\mu\frac{m}{L}gx\,\mathrm{d}x-\int_L^s\mu mg\,\mathrm{d}x$$

$$=-\mu mg\left(\frac{L}{2}+s-L\right)=-\mu mg\left(s-\frac{L}{2}\right)$$

再由动能定理得

$$-\mu mg\left(s-\frac{L}{2}\right)=0-\frac{1}{2}mv_0^2$$

即得

$$v_0=\sqrt{2\mu g\left(s-\frac{L}{2}\right)}$$

2.5　保守力做功、势能

2.5.1　保守力

当人们对各种力所做的功进行计算时，发现有一类力做的功具有鲜明的特色，功的大小只与物体的始末位置有关，而与所经历的路径无关，这类力称为保守力，人们所熟悉的重力就是一种常见的保守力。

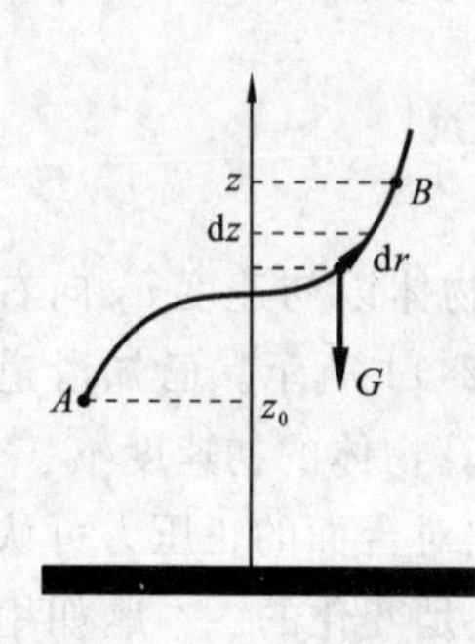

图 2.15　重力做的功

设质量为 m 的物体在重力作用下从 A 点沿任一曲线运动到达 B 点，就 A 点和 B 点对所选取的参考平面来说，高度分别为 z_0 和 z，如图 2.15 所示，z 轴竖直向上，重力 $\boldsymbol{G}$ 只有 z 方向上的分量，即 $F_z=-mg$，则

$$A=\int_{z_0}^{z}F_z\mathrm{d}z=-\int_{z_0}^{z}mg\,\mathrm{d}z=-(mgz-mgz_0)\tag{2.42}$$

从计算中可以看出，重力有一个特点，即重力所做的功只与运动物体的始末位置(z_0 和 z)有关，而与运动物体所经

过的路径无关。

和重力一样，弹性力也是保守力，设有一劲度系数为 k 的轻弹簧，放在水平光滑桌面上，令它一端固定，另一端连接一物体，如图 2.16 所示，o 点为弹簧未伸长时物体的位置，称为平衡位置。设 a、b 两点为弹簧伸长后物体的两个位置，x_a 和 x_b 分别表示物体在 a、b 两点时距 o 点的距离，亦即弹簧的伸长量，当物体由 a 点运动到 b 点时，弹性力 F 将对物体做正功(力与位移同向)。因弹性力是一变力，所以计算弹性力的功时，需用积分法。

由式(2.35)，因力和位移同向，所以式中 $\cos\varphi=1$，于是弹性力对物体所做的功是

$$A=\int_{x_a}^{x_b}F\,\mathrm{d}x=-\int_{x_a}^{x_b}kx\,\mathrm{d}x=\frac{1}{2}kx_a^2-\frac{1}{2}kx_b^2 \tag{2.43}$$

由此可见，弹性力做的功和重力做的功具有共同的特点，即所做的功也只与运动物体始末位置(x_a,x_b)有关。同样，如果物体由某一位置出发使弹簧经过任意的伸长和压缩(在弹性限度内)，再回到原处，则在整个过程中，弹性力所做的功为零。

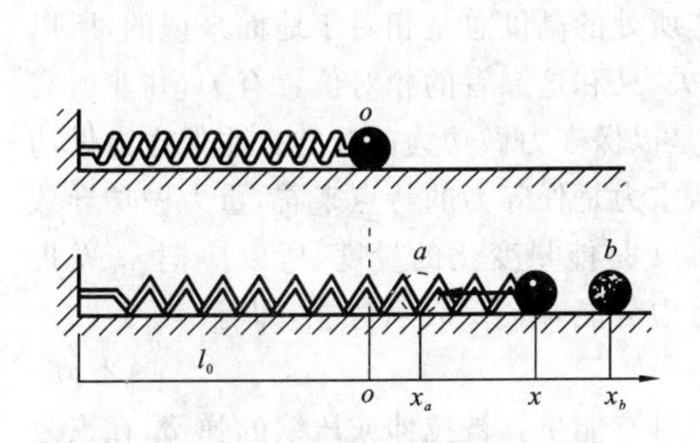

图 2.16 弹性力做的功

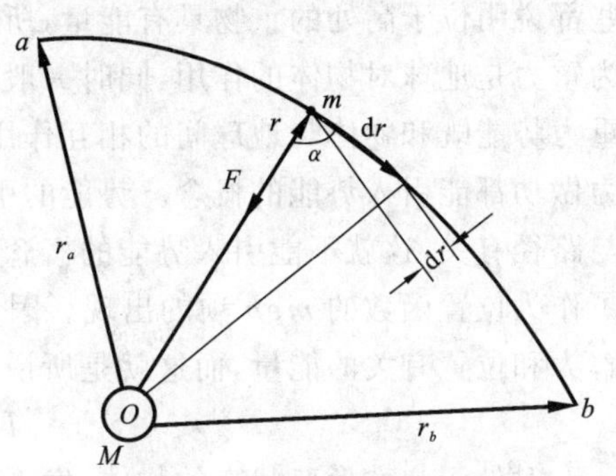

图 2.17 万有引力的功

现在计算万有引力做的功。设一质量为 m 的物体，在另一质量为 M 的静止物体的万有引力场中，沿某路径由 a 运动到 b，如图 2.17 所示。以 M 的中心为原点，m 在某时刻的位矢为 $\boldsymbol{r}$，它在完成元位移 $\mathrm{d}\boldsymbol{r}$ 时，引力所做元功为

$$\mathrm{d}A=\boldsymbol{F}\cdot\mathrm{d}\boldsymbol{r}=G\frac{mM}{r^2}\cos\alpha\,|\mathrm{d}\boldsymbol{r}|$$

由图 2.17 可见，$-|\mathrm{d}\boldsymbol{r}|\cos\alpha=|\mathrm{d}\boldsymbol{r}|\cos(\pi-\alpha)$，等于位矢大小的增量 $\mathrm{d}r$，所以上式可改写为

$$\mathrm{d}A=-G\frac{mM}{r^2}\mathrm{d}r$$

这样，此质点由 a 运动到 b 引力所做的总功为

$$A=\int_a^b\mathrm{d}A=\int_{r_a}^{r_b}-G\frac{mM}{r^2}\mathrm{d}r==-GmM\left(\frac{1}{r_a}-\frac{1}{r_b}\right) \tag{2.44}$$

因此,引力的功也只和始末位置有关,引力也是保守力。

保守力做功与路径无关这个特点,可用统一的数学式表示为

$$\oint \boldsymbol{F} \cdot \mathrm{d}\boldsymbol{r} = 0 \tag{2.45}$$

式(2.45)表明,质点沿任意闭合路径运动一周时,保守力对它做功为零。

在物理学中,除了这些力之外,以后要讲到的静电力也具有这种做功与路径无关,只与始末位置有关的特性,它也是保守力。将没有这种特性的力称为非保守力。人们熟知的摩擦力就是非保守力,它做的功与路径有关。当把放在地面上的物体从一处拉到另一处时,若所经过的路径不同,则摩擦力所做的功是不相同的。

2.5.2 势能

在机械运动范围内的能量,除了动能外,还有势能。在生活和生产的实践中,从高处落下的重物能够做功。例如,筑路时为了把地面打结实,总是把夯高高举起,举得越高,落下时所能做的功就越大;又如,高山上的瀑布能带动发电机,使它发电。这些都说明位于高处的重物具有能量,所以它能够做功。这种能量称为重力势能。因为重力是地球对物体的作用,同时一般物体所处的高度总是相对于地面来说的,所以重力势能既和物体与地球间的相互作用有关,又和这二者的相对位置有关,并非所有力做功都能引入势能的概念。势能的引入是以保守力做功为前提的。非保守力做功与路径有关,这就不能引入势能的概念。从重力是保守力的特点来看,重力做功导致了作为位置函数的 mgh 项的出现。因为功 A 是能量变化的量度,所以应把 mgh 理解为和位置有关的能量,而这就是所说的重力势能,用 E_p 表示势能,即有

$$E_p = mgh \tag{2.46}$$

对处于弹性形变状态的物体,发现它也具有能量。被拉伸或压缩的弹簧,在恢复原状的过程中,是能够做功的。钟表里卷紧的发条在逐渐放松的过程中,能带动钟表机件而做功。这种能量称为弹性势能。与重力势能相似,弹性势能和物体各部分之间相互作用有关,又与这些部分的相对位置有关。例如,以物体在平衡位置时的弹性势能点为势能零点,则弹性势能可表示为

$$E_p = \frac{1}{2}kx^2 \tag{2.47}$$

对引力做功,同样可引入引力势能的概念,亦即

$$E_p = -G\frac{mm'}{r} \tag{2.48}$$

在此处,选择 $r \to \infty$ 处为引力势能的零点。

保守力做的功与路径无关的性质,大大简化了保守力做功的计算。引入势能概念以后,保守力做的功可简单地写成

$$A_{保} = E_{pa} - E_{pb} = -\Delta E_p \tag{2.49}$$

式(2.49)表明,系统在由位置 a 改变到位置 b 的过程中,成对保守内力做的功等于系统势能的减少(或势能增量的负值)。

应当强调,势能既取决于系统内物体之间相互作用的形式,又取决于物体之间的相对位置,所以势能是属于物体系统的,不为单个物体所具有,通常有人讲"物体的势能",只是为了叙述简便,但是不严格的。此外,还要注意,物体系统在两个不同位置的势能差具有一定的量值,它可用成对保守力做的功来量度,鉴于成对保守力做的功与参考系的选择无关,所以这个势能差是有其绝对意义的,而这正是在处理问题时所感兴趣的内容。至于系统势能的量值,却只有相对意义。如果选定在某个位置,系统的势能为零,则它在其他位置的势能才有具体的量值,此量值等于从该位置移动到势能零点时保守力所做的功。势能零点可根据问题的需要来选择,而作为两个位置的势能差,其值是一定的,与势能零点的选择无关。

2.5.3　势能曲线

如果把势能和相对位置的关系绘成曲线,用来讨论物体在保守力作用下的运动是很方便的。前面提到的三种势能的势能曲线如图 2.18 所示。

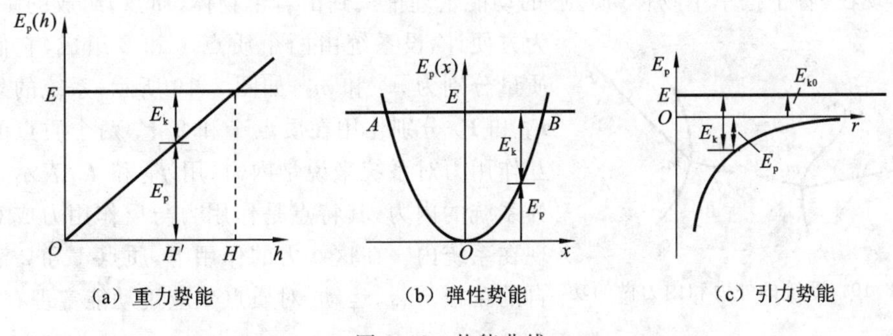

(a) 重力势能　　(b) 弹性势能　　(c) 引力势能

图 2.18　势能曲线

在系统的总能量 $E=E_k+E_p$ 保持不变的条件下,在势能曲线图上,可用一平行于横坐标的直线来表示它。系统在每一位置时的动能的大小($E_k=E-E_p$)就可以方便地在图上显示出来。因为动能不可能为负值,只有符合 $E_k\geqslant 0$ 的运动才可能发生,所以,势能曲线的形状可用于讨论物体的运动。例如,在图 2.18(b)中,表示总能量的曲线与势能曲线相交于 A、B 两点,这表明质点只能在 AB 范围内运动,而且在 A、B 两点,质点的动能为零。在图 2.18(a)中,当质点的 $h=H$ 时,其动能为零;而当 $h=H'$时,其动能为图中所示的 E_k。

利用势能曲线,还可以判断物体在各个位置所受的保守力的大小和方向。保守力做的功等于势能增量的负值,即

$$A=-(E_{p2}-E_{p1})=-\Delta E_p$$

写成微分形式就是

$$dA=-dE_p$$

当系统内的物体在保守力 F 的作用下，沿 x 轴发生位移 dx 时，保守力所做的功为

$$dA=F\cos\varphi dx=F_x dx$$

式中：φ 为 F 与 x 轴正向的夹角。

比较上面两个式子，得

$$F_x=-\frac{dE_p}{dx} \tag{2.50}$$

式(2.50)表明，保守力沿某坐标轴的分量等于势能对此坐标的导数的负值。读者不难验证式(2.50)对重力、弹性力和万有引力都是正确的。

2.6 功能原理

2.6.1 质点系的动能定理

现在，着手把单个物体(质点)的动能定理推广到由若干物体(质点)组成的系统。为方便计，设系统由两个质点 1 和 2 组成，它们的质量分别为 m_1 和 m_2，如图 2.19 所示，系统的外力 $\boldsymbol{F}_1$ 和 $\boldsymbol{F}_2$ 分别作用在质点 1 和 2 上，两个质点的相互作用力对系统来说是内力，用 $\boldsymbol{f}_{12}$ 和 $\boldsymbol{f}_{21}$ 表示。作为系统的内力，其特点是作用力与反作用力成对出现在系统内。在这些力的作用下，质点 1 和 2 沿各自的路径 s_1、s_2 运动，对质点 1 应用动能定理有

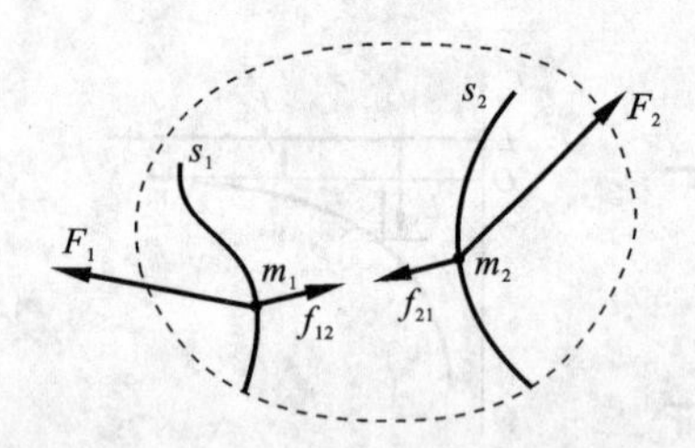

图 2.19　系统的外力和内力做的功

$$\int \boldsymbol{F}_1\cdot d\boldsymbol{r}_1+\int \boldsymbol{f}_{12}\cdot d\boldsymbol{r}_1=\Delta E_{k1}$$

同样，对质点 2 有

$$\int \boldsymbol{F}_2\cdot d\boldsymbol{r}_2+\int \boldsymbol{f}_{21}\cdot d\boldsymbol{r}_2=\Delta E_{k2}$$

上两式相加，即得

$$\int \boldsymbol{F}_1\cdot d\boldsymbol{r}_1+\int \boldsymbol{F}_2\cdot d\boldsymbol{r}_2+\int \boldsymbol{f}_{12}\cdot d\boldsymbol{r}_1+\int \boldsymbol{f}_{21}\cdot d\boldsymbol{r}_2=\Delta E_{k1}+\Delta E_{k2} \tag{2.51}$$

上式右边是系统动能的增量，用 ΔE_k 表示；左边前两项之和为系统外力做的功，用 A_e 表示，后两项之和为系统内力做的功，用 A_i 表示。这样，式(2.51)可写成

$$A_e+A_i=\Delta E_k \tag{2.52}$$

式(2.52)就是质点系的动能定理，它说明系统的外力和内力所做的功总和等于系统动能的增量。

2.6.2　系统的功能原理

对系统的内力来说，它们有保守力或非保守力之分。所以，内力做的功应该分为两个部分，即保守内力做的功 A_{ic} 和非保守内力做的功 A_{id}，亦即

$$A_i = A_{ic} + A_{id} \tag{2.53}$$

式中：保守内力的功 A_{ic} 总可用系统势能增量的负值来表示。

$$A_{ic} = -\Delta E_p \tag{2.54}$$

这样，式(2.52)就成为

$$A_e + A_{id} = \Delta E_k + \Delta E_p = \Delta E \tag{2.55}$$

式中：ΔE 为系统机械能的增量。

式(2.55)表明，当系统从状态 1 变化到状态 2 时，它的机械能的增量等于外力做的功与非保守力做的功的总和。这个结论称为系统的功能原理。

从上面结论中，我们注意到：

(1) 当取物体作为研究对象时，使用的是单个物体的动能定理，其中外力所做的功，指的是作用在物体上所有外力所做的总功，所以必须计算包括重力、弹性力等一切外力所做的功。物体动能的变化是由外力所做的总功来决定的。

(2) 当取系统作为研究对象时，由于运用了系统的势能这个概念，关于保守内力所做的功，例如，重力的功和弹性力做的功等，在式(2.55)中不再出现，已为系统势能的变化所代替。因此，在演算问题时，如果计算了保守内力所做的功(用式(2.52))，那么，就不必再去考虑势能的变化，反之，如果考虑了势能的变化(用式(2.55))，就不必再计算保守内力做的功。

在机械运动范围内，所讨论的能量只是动能和势能。由于物质运动形式的多样化，还将遇到其他形式的能量，系统的能量应是机械能及其他形式能量的总和。如果不考虑系统和外界热交换的情形，并假定对系统的作用只是作用在这系统上的外力所做的功，则外力对系统所做的总功就等于系统的总能量的增量：当外力对系统的总功为正时，系统的总能量增加；当外力对系统的总功为负时，系统的总能量减少。

在式(2.55)中，令 $A_e = 0$，即有 $A_{id} = \Delta E$，就是说，这时非保守内力做的总功将引起系统机械能的变化。如果 $A_{id} > 0$，则系统内部将有其他形式的能量转化成机械能。例如，在射击时，火药的化学能转变成子弹和枪身的机械能。如果 $A_{id} < 0$，则系统内机械能通过内力做功转变成其他形式的非保守内能。例如，人们所熟知的撑竿跳高运动，当运动员手持撑竿全速前进时，他具有动能，但当撑竿前端着地，他用力使撑竿弯曲时，除动能外，还在撑竿中贮藏了弹性势能，直到他腾空而起，绕撑竿支点转动时，他的动能还相当大，但撑竿的弹性势能却在变小，随着重力势能的变大，动能逐渐变小。最后，在他将越过标杆时，动能变得很小，重力势能达到最大值。由于在运动

过程中,既要克服摩擦力做功,又有人体内部非保守力做功,因此撑竿跳高时机械能是不守恒的。

例 2.12 在图 2.20 中,一个质量 $m=2$ kg 的物体从静止开始,沿四分之一圆周从 A 滑到 B,已知圆的半径 $R=4$ m,设物体在 B 处的速度 $v=6$ m/s,求在下滑过程中摩擦力所做的功。

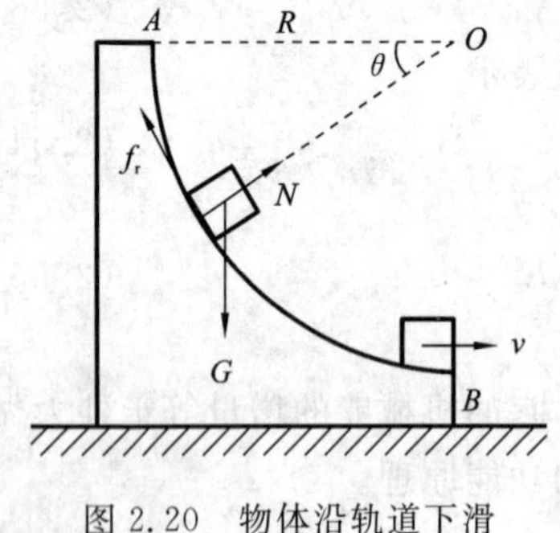

图 2.20 物体沿轨道下滑

解 在物体从 A 到 B 的下滑过程中,不仅有重力 G 的作用,而且还有摩擦力 f_r 和正压力 N 的作用,f_r 和 N 两者都是变力。N 处处和物体运动方向相垂直,所以,它是不做功的,但摩擦力所做的功却因为它是变力而使计算复杂起来,不能直接用 $A=\int \boldsymbol{F}\cdot \mathrm{d}\boldsymbol{r}$ 来计算,这时,比较方便的方法是采用功能原理进行计算。把物体和地球作为系统,则物体在 A 点时系统的能量 E_A 是系统的势能 mgR,而在 B 点时系统的能量 E_B 则是动能 $\frac{1}{2}mv^2$,它们的差值就是摩擦力所做的功,因此

$$A=E_B-E_A=\frac{1}{2}mgR=\frac{1}{2}\times 2\times 6^2\ \text{J}-2\times 9.8\times 4\ \text{J}=-42.4\ \text{J}$$

负号表示摩擦力对物体做负功,即物体反抗摩擦力做功 42.2 J。

2.7 机械能守恒定律、能量守恒定律

2.7.1 机械能守恒定律

前面分别讨论了动能和势能,以及它们和外力做的功之间的关系。在本节中将讨论机械能之间相互转换的情况,并由此说明机械能守恒的条件。

根据系统的功能原理(见式(2.55)),容易看出系统机械能守恒需要什么条件。因为 $A_e+A_{id}=\Delta E$,所以,当 $A_e+A_{id}=0$ 时,

$$\Delta E=0 \tag{2.56}$$

这就是说,如果一个系统内只有保守力做功,其他内力和一切外力都不做功,或者它们的总功为零,则系统内各物体的动能和势能可以相互转换,但机械能的总值不变。这个结论称为机械能守恒定律。

在机械运动范围内,所讨论的能量只是动能和势能。由于物质运动形式的多样化,还将遇到其他形式的能量,如热能、电能、原子能,等等。如果系统内除保守力外,还有非保守力在做功,则系统的机械能必将发生变化,这时机械能不再守恒。但是,人们发现,系统的机械能减少或增加的同时,必然有等值的其他形式的能量在增加或

减少，而使系统的机械能和其他形式的能量的总和保持不变。由此可见，机械能守恒定律仅是上述情况的一个特例，自然界还存在着比其更为普遍的定律。

2.7.2　能量守恒定律

一个不受外界作用的系统称为孤立系统，对于孤立系统，外力做的功当然为零，如果系统状态变化，则有非保守内力做功，它的机械能当然就不能守恒了。但大量实验证明，一个孤立系统经历任何变化时，该系统的所有能量的总和是不变的，能量只能从一种形式变为另外一种形式，或从系统内一个物体传给另一个物体。这就是能量守恒定律。它是物理学中具有普遍性的定律之一。

能量守恒定律是自然界中的普遍规律。它不仅适用于物质的机械运动、热运动、电磁运动、核运动等物理运动形式，也适用于化学运动、生物运动等运动形式。由于运动是物质的存在形式，而能量又是物质运动的度量，因此，能量转换与守恒定律的深刻含义是，运动既不能消失也不能创造，它只能由一种形式转换为另一种形式。能量的守恒在数量上体现了运动的守恒。

习　题　2

一、选择题。

(1) 质点系的内力可以改变(　　)。

(A) 系统的总质量　(B) 系统的总动量　(C) 系统的总动能　(D) 系统的总角动量

(2) 对功的概念有以下几种说法：

① 保守力做正功时，系统内相应的势能增加。

② 质点运动经一闭合路径，保守力对质点做的功为零。

③ 作用力与反作用力大小相等、方向相反，所以两者所做功的代数和必为零。

在上述说法中(　　)。

(A) ①、②是正确的　(B) ②、③是正确的　(C) 只有②是正确的　(D) 只有③是正确的

二、填空题。

(1) 某质点在力 $\boldsymbol{F}=(4+5x)\boldsymbol{i}$(SI)的作用下沿 x 轴作直线运动。在从 $x=0$ 移动到 $x=10$ m的过程中，力 $\boldsymbol{F}$ 所做的功为________。

(2) 质量为 m 的物体在水平面上作直线运动，当速度为 v 时仅在摩擦力作用下开始作匀减速运动，经过距离 s 后速度减为零，则物体加速度的大小为________，物体与水平面间的摩擦系数为________。

(3) 在光滑的水平面内有两个物体A和B，已知 $m_A=2m_B$。(a) 物体A以一定的动能 E_k 与静止的物体B发生完全弹性碰撞，则碰撞后两物体的总动能为________；(b) 物体A以一定的动能 E_k 与静止的物体B发生完全非弹性碰撞，则碰撞后两物体的总动能为________。

三、一细绳跨过一定滑轮，绳的一边悬有一质量为 m_1 的物体，另一边穿在质量为 m_2 的圆柱体的竖直细孔中，圆柱可沿绳子滑动。如题图2.1所示，今看到绳子从圆柱细孔中加速上升，柱体

相对于绳子以匀加速度 a' 下滑,求 m_1、m_2 相对于地面的加速度,绳的张力及柱体与绳子间的摩擦力(绳轻且不可伸长,滑轮的质量及轮与轴间的摩擦不计)。

四、一个质量为 P 的质点,在光滑的固定斜面(倾角为 α)上以初速度 v_0 运动,v_0 的方向与斜面底边的水平线 AB 平行,如题图 2.2 所示,求该质点的运动轨迹。

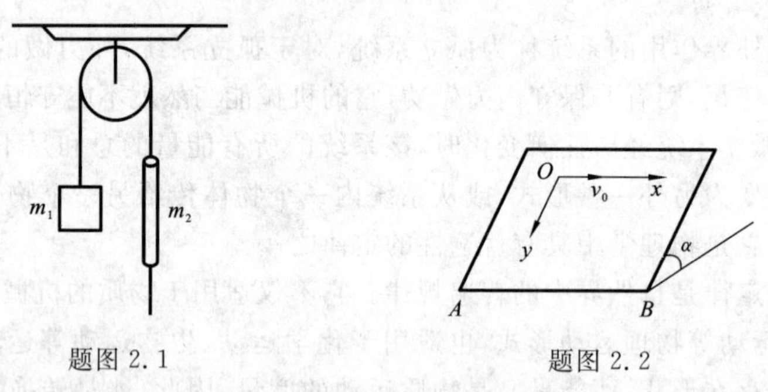

题图 2.1 题图 2.2

五、质量为 16 kg 的质点在 xOy 平面内运动,受一恒力作用,力的分量为 $f_x=6$ N,$f_y=-7$ N,当 $t=0$ 时,$x=y=0$,$v_x=-2$ m/s,$v_y=0$。求当 $t=2$ s 时,质点的位矢和速度。

六、质点在流体中作直线运动,受与速度成正比的阻力 kv(k 为常数)作用,$t=0$ 时质点的速度为 v_0。证明:

(1) t 时刻的速度为 $v=v_0\mathrm{e}^{-\frac{k}{m}t}$;

(2) 由 0 到 t 的时间内经过的距离为 $x=\left(\frac{mv_0}{k}\right)\left[1-\mathrm{e}^{-\frac{k}{m}t}\right]$;

(3) 停止运动前经过的距离为 $v_0\left(\frac{m}{k}\right)$;

(4) 当 $t=m/k$ 时速度减至 v_0 的 $\frac{1}{\mathrm{e}}$,式中 m 为质点的质量。

七、作用在质量为 10 kg 的物体上的力为 $F=(10+2t)\boldsymbol{i}$ (单位:N),式中 t 的单位是为 s,物体的初速度为 $-6\boldsymbol{j}$ m/s,求 4 s 后,该物体的动量和速度的变化,以及力给予物体的冲量。

八、一质量为 m 的质点在 xOy 平面上运动,其位置矢量为 $\boldsymbol{r}=a\cos\omega t\boldsymbol{i}+b\sin\omega t\boldsymbol{j}$,求质点的动量及 $t=0$ 到 $t=\frac{\pi}{2\omega}$ 时间内质点所受合力的冲量和质点动量的改变量。

九、一颗子弹由枪口射出时速率为 v_0(单位:m/s),当子弹在枪筒内被加速时,它所受的合力为 $F=a-bt$(单位为 N,a,b 为常数),其中 t 以 s 为单位。

(1) 假设子弹运行到枪口处合力刚好为零,试计算子弹走完枪筒全长所需时间;

(2) 求子弹所受的冲量;

(3) 求子弹的质量。

十、设 $\boldsymbol{F}_{合}=(7\boldsymbol{i}-6\boldsymbol{j})$ N。

(1) 当一质点从原点运动到 $\boldsymbol{r}=-3\boldsymbol{i}+4\boldsymbol{j}+16\boldsymbol{k}$ m 时,求 $\boldsymbol{F}$ 所做的功;

(2) 如果质点到 r 处时需 0.6 s,试求平均功率;

(3) 如果质点的质量为 1 kg,试求动能的变化。

十一、用铁锤将一铁钉击入木板,设木板对铁钉的阻力与铁钉进入木板内的深度成正比,在铁锤击第一次时,能将小钉击入木板内 1 cm,问击第二次时能击入多深,假定铁锤两次打击铁钉时的速度相同。

十二、一根劲度系数为 k_1 的轻弹簧A的下端，挂一根劲度系数为 k_2 的轻弹簧B，B的下端又挂一重物C，C的质量为 M，如题图2.3所示。求这一系统静止时两弹簧的伸长量之比和弹性势能之比。

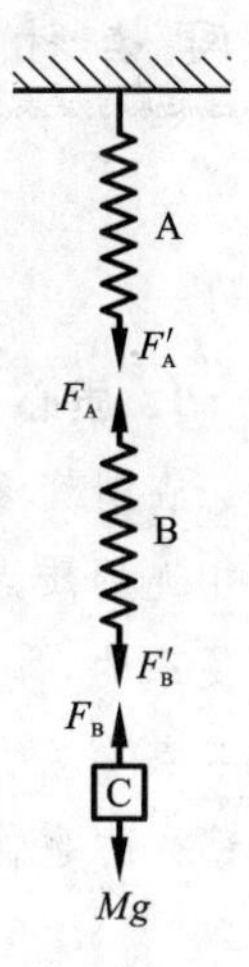

题图 2.3

十三、(1) 试计算月球和地球对质量为 m 的物体的引力相抵消的一点 P 距月球表面的距离是多少？地球质量为 5.98×10^{24} kg，地球中心到月球中心的距离为 3.84×10^{8} m，月球质量为 7.35×10^{22} kg，月球半径为 1.74×10^{6} m。

(2) 如果一个1 kg的物体在距月球和地球均为无限远处的势能为零，那么它在 P 点的势能为多少？

十四、如题图2.4所示，一物体质量为2 kg，以初速度 $v_0=3$ m/s从斜面 A 点处下滑，它与斜面的摩擦力为8 N，到达 B 点后压缩弹簧20 cm后停止，然后又被弹回，求弹簧的劲度系数和物体最后能回到的高度。

十五、质量为 M 的大木块具有半径为 R 的四分之一弧形槽，如题图2.5所示。质量为 m 的小球从曲面的顶端滑下，大木块放在光滑水平面上，二者都作无摩擦的运动，而且都从静止开始，求小球脱离大木块时的速度。

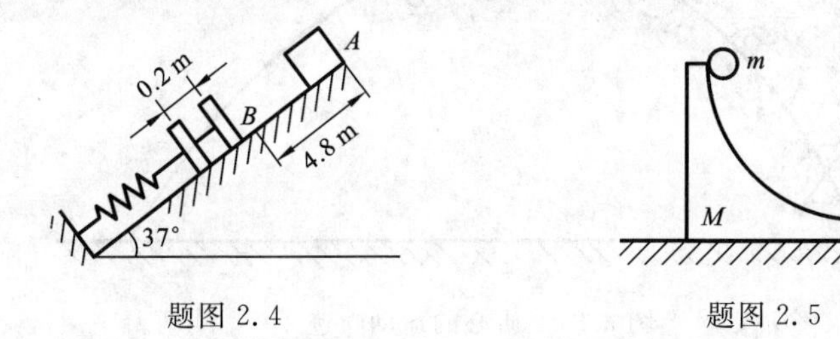

题图 2.4　　题图 2.5

*十六、一个小球与一质量相等的静止小球发生非对心弹性碰撞，试证碰后两个小球的运动方向互相垂直。

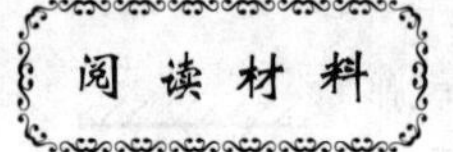

质心及质心运动定理

1. 质心

在研究多个物体组成的系统时,质心是个很重要的概念。现在,考虑由一刚性轻杆相连的质点组成的简单系统,当将它斜向输出时(见图 2.21),它在空间的运动是很复杂的,每个质点的轨道都不是抛物线形状,但实践和理论都证明,两质点连线中的某点 C 却仍然作抛物线运动,C 点的运动规律就像两质点的质量都集中在 C 点,全部外力也像是作用在 C 点一样,这个特殊点 C 就是质点系的质心。

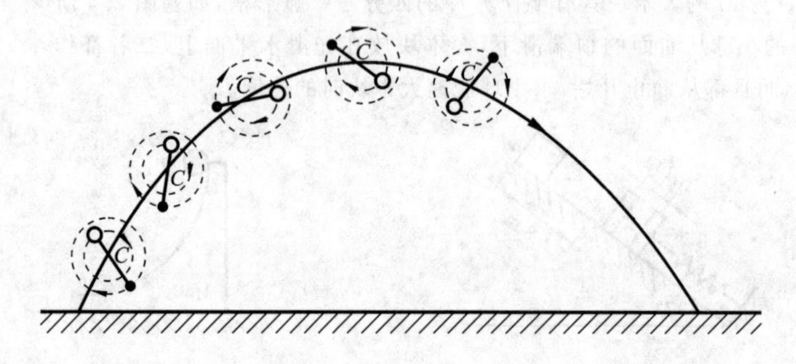

图 2.21 质心的运动轨迹

所谓质心实际上是与质点系质量分布有关的一个代表点,它的位置在平均意义上代表着质量分布的中心。如果用 m_i 和 $\boldsymbol{r}_i$ 表示系统中质点 i 的质量和位矢,用 $\boldsymbol{r}_c$ 表示质心的位矢,则质心位置的三个直角坐标被定义为

$$\left.\begin{aligned} x_c &= \sum_i m_i x_i \Big/ M \\ y_c &= \sum_i m_i y_i \Big/ M \\ z_c &= \sum_i m_i z_i \Big/ M \end{aligned}\right\} \tag{2.57}$$

式中:$M = \sum_i m_i$,为质点系的总质量。

如果把质量连续分布的物体当作质点系,求质心时就要把求和改为求积分:

$$r_c = \int r \mathrm{d}m \Big/ M \tag{2.58}$$

则质心位置的三个直角坐标应为

$$\left.\begin{aligned} x_c &= \int x\mathrm{d}m \Big/ M \\ y_c &= \int y\mathrm{d}m \Big/ M \\ z_c &= \int z\mathrm{d}m \Big/ M \end{aligned}\right\} \tag{2.59}$$

2. 质心运动定理

当系统中每个质点都在运动时，系统质心的位置也要发生变化。现在，从牛顿第二定律和牛顿第三定律直接推导出质心的运动定理。

设有一个质点系，由 n 个质点组成，它的质心的位矢是

$$\boldsymbol{r}_c = \frac{\sum_i m_i r_i}{\sum_i m_i} = \frac{m_1 r_1 + m_2 r_2 + \cdots + m_n r_n}{m_1 + m_2 + \cdots + m_n} \tag{2.60}$$

由此求得质心的速度为

$$v_c = \frac{\mathrm{d}r_c}{\mathrm{d}t} = \frac{\sum_i m_i \frac{\mathrm{d}r_i}{\mathrm{d}t}}{\sum_i m_i} = \frac{\sum_i m_i v_i}{\sum_i m_i} \tag{2.61}$$

根据牛顿第二定律，系统中各个质点的运动方程为

$$\begin{aligned} m_1 a_1 &= m_1 \frac{\mathrm{d}v_1}{\mathrm{d}t} = F_1 + f_{12} + f_{13} + \cdots + f_{1i} + \cdots f_{1n} \\ m_2 a_2 &= m_2 \frac{\mathrm{d}v_2}{\mathrm{d}t} = F_2 + f_{21} + f_{23} + \cdots + f_{2i} + \cdots f_{2n} \\ m_i a_i &= m_i \frac{\mathrm{d}v_i}{\mathrm{d}t} = F_i + f_{i1} + f_{i2} + \cdots + f_{in} \\ &\vdots \\ m_n a_n &= m_n \frac{\mathrm{d}v_n}{\mathrm{d}t} = F_n + f_{n1} + f_{n2} + \cdots + f_{nn-1} \end{aligned}$$

在上列各式中，$F_1, F_2, F_3, \cdots, F_i, \cdots, F_n$ 表示系统外的物体对各个质点的作用力，即为系统所受的外力，而 $f_{12}, f_{21}, \cdots, f_{in}, \cdots$ 表示系统各个质点间的相互作用力，这些力即为系统的内力。根据牛顿第三定律，内力在系统内总是成对出现的，它们之间满足关系式 $f_{12} + f_{21} = 0, \cdots, f_{in} + f_{ni} = 0, \cdots$。因此，把上列各式相加后，即得

$$m_1 a_1 + m_2 a_2 + \cdots + m_i a_i + \cdots + m_n a_n = F_1 + F_2 + \cdots + F_i + \cdots + F_n$$

或者写成

$$\sum_i m_i a_i = \sum_i F_i$$

把上式代入(2.61)，并令 $M = \sum_i m_i$ 表示系统的总质量，即得质心的加速度：

$$a_c = \frac{\sum_i F_i}{\sum_i m_i} = \frac{\sum_i F_i}{M} \quad 或 \quad \sum_i F_i = Ma_c \tag{2.62}$$

这就是质心运动定理。它告诉我们:不管物体的质量如何分布,也不管外力作用在物体的什么位置上,质心的运动就像是物体的全部质量都集中于此,而且所有外力也都集中作用其上的一个质点的运动一样。

例如,一颗炮弹在其飞行轨道上爆炸时,它的碎片向四面八方飞散,但如果把这颗炮弹看作一个质点系,由于炮弹的爆炸力是内力,而内力是不能改变质心的运动的,因此全部碎片的质心仍继续按原来的弹道曲线运动。对于一个物体,引入质心的概念对解决复杂的机械运动问题会很便利。

第3章 刚体的转动

对于机械运动的研究，只局限于质点的情况是很不够的。质点的运动事实上只代表物体的平动。物体是有形状大小的，它可以作平动、转动，甚至更复杂的运动，而且在运动中物体的形状也可能发生改变。一般固体在外力作用下，形状、大小都要发生变化，但变化并不显著。所以，研究物体运动的初步方法是把物体看成在外力作用下保持其大小和形状都不变，亦即物体内任何两质点之间的距离都不因外力而改变，这样的物体称为刚体。刚体考虑了物体的形状和大小，但不考虑形变，仍是一个理想的模型。以刚体为研究对象，除了研究它的平动外，还可研究它的转动以及平动与转动的复合运动等。本章从质点运动的知识出发，分析和介绍刚体转动的规律，重点讨论刚体的定轴转动，为进一步研究更复杂的机械运动奠定基础。

3.1 刚体及对刚体运动的描述

3.1.1 刚体

处于固态的物质，有一定的形状和大小。但任何固体在外力作用下，其形状和大小都要发生变化。在物理学中，为使问题简化，对在外力作用下形变并不显著的物体常应用刚体的这个理想化模型。刚体是一种特殊的质点系，无论它在多大外力的作用下，系统内任意两质点间的距离始终保持不变。刚体的这个特点使刚体力学和一般质点系的力学相比，大为简化。对一般质点系的力学问题求解往往很困难，而对刚体的力学问题却有不少是能够求解的。

3.1.2 平动和转动

简单的刚体运动形式是平动和转动。当刚体运动时，如果刚体内任何一条给定的直线在运动中始终保持它的方向不变，这种运动称为平动，如图 3.1(a)所示，显然，刚体平动时，在任意一段时间内，刚体中所有质点的位移都是相同的，而且在任何时刻，各个质点的速度和加速度也都是相同的。所以，刚体内任何一个质点的运动，都可代表整个刚体的运动，一般以质心为代表。由此，平动的刚体可当成一个质点来处理。

刚体运动时，如果刚体的各个质点在运动中都绕同一直线作圆周运动，这种运动便称为转动，如图 3.1(b)所示，这一直线称为转轴。例如，机器上齿轮的运动、车床上工件的运动、钟摆的运动、地球的自转运动，等等，都是转动。如果转轴是固定不动的,就称为定轴转动。本章主要介绍刚体定轴转动的基本规律。

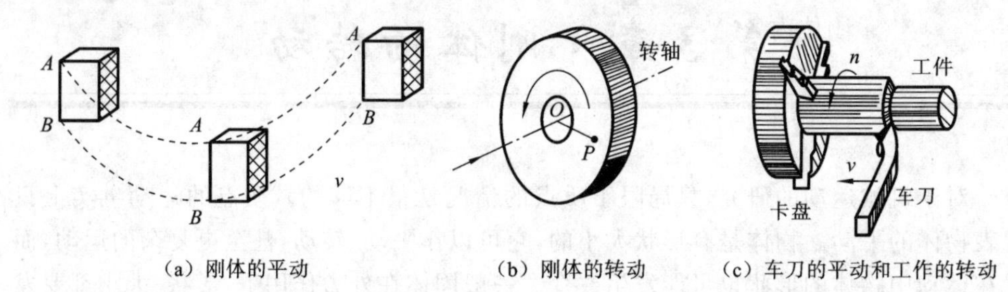

(a) 刚体的平动　(b) 刚体的转动　(c) 车刀的平动和工作的转动

图 3.1　平动和转动

刚体的一般运动比较复杂。但可以证明,刚体的一般运动可看作是平动和转动的叠加,如图 3.2 所示。例如,一个车轮的滚动,可以分解为车轮随着转轴的平动和整个车轮绕转轴的转动。又如,在拧紧或松开螺帽时,螺帽同时作平动和转动。钻床上的钻头在工作时,也同时作转动和平动。

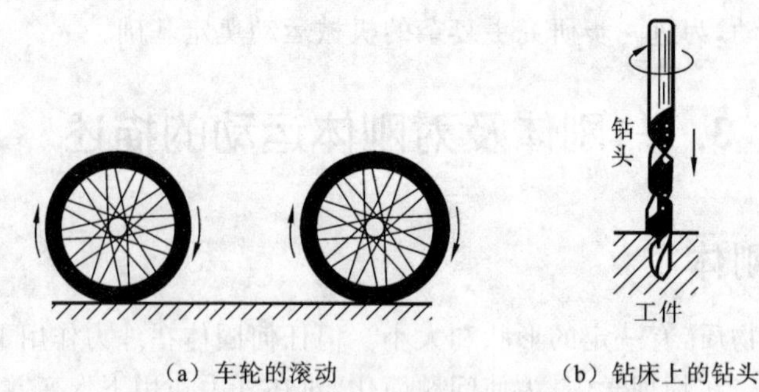

(a) 车轮的滚动　(b) 钻床上的钻头

图 3.2 平动和转动同时进行

3.1.3　刚体定轴转动的描述

刚体在定轴转动时,刚体上各点都绕同一直线(转轴)作圆周运动,而轴本身在空间的位置不变。例如,机器上飞轮的转动、门的开或关等都是定轴转动。这时,刚体中任一质点都在某个垂直于转轴的平面内作圆周运动,如图 3.3 所示。

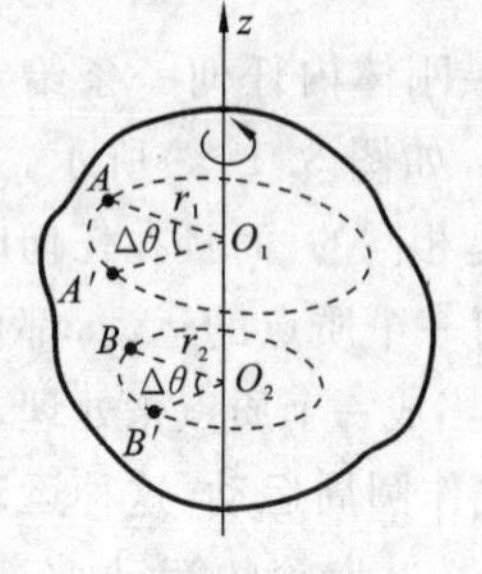

图 3.3　刚体的定轴转动

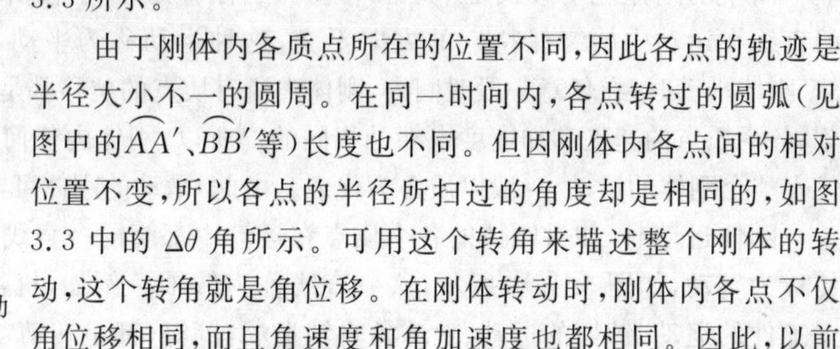

由于刚体内各质点所在的位置不同,因此各点的轨迹是半径大小不一的圆周。在同一时间内,各点转过的圆弧(见图中的$\widehat{AA'}$、$\widehat{BB'}$等)长度也不同。但因刚体内各点间的相对位置不变,所以各点的半径所扫过的角度却是相同的,如图 3.3 中的 $\Delta\theta$ 角所示。可用这个转角来描述整个刚体的转动,这个转角就是角位移。在刚体转动时,刚体内各点不仅角位移相同,而且角速度和角加速度也都相同。因此,以前

讨论过的角位移、角速度和角加速度等概念以及有关公式,对刚体的定轴转动也都是适用的。至于刚体内各个质点的位移、速度和加速度,则因各点到定轴的距离不同而各不相同。角量与质点的位移、速度和加速度等所谓线量的关系,在讲述圆周运动时已作过介绍。下面,说明如何用矢量来表示角速度的问题。

为了充分反映刚体转动的情况,常用矢量来表示角速度。角速度矢量是这样规定的:在转轴上画一有向线段,使其长度按一定比例代表角速度的大小,它的方向与刚体转动方向之间的关系按右手螺旋法则来确定,如果右手螺旋转动的方向和刚体转动的方向相一致,则螺旋前进的方向便是角速度矢量的正方向,如图 3.4 所示。在转轴上确定了角速度矢量之后,则刚体上任一质点 P(离转轴的距离为 r,相应的位矢为 $\boldsymbol{r}$)的线速度$\boldsymbol{v}$和角速度 $\boldsymbol{\omega}$ 之间的关系式可由

$$\boldsymbol{v}=\boldsymbol{\omega}\times\boldsymbol{r} \tag{3.1}$$

表示,如图 3.5 所示。这样,采用两矢量的矢积表达式,可同时表述角速度和线速度之间方向上和量值上的关系。

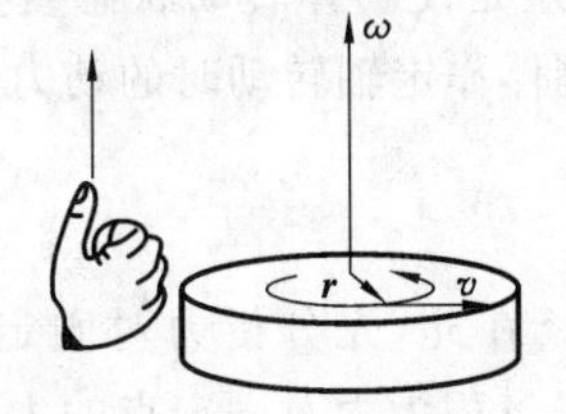

图 3.4　定轴转动角速度

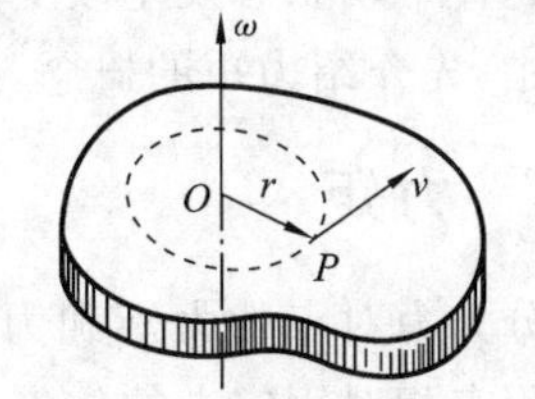

图 3.5　线速度和角速度之间的关系

刚体定轴转动时,由于只有两种不同的转动方向,即顺时针和逆时针转向,角速度的方向总是沿着转轴的,因此只要规定了 ω 的正负,可用标量 ω 进行计算,如图 3.6 所示。

另外,角加速度也是矢量,但刚体定轴转动角加速度的方向只有两个,在表示角加速度时只用角加速度的正负数值就可表示角加速度的方向,不必用矢量表示,如图 3.7 所示。

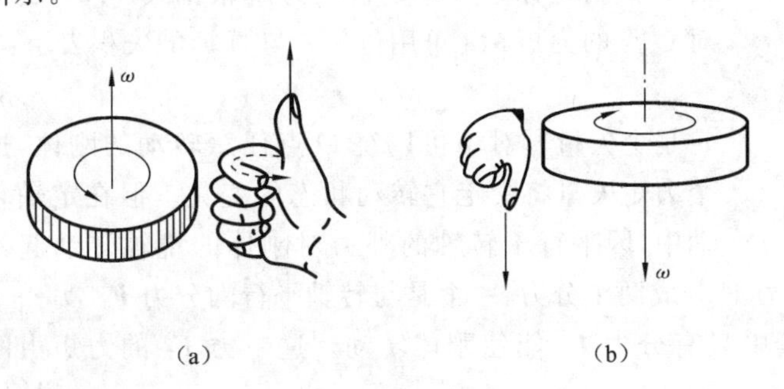

图 3.6　角速度矢量

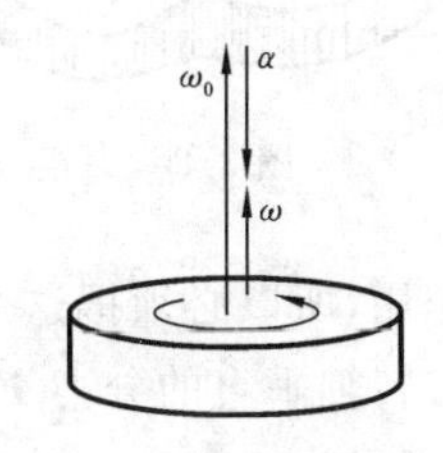

图 3.7　定轴转动角加速度

例 3.1 一飞轮在时间 t 内转过角度 $\theta=at+bt^3-ct^4$,式中 a、b、c 都是常量,求它的角加速度。

解 飞轮上某点的角位置可用 θ 表示为 $\theta=at+bt^3-ct^4$,将此式对 t 求导数,即得飞轮角速度的表达式为

$$\omega=\frac{\mathrm{d}}{\mathrm{d}t}(at+bt^3-ct^4)=a+3bt^2-4ct^3$$

角加速度是角速度对 t 的导数,因此得

$$\alpha=\frac{\mathrm{d}\omega}{\mathrm{d}t}=\frac{\mathrm{d}}{\mathrm{d}t}(a+3bt^2-4ct^3)=6bt-12ct^2$$

由此可见,飞轮作的是变加速转动。

3.2 力矩及刚体定轴转动定律

力是使物体平动状态发生改变的原因,而力矩是使物体转动状态发生改变的原因。在本节中,先介绍力矩的概念,然后再讨论刚体作定轴转动时的动力学关系。

3.2.1 力矩

力矩可分为力对点的力矩和力对轴的力矩。在此,先分析力对固定点的力矩。定义力的作用点相对固定点的位矢 $\boldsymbol{r}$ 与力 $\boldsymbol{F}$ 的矢量积为力对固定点的力矩,以 $\boldsymbol{M}$ 表示,即

$$\boldsymbol{M}=\boldsymbol{r}\times\boldsymbol{F} \tag{3.2}$$

国际单位制中,力矩单位为 N · m,力矩是矢量,方向垂直于 $\boldsymbol{r}$ 和 $\boldsymbol{F}$ 所组成的平面,其指向用右手螺旋法则确定。

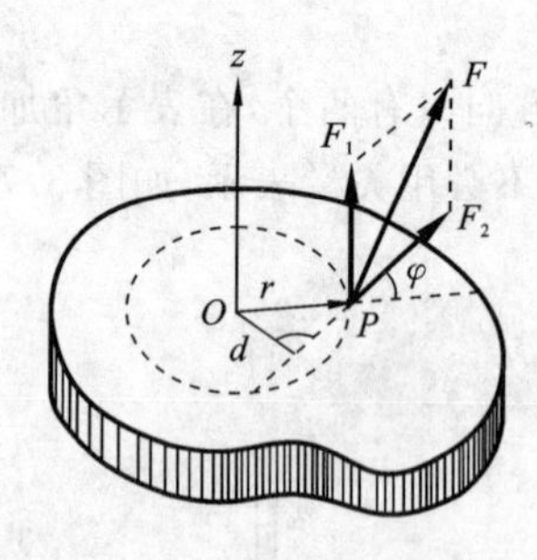

图 3.8 力矩

在本章讨论的刚体定轴转动中,涉及的只是力对固定转轴的力矩。这两者有什么异同呢?在图 3.8中,方向任意的外力 $\boldsymbol{F}$ 作用在刚体上的 P 点,而 P 点对坐标原点 O 的位矢为 $\boldsymbol{r}$,根据式(3.2),力 $\boldsymbol{F}$ 对 O 点的力矩 $\boldsymbol{M}_O$ 可用位矢 $\boldsymbol{r}$ 与力 $\boldsymbol{F}$ 的矢积表示:

$$\boldsymbol{M}_O=\boldsymbol{r}\times\boldsymbol{F} \tag{3.3}$$

它是个矢量。对于可以绕 O 点任意转动的刚体,这个力矩矢量将决定它转动状态的变化。但在定轴转动中,因平行于转轴的外力对刚体的绕轴转动起不了作用,所以必须把这个外力 $\boldsymbol{F}$ 分成两个分力,一个是与转轴平行的分力 $\boldsymbol{F}_1$,另一个是与转轴垂直的分力 $\boldsymbol{F}_2$,其中只有分力 $\boldsymbol{F}_2$ 能使刚体转动。这个力 $\boldsymbol{F}_2$ 的力矩由图 3.8可得为

$$M_z = F_2 r\sin\varphi = F_2 d \tag{3.4}$$

式中:M_z 称为力 $\boldsymbol{F}$ 对转轴 Oz 的力矩;φ 是 $\boldsymbol{F}_2$ 与 $\boldsymbol{r}$ 之间的夹角;d 是轴 Oz 到力 $\boldsymbol{F}_2$ 的作用线的垂直距离,通常称为力臂,$d=r\sin\varphi$。可以证明,$\boldsymbol{M}_z$ 实际上是力对轴上 O 点的力矩 $\boldsymbol{M}_O$ 在 Oz 轴上的一个分量。在刚体定轴转动中,用到的只是这个分量,而不是 $\boldsymbol{M}_O$。应该注意的是,式(3.4)中 F_2 为外力在垂直于转轴的平面内的分力。

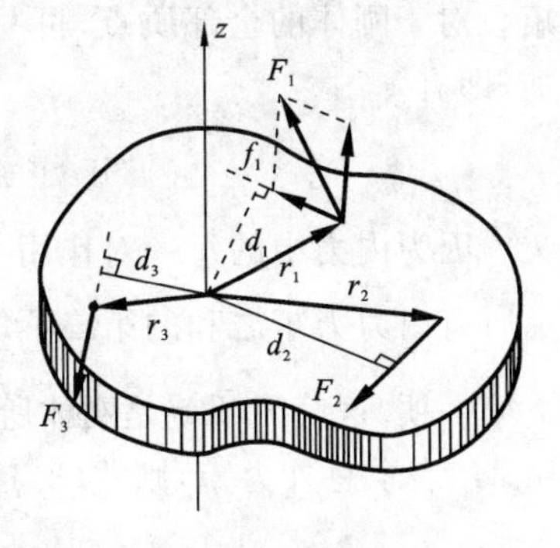

图 3.9　总力矩

在定轴转动中,如果有几个外力同时作用在刚体上,则它们的作用将相当于一个力矩的作用,这个力矩称为这几个力的总力矩。实验指出,它们的总力矩的量值等于这几个力的力矩的代数和。如图3.9所示,$\boldsymbol{F}_1$、$\boldsymbol{F}_2$ 和 $\boldsymbol{F}_3$ 等三个力的总力矩的量值就是

$$M_z = f_1 d_1 + F_3 d_3 - F_2 d_2 \tag{3.5}$$

式中:正负号是根据右手螺旋法则确定的。在力矩使刚体转动的转向与右手螺旋的转向一致时,螺旋前进的方向如果沿转轴 Oz 方向,则该方向被定为力矩的正方向。这样,M_z 为正值时,总力矩的方向沿转轴 Oz 方向,为负值时则相反。

3.2.2　刚体定轴转动定律

图 3.10 所示的是一个绕定轴 Oz 转动的刚体,图中的 P 点表示刚体中的任一个质点,其质量为 Δm_i,P 点离转轴的距离为 r_i(相应的位矢为 $\boldsymbol{r}_i$)。设刚体绕定轴转动的角速度和角加速度分别为 ω 和 α,此时质点 P 所受的外力为 $\boldsymbol{F}_i$,内力为 $\boldsymbol{f}_i$,这里的 $\boldsymbol{f}_i$ 表示刚体中的其他所有质点对质点 P 所作用的合力。为了简化讨论起见,假设外力 $\boldsymbol{F}_i$ 和内力 $\boldsymbol{f}_i$ 都位于通过质点 P 并垂直于转轴的平面内(它们与位矢 $\boldsymbol{r}_i$ 的交角分别为 φ_i 和 θ_i)。

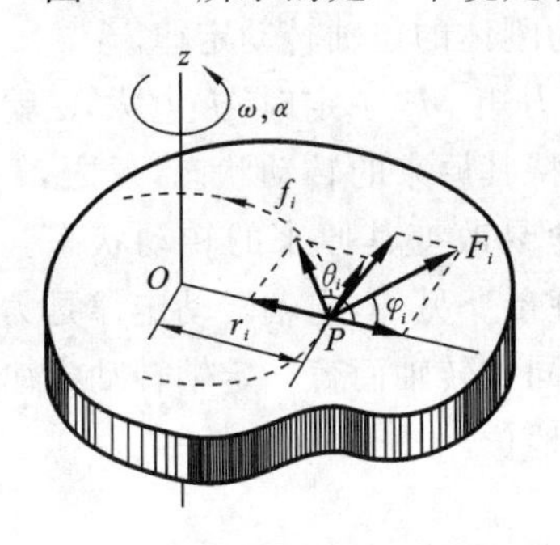

图 3.10　推导转动定律用图

根据牛顿第二定律,质点 P 的运动方程为

$$\boldsymbol{F}_i + \boldsymbol{f}_i = \Delta m_i \boldsymbol{a}_i \tag{3.6}$$

式中:$\boldsymbol{a}_i$ 是质点 P 的加速度。

质点 P 绕转轴作圆周运动,可写出它的法向和切向运动方程如下:

$$F_i\cos\varphi_i + f_i\cos\theta_i = -\Delta m_i a_{in} = -\Delta m_i r_i \omega^2 \tag{3.7}$$

$$F_i\sin\varphi_i + f_i\sin\theta_i = \Delta m_i a_{i\tau} = \Delta m_i r_i \alpha \tag{3.8}$$

式中:$a_{in} = r_i\omega^2$ 和 $a_{i\tau} = r_i\alpha$ 分别是质点 P 的法向和切向加速度。

式(3.7)的左边表示质点 P 所受的法向力,式(3.8)的左边表示质点 P 所受的切

向力。法向力的作用线是通过转轴的,力矩为零,不作讨论。在式(3.8)的两边乘上 r_i 得到

$$F_i r_i \sin\varphi + f_i r_i \sin\theta_i = \Delta m_i r_i^2 \alpha \tag{3.9}$$

式(3.9)左边的第一项是外力 $\boldsymbol{F}_i$ 对转轴的力矩,而第二项是内力 $\boldsymbol{f}_i$ 对转轴的力矩。对于刚体的全部质点,可写出与式(3.9)相应的各个式子。把这些式子全部相加,即有

$$\sum_i F_i r_i \sin\varphi_i + \sum_i f_i r_i \sin\theta_i = \left(\sum_i \Delta m_i r_i^2\right)\alpha \tag{3.10}$$

因为内力中的每一对作用力与反作用力的力矩相加为零,所以式(3.10)左边表示所有内力力矩之和的第二项等于零,即 $\sum_i f_i r_i \sin\theta_i = 0$。这样,式(3.10)左边只剩下第一项。这第一项就是刚体所受各外力对转轴 Oz 的力矩的代数和,称为总外力矩。用 M_z 表示总外力矩,则式(3.10)成为

$$M_z = \left(\sum_i \Delta m_i r_i^2\right)\alpha \tag{3.11}$$

定义式(3.11)中的总和 $\sum_i m_i r_i^2$ 为刚体对给定轴的转动惯量 J,因此式(3.11)可写成

$$M_z = J\alpha = J\frac{\mathrm{d}\omega}{\mathrm{d}t} \tag{3.12}$$

式(3.12)表明,刚体在总外力矩 M_z 的作用下,所获得的角加速度 α 与总外力矩的大小成正比,并与转动惯量成反比。这个关系称为刚体的定轴转动定律。

由定轴转动定律不难看出,当刚体所受的总外力矩 M_z 一定时,J 愈大,α 就愈小,这意味着愈难改变其角速度,或者说刚体愈能保持其原来的转动状态,反之,J 愈小,α 就愈大,亦即愈易改变其角速度,或者说刚体愈易改变其原来的转动状态。这就清楚地表明,转动惯量是度量刚体转动惯性的物理量。另外,定轴转动定律是力矩的瞬时作用规律,式(3.12)中各量均须对同一刚体、同一转轴而言。定轴转动定律在定轴转动中的地位相当于牛顿第二定律在平动中的地位。

3.2.3 转动惯量

按转动惯量的定义,有

$$J = \sum_i r_i^2 \Delta m_i \tag{3.13}$$

即刚体对转轴的转动惯量等于组成刚体各质点的质量与各自到转轴的距离平方的乘积之和。刚体的质量可认为是连续分布的,所以上式可写成如下积分形式:

$$J = \int r^2 \mathrm{d}m \tag{3.14}$$

式中:$\mathrm{d}m$ 是质元的质量;r 是此质元到转轴的距离;J 是转动惯量,其单位是$\mathrm{kg \cdot m^2}$。

下面通过几种形状简单刚体转动惯量的计算来寻找决定刚体转动惯量的因素有哪些。

例 3.2 求质量为 m、长为 l 的均匀细棒对下面三种转轴的转动惯量：

(1) 转轴通过棒的中心并与棒垂直；

(2) 转轴通过棒的一端并与棒垂直；

(3) 转轴通过棒上距中心为 h 的一点并与棒垂直。

解 如图 3.11 所示，在棒上离轴 x 处，取一长度元 $\mathrm{d}x$，如棒的质量线密度为 λ，则长度元的质量为 $\mathrm{d}m=\lambda\mathrm{d}x$，根据式(3.14)，有

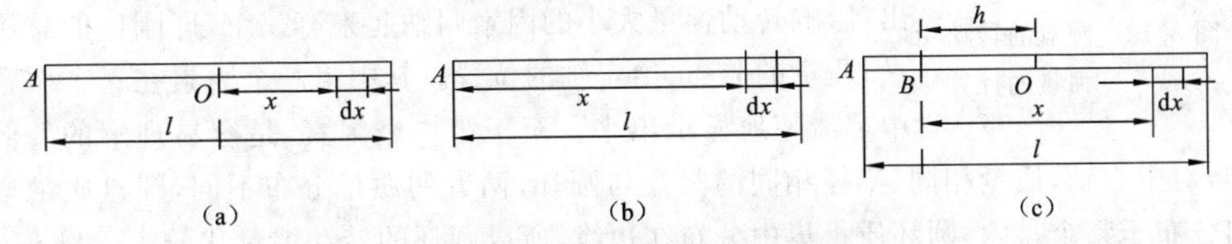

图 3.11 细棒的转动惯量计算

(1) 当转轴通过中心并与棒垂直时，如图 3.11(a)所示，有

$$J_0=\int r^2\mathrm{d}m=\int_{-\frac{l}{2}}^{+\frac{l}{2}}\lambda x^2\mathrm{d}x=\frac{\lambda l^3}{12}$$

因 $\lambda l=m$，代入得

$$J_0=\frac{1}{12}ml^2$$

(2) 当转轴通过棒的一端 A 并与棒垂直时，如图 3.11(b)所示，有

$$J_A=\int_0^l\lambda x^2\mathrm{d}x=\frac{1}{3}\lambda l^3=\frac{1}{3}ml^2$$

(3) 当转轴通过棒上距中心为 h 的 B 点并与棒垂直时，如图 3.11(c)所示，有

$$J_B=\int_{l/2-h}^{l/2+h}\lambda x^2\mathrm{d}x=\frac{1}{12}ml^2+mh^2$$

这个例题表明，同一刚体对不同位置的转轴，转动惯量并不相同。此外，细心的读者通过比较(2)与(3)中结果，还可发现，当(3)中 $h=\frac{1}{2}l$ 时，其结果就与(2)的相同。由于图 3.11(c)中 O 点实际上是细棒的质心，$\frac{1}{12}ml^2$ 就是细棒对通过质心的转轴的转动惯量，可用 J_c 表示。这样，(3)中结果的一般表达式可表示为

$$J=J_c+mh^2 \tag{3.15}$$

式(3.15)是一般表达式。此式表明刚体对任一转轴(通过 B 点)的转动惯量等于刚体对通过质心并与该轴平行的轴的转动惯量 J_c 加上刚体的质量与两轴间距离 h 的二次方的乘积。以上描述称为平行轴定理。

例 3.3　求圆盘对于通过中心并与盘面垂直的转轴的转动惯量。设圆盘的半径为 R,质量为 m,密度均匀。

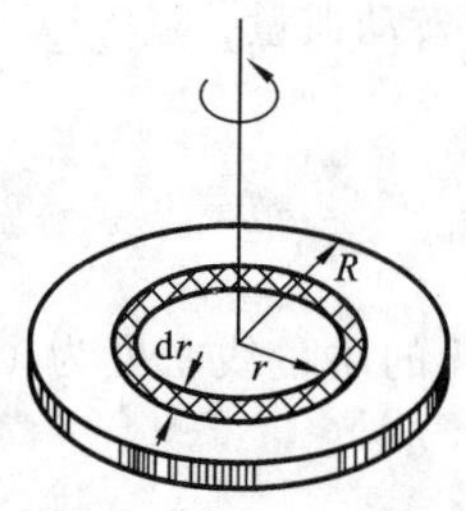

图 3.12　圆盘的转动惯量的计算

解　设圆盘的质量面密度为 σ,在圆盘上取一半径为 r、宽为 $\mathrm{d}r$ 的圆环(见图 3.12),环的面积为 $2\pi r\mathrm{d}r$。环的质量 $\mathrm{d}m=\sigma 2\pi r\mathrm{d}r$,由式(3.14)可得

$$J=\int r^2\mathrm{d}m=\int_0^R 2\pi\sigma r^3\mathrm{d}r=\frac{\pi\sigma R^4}{2}=\frac{1}{2}mR^2$$

由转动惯量的定义 $J=\sum_i \Delta m_i r_i^2$ 及上面的例题可以看出,影响转动惯量大小的因素归纳起来有三个,即刚体的总质量、质量的分布、给定轴的位置。其中第一个因素在每个例题中都清楚地显示出来。至于第二个因素,是容易理解的。例如,对中心轴,质量相同、半径相同的圆盘与圆环,两者的质量分布不同,圆盘质量均匀分布于整个盘内,圆环质量集中分布在边缘,所以圆环的转动惯量比较大。例 3.2 突出地表明在转动惯量的计算中转轴位置的重要性。同一根细棒,对通过中心且垂直于棒的转轴,与对通过棒端且垂直于棒的转轴的转动惯量是不相同的,后者较大。这是因为轴的位置不同,每个质元到转轴的垂直距离 r_i 也就不同,因而影响了转动惯量的大小。所以只有指出转轴,刚体的转动惯量才是确定的。图 3.13 给出了常见刚体的转动惯量。

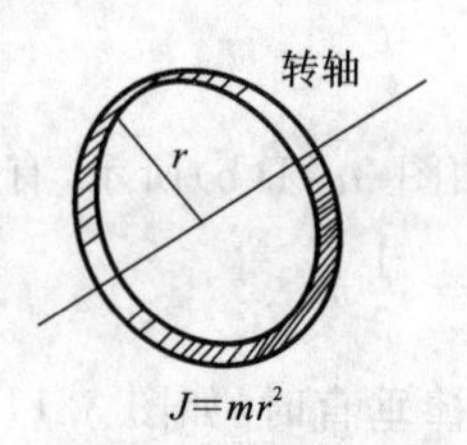

(a) 圆环,转轴通过中心且与环面垂直

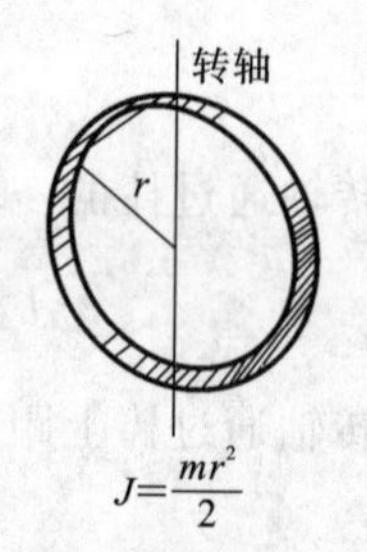

(b) 圆环,转轴沿直径方向

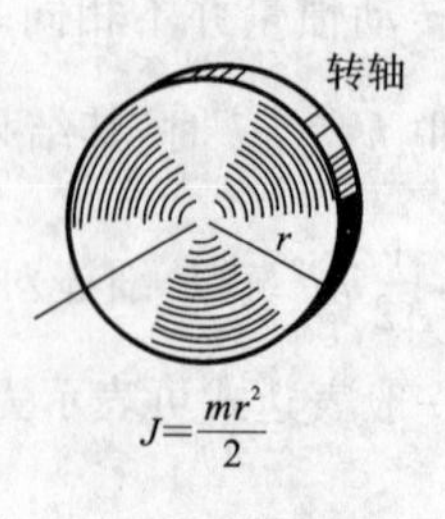

(c) 薄圆盘,转轴通过中心且与盘面垂直

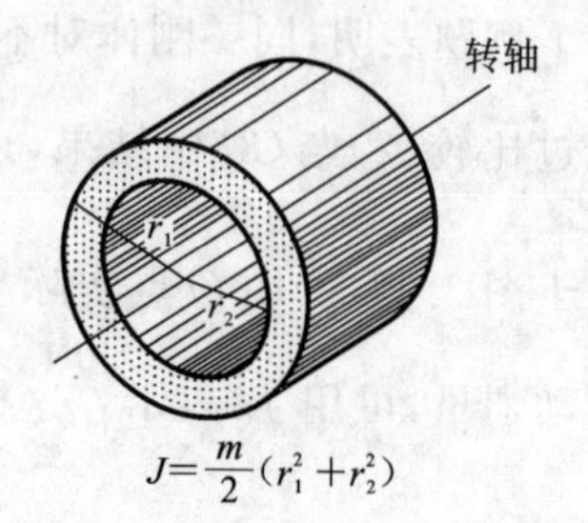

(d) 圆筒,转轴沿几何轴方向

图 3.13　常见刚体的转动惯量

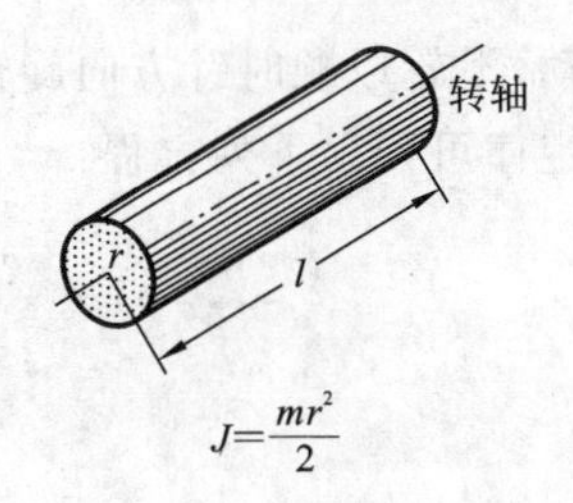

(e) 圆柱体，转轴沿几何轴方向

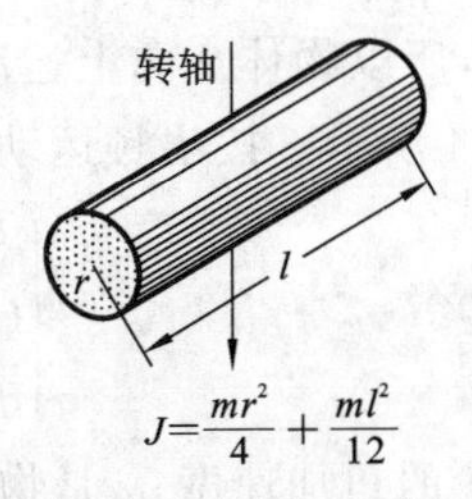

(f) 圆柱体，转轴通过中心且与几何轴垂直

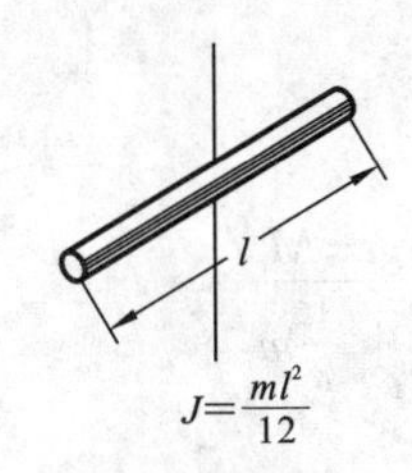

(g) 细棒，转轴通过中心且与棒垂直

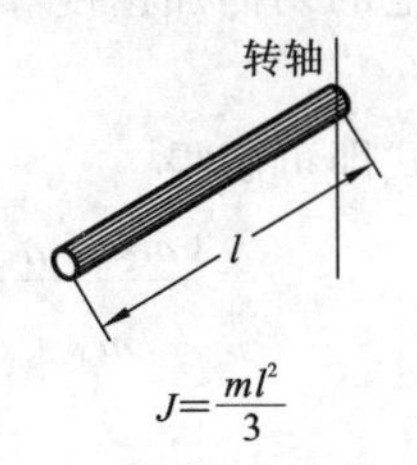

(h) 细棒，转轴通过端点且与棒垂直

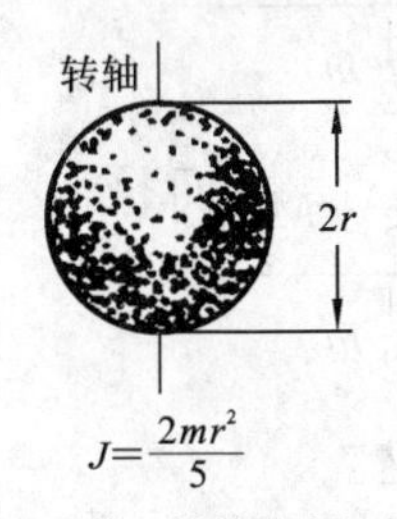

(i) 球体，转轴沿直径方向

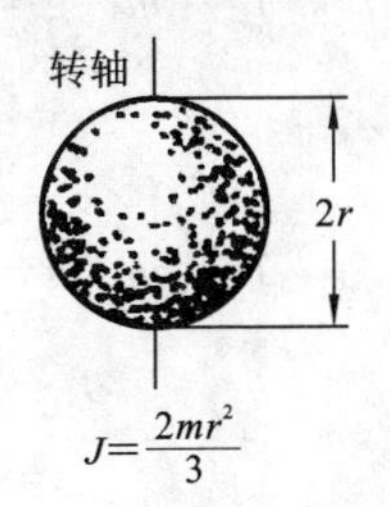

(j) 球壳，转轴沿直径方向

续图 3.13

3.2.4　转动定律的应用

运用刚体的定轴转动定律，结合牛顿运动定律，可以讨论许多有关转动的动力学问题。

例 3.4　一根轻绳跨过一个定滑轮，滑轮视为圆盘，绳的两端分别悬有质量为 m_1 和 m_2 的物体 1 和 2，$m_1<m_2$，如图 3.14 所示，设滑轮的质量为 m，半径为 r，所受的摩擦阻力矩为 M_r，绳与滑轮之间无相对滑动，试求物体的加速度和绳的张力。

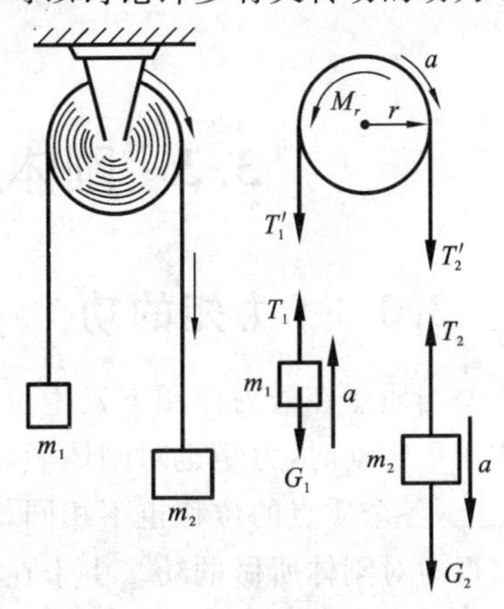

图 3.14　阿特伍德机

解　按题意，滑轮具有一定的转动惯量，而且在转动中还受到阻力矩的作用，两边绳子的张力不再相等。设物体 1 这边绳的张力为 T_1、T'_1（$T'_1=T_1$），物体 2 这边绳的张力为 T_2、T'_2（$T'_2=T_2$）。

因为 $m_2>m_1$,所以物体 1 向上运动,物体 2 向下运动,滑轮以顺时针方向旋转,M_r 的指向如图 3.14 所示。按牛顿运动定律和定轴转动定律可列出下列方程:

$$\begin{cases} T_1-G_1=m_1 a \\ G_2-T_2=m_2 a \\ T'_2 r-T'_1 r-M_r=J\alpha \end{cases}$$

式中:α 是滑轮的角加速度;a 是物体的加速度。

滑轮边缘上的切向加速度和物体的加速度相等,即

$$a=r\alpha$$

从以上各式即可解得

$$a=\frac{(m_2-m_1)g-M_r/r}{m_1+m_2+\frac{J}{r^2}}=\frac{(m_2-m_1)g-M_r/r}{m_1+m_2+\frac{1}{2}m}$$

$$T_1=m_1(g+a)=\frac{m_1\left[\left(2m_2+\frac{1}{2}m\right)g-M_r/r\right]}{m_1+m_2+\frac{1}{2}m}$$

$$T_2=m_2(g-a)=\frac{m_2\left[\left(2m_1+\frac{1}{2}m\right)g+M_r/r\right]}{m_1+m_2+\frac{1}{2}m}$$

$$\alpha=\frac{a}{r}=\frac{(m_2-m_1)g-M_r/r}{\left(m_1+m_2+\frac{1}{2}m\right)r}$$

当不计滑轮质量及摩擦阻力矩,即令 $m=0$、$M_r=0$ 时,有

$$T_1=T_2=\frac{2m_1 m_2}{m_1+m_2}g$$

$$a=\frac{m_2-m_1}{m_2+m_1}g$$

3.3 刚体定轴转动中的功能关系

3.3.1 力矩的功

当质点在外力作用下发生位移时,力就对质点做了功。与之相似,刚体在外力矩作用下转动时,力矩也对刚体做功。在刚体转动时,作用力可以作用在刚体的不同质点上,各个质点的位移也不相同,只有将各个力对各个相应质点做的功加起来,才能求得力对刚体所做的功。由于在转动的研究中,使用角量比使用线量方便,因此在功的表达式中力以力矩的形式出现,力做的功也就是力矩的功。现在来计算力矩的功。

对于刚体，因各质点间的相对位置不变，所以内力不做功，只需考虑外力做的功。而对于定轴转动的情形，只有在垂直于转轴平面内的分力 $\boldsymbol{F}$ 才能使刚体转动。如图 3.15 所示，设质量为 Δm_i 的质点 P，在外力 $\boldsymbol{F}_i$ 作用下，绕轴转过的角位移为 $\mathrm{d}\theta$，质点 P 的位移大小为 $\mathrm{d}s_i = r_i \mathrm{d}\theta$，位移与 $\boldsymbol{F}_i$ 所成夹角为 β。按功的定义，$\boldsymbol{F}_i$ 在这段位移中所做的元功是

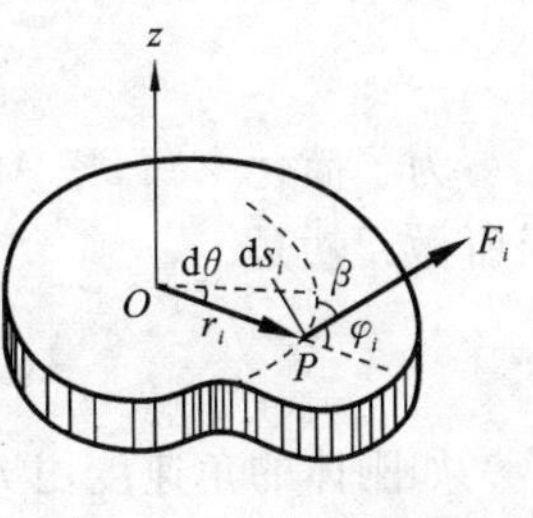

图 3.15 力矩的功

$$\mathrm{d}A_i = F_i \cos\beta \mathrm{d}s = F_i r_i \cos\beta \mathrm{d}\theta$$

由图 3.15 可见，$\cos\beta = \sin\varphi_i$，又因力矩 $M_i = F_i r_i \sin\varphi_i$，所以上式成为

$$\mathrm{d}A_i = M_z \mathrm{d}\theta \tag{3.16}$$

设刚体从 θ_0 转到 θ，则力 F_i 做的功为

$$A_i = \int_{\theta_0}^{\theta} M_i \mathrm{d}\theta \tag{3.17}$$

再对各个外力做的功求和，就得到所有外力做的总功

$$A = \sum_i A_i = \sum_i \int_{\theta_0}^{\theta} M_i \mathrm{d}\theta = \int_{\theta_0}^{\theta} \Big(\sum_i M_i\Big) \mathrm{d}\theta = \int_{\theta_0}^{\theta} M \mathrm{d}\theta \tag{3.18}$$

式中：$M = \sum_i M_i$ 为刚体所受到的总外力矩。

由此可见，力对刚体所做的功可用力矩与刚体角位移乘积的积分来表示，称为力矩的功。

3.3.2 刚体的转动动能

刚体在转动时的动能应该是组成刚体的各个质点的动能之和，设刚体的质点 i 的质量为 Δm_i，速度为 $\boldsymbol{v}_i$，则该质点的动能是 $\frac{1}{2}\Delta m_i v_i^2$。考虑到刚体作定轴转动时，各个质点都作圆周运动，设质点 i 离轴的垂直距离为 r_i，则它的线速度 $v_i = \omega r_i$，因此，整个刚体的动能

$$E_k = \sum_i \frac{1}{2}\Delta m_i v_i^2 = \frac{1}{2}\Big(\sum_i \Delta m_i r_i^2\Big)\omega^2$$

式中：$\sum_i \Delta m_i r_i^2$ 是刚体对转轴的转动惯量 J。

所以定轴转动刚体的动能可写为

$$E_{\mathrm{k}} = \frac{1}{2} J \omega^2 \tag{3.19}$$

式(3.19)中的动能是刚体因转动而具有的动能，因此称为刚体的转动动能。

3.3.3 定轴转动的动能定理

根据定轴转动定律，在转动惯量不变的情况下，

$$M_z = J\frac{d\omega}{dt} = \frac{d}{dt}(J\omega)$$

为了简化书写,把 M_z 写成 M,则刚体在 dt 时间内转过角位移 $d\theta=\omega dt$ 时,外力矩所做元功是

$$dA = Md\theta = \frac{d}{dt}(J\omega)d\theta = Jd\omega\frac{d\theta}{dt} = J\omega d\omega$$

如刚体的角速度由 t_1 时刻的 ω_1 变为 t_2 时刻的 ω_2,则在此过程中总外力矩对刚体所做的功为

$$A = \int_{\theta_1}^{\theta_2} Md\theta = \int_{\omega_1}^{\omega_2} J\omega d\omega = \frac{1}{2}J\omega_2^2 - \frac{1}{2}J\omega_1^2$$

$$\int_{\theta_1}^{\theta_2} Md\theta = \frac{1}{2}J\omega_2^2 - \frac{1}{2}J\omega_1^2 \tag{3.20}$$

式(3.20)表明,总外力矩对刚体所做的功等于刚体转动动能的增量,这个关系式称为刚体定轴转动的动能定理。

如果刚体受到摩擦力矩或阻力矩的作用,则刚体的转动将逐渐变慢。这时,阻力矩与角位移反向,阻力矩做负功,转动动能的增量为负值,这就是说转动刚体反抗阻力矩做功,它的转动动能逐渐减小。

动能定理在工程上有很多应用。为了储能,许多机器都配置飞轮。转动的飞轮转动惯量很大,可以把能量以转动动能的形式储存起来,在需要做功的时候再予以释放。例如,冲床在冲孔时,冲力很大,如果由电动机直接带动冲头,电动机将无法承受这样大的负荷,因此,中间要装上减速箱和飞轮储能装置,电动机通过减速箱带动飞轮转动,使飞轮储有动能 $\frac{1}{2}J\omega^2$。在冲孔时,由飞轮带动冲头对钢板冲孔做功,使飞轮转动动能减少。这就是动能定理的应用。利用转动飞轮释放能量,可以大大减少电动机的负荷,从而解决了上述矛盾。

3.3.4 刚体的重力势能

当一个刚体受到保守力的作用时,可引入势能的概念。刚体在定轴转动中涉及的势能主要是重力势能。这里把刚体-地球系统的重力势能简称刚体的重力势能,意思是取地面坐标系来计算势能值。

对于一个不太大的质量为 m 的刚体,它的重力势能应是组成刚体的各个质点的重力势能之和,即

$$E_p = \sum_i \Delta m_i g h_i = g\sum_i \Delta m_i h_i$$

根据质心的定义,此刚体质心的高度应为

$$h_c = \frac{\sum_i \Delta m_i h_i}{m}$$

所以上式可改写为

$$E_{\mathrm{p}}=mgh_{\mathrm{c}} \tag{3.21}$$

这个结果表明，一个不太大的刚体的重力势能与它的质量集中在质心时所具有的势能一样。

考虑了刚体的功和能的上述特点，一般质点系的功能原理、机械能守恒定律，都可方便地用于刚体的定轴转动。

例 3.5 一根质量为 m、长为 l 的均匀细棒 OA（见图 3.16），可绕通过其一端的光滑轴 O 在竖直平面内转动，今使棒从水平位置开始自由下摆，求细棒摆到竖直位置时其中心点 C 和端点 A 的速度。

解 先对细棒 OA 所受的力作一分析：重力 G，作用在棒的中心点 C，方向竖直向下；轴和棒之间没有摩擦力，轴对棒作用的支承力 N 垂直于棒和轴的接触面且通过 O 点，在棒的下摆过程中，此力的方向和大小是随时改变的。

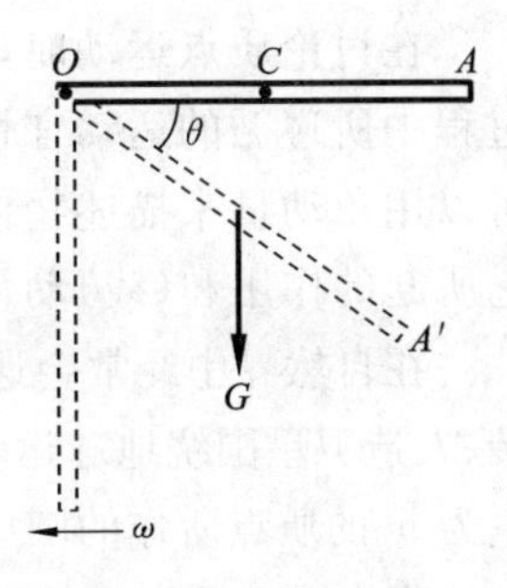

图 3.16 细棒下摆

在棒的下摆过程中，对转轴 O 而言，支承力 N 通过 O 点，所以支承力 N 的力矩等于零，重力 G 的力矩则是变力矩，大小等于 $mg\,\dfrac{l}{2}\cos\theta$，棒转过极小的角位移 $\mathrm{d}\theta$ 时，重力矩所做的元功是

$$\mathrm{d}A=mg\,\frac{l}{2}\cos\theta\mathrm{d}\theta$$

在棒从水平位置下摆到竖直位置的过程中，重力矩所做总功

$$A=\int\mathrm{d}A=\int_{0}^{2\pi}mg\,\frac{l}{2}\cos\theta\mathrm{d}\theta=mg\,\frac{l}{2}$$

应该指出：重力矩做的功就是重力做的功，也可用重力势能的差值来表示。棒在水平位置时的角速度 $\omega_0=0$，下摆到竖直位置时的角速度为 ω，按刚体转动动能定理（见式(3.20)）得

$$mg\,\frac{l}{2}=\frac{1}{2}J\omega^2$$

由此得

$$\omega=\sqrt{\frac{mgl}{J}}$$

因 $J=\dfrac{1}{3}ml^2$，代入上式得

$$\omega=\sqrt{\frac{3g}{l}}$$

所以细棒在竖直位置时，端点 A 和中心点 C 的速度分别为

$$v_A = l\omega = \sqrt{3gl}$$

$$v_C = \frac{l}{2}\omega = \frac{1}{2}\sqrt{3gl}$$

3.4 刚体定轴转动的角动量定理和角动量守恒定律

3.4.1 质点

1. 质点的角动量

在讨论质点运动时，用动量来描述机械运动的状态，并讨论了在机械运动的转移过程中所遵循的运动守恒定律。同样，在讨论质点相对于空间某一定点的运动时，也可以用角动量来描述物体的运动状态，角动量是一个很重要的概念，在转动问题中，它所起的作用和(线)动量所起的作用类似。

在自然界中经常会遇到质点围绕着一定的中心运转的情况，例如，行星围绕太阳公转、人造卫星围绕地球运转、原子中的电子围绕着原子核运转，等等。为简化计算，以质量为 m 的质点所作的圆周运动为例，引入角动量的概念。设圆的半径是 r，则质点对圆心的位矢 $\boldsymbol{r}$ 的量值便是 r，质点的速度是 $\boldsymbol{v}$，方向沿着圆的切线方向。从图 3.17 可以看出，质点的动量 $\boldsymbol{p}=m\boldsymbol{v}$ 处处与它的位矢 $\boldsymbol{r}$ 相垂直。将质点动量 $\boldsymbol{p}$ 的量值 p 和位矢 $\boldsymbol{r}$ 的量值 r 的乘积定义为作圆周运动的质点对圆心 O 的角动量的量值，用 L 表示。

$$L = pr = mvr \tag{3.22}$$

在一般情况下，质点的动量和它对于给定点的位矢不一定垂直，例如，行星围绕太阳在椭圆轨道上运动时(见图 3.18)，除几个特殊位置外，行星的动量 $\boldsymbol{p}$ 和它对于太阳的位矢 $\boldsymbol{r}$ 并不互相垂直。在这种情形下，质点对某一给定点 O 的角动量的量值应为质点的动量和点 O 到动量 $\boldsymbol{p}$ 的垂直距离 d 的乘积，即

$$L = pd \tag{3.23}$$

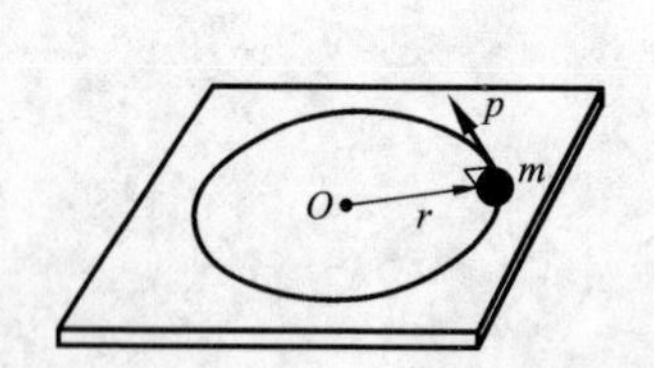

图 3.17 质点对圆心的角动量

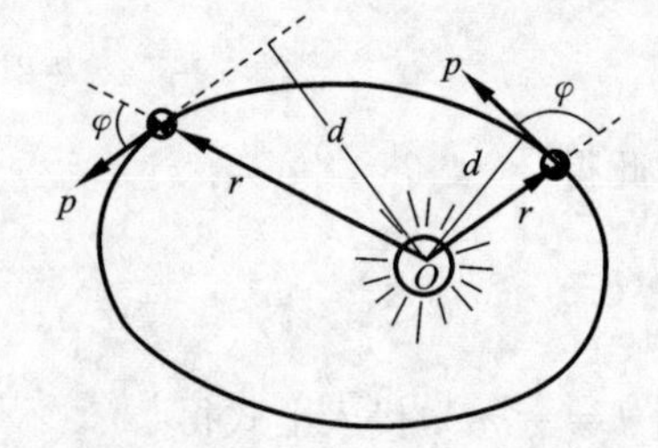

图 3.18 行星在公转轨道上的角动量

因为 $d = r\sin\varphi$，φ 是 r 和 p 之间的夹角，于是

$$L = pr\sin\varphi \tag{3.24}$$

质点作直线运动时，对空间某给定的点也可能有角动量。如果速度$\boldsymbol{v}$的方向正好指向或离开给定点O，$\sin\varphi=0$，质点的角动量就是零。

角动量也是矢量，它可用位矢 $\boldsymbol{r}$ 和动量 $\boldsymbol{p}$ 的矢积来表示，即

$$\boldsymbol{L}=\boldsymbol{r}\times\boldsymbol{p} \tag{3.25}$$

式(3.25)表明角动量 L 的大小为 $L=rp\sin\varphi$，方向垂直于位矢 $\boldsymbol{r}$ 和动量 $\boldsymbol{p}$ 所组成的平面，指向由 $\boldsymbol{r}$ 经小于 180°的角转到 $\boldsymbol{p}$ 的右手螺旋前进的方向，如图 3.19 所示。在国际单位制中，它的单位是$\mathrm{kg\cdot m^2/s}$。

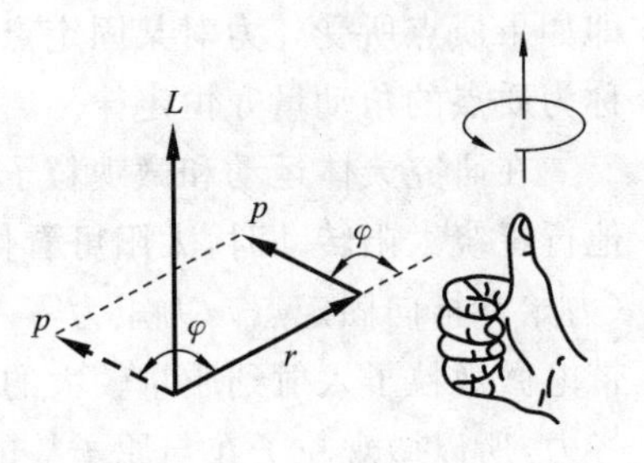

图 3.19　角动量的方向

角动量的概念在大到天体的运动描述，小到质子、电子的运动描述中，都要应用到。例如，电子绕原子核运动中，具有轨道角动量，电子本身还有自旋运动，具有自旋角动量，等等。

2. 质点的角动量定理及角动量守恒定律

如果将质点对O点的角动量$\boldsymbol{L}=\boldsymbol{r}\times\boldsymbol{p}$ 对时间 t 求导，可得

$$\frac{\mathrm{d}\boldsymbol{L}}{\mathrm{d}t}=\frac{\mathrm{d}}{\mathrm{d}t}(\boldsymbol{r}\times\boldsymbol{p})=\frac{\mathrm{d}\boldsymbol{r}}{\mathrm{d}t}\times\boldsymbol{p}+\boldsymbol{r}\times\frac{\mathrm{d}\boldsymbol{p}}{\mathrm{d}t}$$

在上式中，右端第一项的$\frac{\mathrm{d}\boldsymbol{r}}{\mathrm{d}t}=\boldsymbol{v}$ $p=m\boldsymbol{v}$，因此，矢积$\frac{\mathrm{d}\boldsymbol{r}}{\mathrm{d}t}\times\boldsymbol{p}=\boldsymbol{v}\times(m\boldsymbol{v})=0$。这样上式就成为

$$\frac{\mathrm{d}\boldsymbol{L}}{\mathrm{d}t}=\boldsymbol{r}\times\frac{\mathrm{d}\boldsymbol{p}}{\mathrm{d}t} \tag{3.26}$$

由牛顿第二定律，知道$\frac{\mathrm{d}\boldsymbol{p}}{\mathrm{d}t}=\boldsymbol{F}$，式(3.26)改写成

$$\frac{\mathrm{d}\boldsymbol{L}}{\mathrm{d}t}=\boldsymbol{r}\times\boldsymbol{F} \tag{3.27}$$

式中的 $\boldsymbol{r}\times\boldsymbol{F}$ 符合力矩的定义，于是有

$$\boldsymbol{M}=\frac{\mathrm{d}\boldsymbol{L}}{\mathrm{d}t} \tag{3.28}$$

式(3.28)说明，作用在质点上的力矩等于质点角动量对时间的变化率。这就是质点的角动量定理的微分形式。其积分形式为

$$\int_{t_0}^{t}\boldsymbol{M}\mathrm{d}t=\boldsymbol{L}-\boldsymbol{L}_0 \tag{3.29}$$

式中：$\int_{t_0}^{t}\boldsymbol{M}\mathrm{d}t$ 称为冲量。

这说明，作用于质点的冲量矩等于质点的角动量的增量。在运用质点角动量定理的时候，一定要注意，等式两边的力矩和角动量必须都是对同一固定点的。

由式(3.28)知,若 $\boldsymbol{M}=0$,则

$$\boldsymbol{L}=\boldsymbol{r}\times\boldsymbol{p}=\text{常矢量} \tag{3.30}$$

即如果质点所受外力对某固定点的力矩为零,则质点对该固定点的角动量守恒,这就称为质点的角动量守恒定律。

在研究天体运动和微观粒子运动时,常遇到角动量守恒的问题。例如,地球和其他行星绕太阳转动时,太阳可看作不动,而地球和其他行星所受太阳的引力是有心力(力始终指向固定点),力矩为零。因此,地球、其他行星对太阳的角动量守恒。又如,带电微观粒子入射到质量较大的原子核附近时,该粒子受到原子核的电场力就是有心力,所以微观粒子在与原子核的碰撞过程中对力心的角动量守恒。

例 3.6　如图 3.20 所示,在光滑的水平桌面上,放有质量为 M 的木块,木块与一弹簧相连,弹簧的另一端固定在 O 点,弹簧的劲度系数为 k,设有一质量为 m 的子弹以初速度 $\boldsymbol{v}_0$ 垂直于 OA 射向质量为 M 的木块并嵌在木块内。弹簧原长 l_0,子弹击中木块后,质量为 M 的木块运动到 B 点的时刻,弹簧长度变为 l,此时 OB 垂直于 OA。求在 B 点时,木块的运动速度 $\boldsymbol{v}_2$。

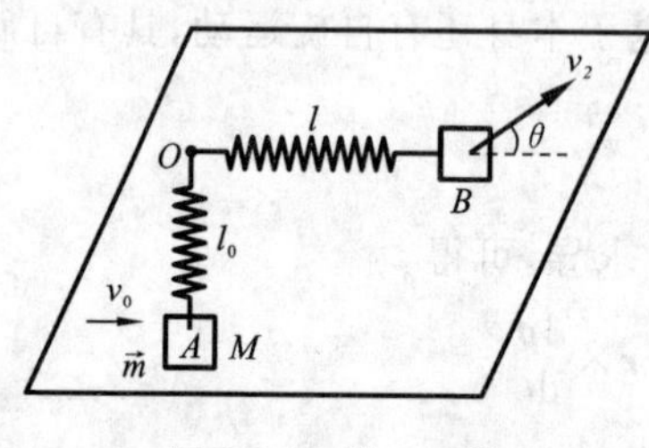

图 3.20　例 3.6 图

解　击中瞬间,在水平面内,子弹与木块组成的系统速度为 $\boldsymbol{v}_1$,沿 $\boldsymbol{v}_0$ 方向动量守恒,即有

$$mv_0=(m+M)v_1 \tag{3.31}$$

在由 $A\rightarrow B$ 的过程中,子弹、木块系统机械能守恒,即

$$\frac{1}{2}(m+M)v_1^2=\frac{1}{2}(m+M)v_2^2+\frac{1}{2}k\,(l-l_0)^2 \tag{3.32}$$

在由 $A\rightarrow B$ 的过程中,木块在水平面内只受指向 O 点的弹性有心力,故木块对 O 点的角动量守恒,设 $\boldsymbol{v}_2$ 与 OB 方向成 θ 角,则有

$$l_0(m+M)v_1=l(m+M)v_2\sin\theta \tag{3.33}$$

联立式(3.31)和式(3.32)可得 $\boldsymbol{v}_2$ 的大小为

$$v_2=\sqrt{\frac{m^2}{(m+M)^2}v_0^2-\frac{k(l-l_0)^2}{m+M}}$$

由式(3.33)求得 $\boldsymbol{v}_2$ 与 OB 的夹角为

$$\theta=\arcsin\frac{l_0mv_0}{l\sqrt{m^2v_0^2-k(l-l_0)^2(m+M)}}$$

3.4.2　刚体

1. 刚体的角动量

上一节介绍了质点的角动量的概念。角动量这个概念在刚体转动的研究中同样

是非常重要的。现在,将质点的角动量推广为刚体的角动量。

质点的角动量是对一定点而言的,在刚体的定轴转动中,其角动量却是对固定转轴而言的,这里有个普遍情况和特殊情况的关系问题。因为刚体可看成特殊的质点系,且刚体定轴转动时各质元都以相同的角速度在各自的转动平面内作圆周运动。因此,刚体对转轴的角动量就是刚体上各质元的角动量之和,设第 i 个质元的质量为 Δm_i。当细棒以 ω 转动时,该质点绕轴作半径为 r_i 的圆周运动,则该质点对其圆周运动的圆心角动量大小为

$$L_i=\Delta m_i r_i^2\omega_i \tag{3.34}$$

方向沿转轴方向。由于刚体上各质元对其对应圆心的角动量方向都相同,因此对组成刚体的所有质元求和,得

$$L=\sum_i L_i=\sum_i(\Delta m_i r_i^2\omega)=\Big(\sum_i \Delta m_i r_i^2\Big)\omega=J\omega \tag{3.35}$$

式(3.35)就是这个刚体对轴的角动量,即刚体对某定轴的角动量等于刚体对该轴的转动惯量与角速度的乘积,方向沿该轴,并与这时角速度的方向相同。

2. 刚体定轴转动的角动量定理

根据转动定律,在牛顿力学中,对于给定的转轴,刚体转动惯量是常数,于是有

$$M=J\alpha=J\frac{\mathrm{d}\omega}{\mathrm{d}t}=\frac{\mathrm{d}(J\omega)}{\mathrm{d}t}=\frac{\mathrm{d}L}{\mathrm{d}t}$$

即

$$M=\frac{\mathrm{d}L}{\mathrm{d}t} \tag{3.36}$$

式(3.36)表示,刚体所受到的对某给定轴的总外力矩等于刚体对该轴的角动量的时间变化率。这就是刚体定轴转动的角动量定理,也称角动量定理的微分形式。式(3.36)也可以适用于非刚体。

如果在外力矩作用下,从 t_0 到 t 的一段时间内,物体对固定转轴的角动量 $L_0=J_0\omega_0$ 变为 $L=J\omega$,则由 $M=\frac{\mathrm{d}(J\omega)}{\mathrm{d}t}$得

$$\int_{t_0}^{t} M\mathrm{d}t=J\omega-J_0\omega_0 \tag{3.37}$$

式中:$\int_{t_0}^{t} M\mathrm{d}t$ 称为这段时间内对轴的力矩的冲量和或冲量矩之和。

式(3.37)表明:定轴转动物体对轴的角动量的增量等于外力对该轴的力矩的冲量之和。这就是对给定轴的角动量定理的积分形式。

3. 定轴转动刚体的角动量守恒定律

由式(3.36)可见,当外力对给定轴的总力矩为零时,物体对该轴的角动量将保持不变。这就是说,物体在绕定轴转动的过程中,当 $M=0$ 时,有

$$L=J\omega=J_0\omega_0=\text{常量} \tag{3.38}$$

这称为对固定转轴的角动量守恒定律。如果转动过程中转动惯量保持不变,则物体

以恒定的角速度转动;如果转动惯量发生改变,则物体的角速度也随之改变,但二者之积保持恒定。

上述角动量守恒定律可用图 3.21 中的实验生动地演示出来。这是一个可以绕竖轴转动的凳子(转动摩擦可忽略)。演示时,一人站在凳子上,两手各握一个很重的哑铃。当他平举双臂时,在别人帮助下,人和凳子一起以一定角速度旋转,如图 3.21(a)所示。然后此人在转动中放下两臂,由于这时没有外力矩的作用,凳子和人的角动量应保持不变,因此当人放下两臂后,转动惯量减小,以致角速度增大,也就是说,比平举两臂时要转得快一些,如图 3.21(b)所示。

图 3.21 角动量守恒定律的演示实验

图 3.22 运动员跳水时转动惯量和角速度变化的情况

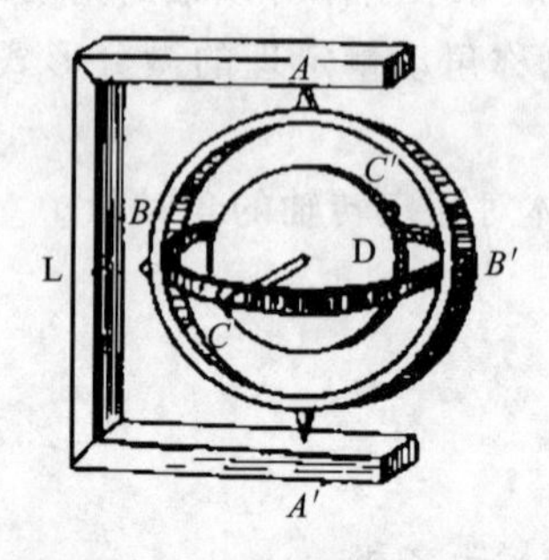

图 3.23 悬在常平架上的回转仪

在日常生活中,利用角动量守恒定律的例子也是很多的。例如,舞蹈演员、溜冰运动员等,在旋转的时候,往往先把两臂张开旋转,然后迅速把两臂靠拢身体,使自己对体中央竖直轴的转动惯量迅速减小,因而旋转速度加快。又如,跳水运动员在空中翻筋斗时,如图 3.22 所示,将两臂伸直,并以某一角速度离开跳板,在空中时,将臂和腿尽量蜷缩起来,以减小他对横贯腰部的转轴的转动惯量,因而角速度增大,在空中迅速翻转,当快接近水面时,再伸直臂和腿以增大转动惯量,减小角速度,以便竖直地进入水中。

在非定轴转动的情形下,物体的角动量保持不变不仅意味着角动量的大小不变,而且还意味着物体的转轴方向保持不变。对此,用图 3.23 所示的回转仪来演示,图中是一个悬在常平架上的回转仪。常平架是由支在框架 L 上的内、外两个圆环组成的,外环能绕由光滑支点 A、A' 所确定的轴自由转动,内环能绕与外环相连的光滑支点 B、B' 所确定的轴自由转动。回转仪 D 是一个能以高速旋转的厚重、对称的转子,

其轴 CC' 装在常平架的内环上。AA'、BB'、CC' 三轴相互垂直，这就使回转仪的转轴在空间可取任何方位。我们看到，转子高速旋转之后，对它不再作用外力矩，由于角动量守恒，其转轴方向将保持恒定不变。即使把支架作任何转动，也不影响转子转轴的方向。回转仪在现代技术中应用很广，通常用作定向装置(例如回转罗盘)，作为舰船、飞机、导弹上的方向标准。

角动量守恒定律，与前面介绍的动量守恒定律和能量守恒定律一样，是自然界中的普遍规律。以后会看到，即使在原子内部，也都严格地遵守着这三条定律。

现将平动和转动的一些重要公式列表对照，如表 3.1 所示，以供参考。

表 3.1　平动和定轴转动中的一些重要公式

质点的直线运动(刚体的平动)	刚体的定轴转动
速度　$v=\frac{ds}{dt}$	角速度　$\omega=\frac{d\theta}{dt}$
加速度　$a=\frac{dv}{dt}$	角加速度 $\alpha=\frac{d\omega}{dt}$
匀速直线运动 $s=vt$	匀角速转动 $\theta=\omega t$
匀变速直线运动	匀变速转动
$v=v_0+at$	$\omega=\omega_0+\alpha t$
$s=v_0t+\frac{1}{2}at^2$	$\theta=\omega_0t+\frac{1}{2}\alpha t^2$
$v^2-v_0^2=2as$	$\omega^2-\omega_0^2=2\alpha(\theta-\theta_0)$
力 $\boldsymbol{F}$，质量 m	力矩 $\boldsymbol{M}=\boldsymbol{r}\times\boldsymbol{F}$，转动惯量 $J=\int r^2 dm$
牛顿第二定律 $\boldsymbol{F}=m\boldsymbol{a}$	转动定律 $M=J\alpha$
动量 $m\boldsymbol{v}$，冲量 $\int\boldsymbol{F}dt$	角动量 $J\omega$，冲量矩 $\int Mdt$
动量定理 $\int\boldsymbol{F}dt=m\boldsymbol{v}-m\boldsymbol{v}_0$	角动量定理 $\int Mdt=J\omega-J_0\omega_0$
动量守恒定律 $\sum\boldsymbol{F}_i=0$	角动量守恒定律 $M=0$
$\sum m\boldsymbol{v}=$ 常矢量	$\sum J_i\omega_i=$ 常量
平动动能 $\frac{1}{2}mv^2$	转动动能 $\frac{1}{2}J\omega^2$
力的功 $A=\int_a^b\boldsymbol{F}\cdot d\boldsymbol{r}$	力矩的功 $A=\int_{\theta_0}^{\theta}Md\theta$
动能定理 $A=\frac{1}{2}mv^2-\frac{1}{2}mv_0^2$	动能定理 $\int_{\theta_0}^{\theta}Md\theta=\frac{1}{2}J\omega^2-\frac{1}{2}J\omega_0^2$

例 3.7　一均匀细棒长度为 l,质量为 m,可绕通过其端点 O 的水平轴转动,如图 3.24 所示。当棒从水平位置自由释放后,它在竖直位置上与放在地面上的物体相撞,该物体的质量也是 m,它与地面的摩擦系数为 μ。相撞后,物体沿地面滑行距离 s 后停止。求相撞后棒的质心 C 离地面的最大高度 h,并说明棒在碰撞后将向左摆或向右摆的条件。

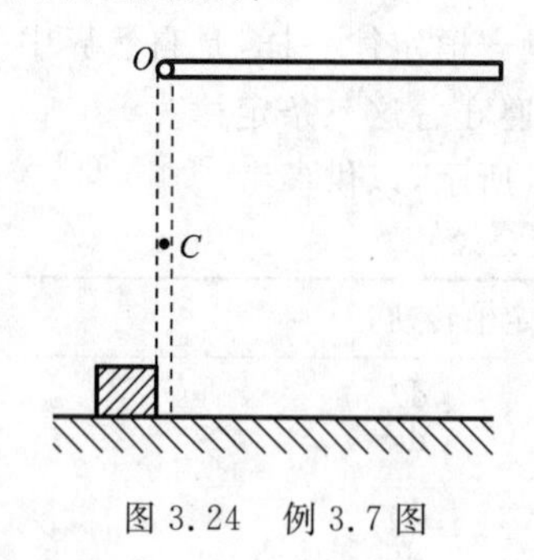

图 3.24　例 3.7 图

解　这个问题可分为三个阶段进行分析。第一阶段是棒自由摆落的过程,这时除重力外,其余内力与外力都不做功,所以机械能守恒。将棒在竖直位置时质心所在处取为势能零点,用 ω 表示棒这时的角速度,则

$$mg\,\frac{l}{2}=\frac{1}{2}J\omega^2=\frac{1}{2}\left(\frac{1}{3}ml^2\right)\omega^2 \tag{3.39}$$

第二阶段是碰撞过程,因碰撞时间极短,作用的冲力极大,物体虽然受到地面的摩擦力,但可以忽略。这样,棒与物体相撞时,它们组成的系统所受到的对转轴 O 的外力矩为零,所以,这个系统对轴 O 的角动量守恒。用 v 表示物体碰撞后的速度,则

$$\left(\frac{1}{3}ml^2\right)\omega=mvl+\left(\frac{1}{3}ml^2\right)\omega' \tag{3.40}$$

式中:ω' 为棒在碰撞后的角速度,它可正可负。ω' 取正值,表示碰撞后棒向左摆,反之,表示向右摆。

第三个阶段是物体在碰撞后的滑行过程。物体作匀减速直线运动,加速度由牛顿第二定律求得为

$$-\mu mg=ma \tag{3.41}$$

由匀加速直线运动的公式得

$$0=v^2+2as$$

亦即

$$v^2=2\mu gs \tag{3.42}$$

由式(3.39)、式(3.40)与式(3.42)联合求解,即得

$$\omega'=\frac{\sqrt{3gl}-3\sqrt{2\mu gs}}{l} \tag{3.43}$$

当 ω' 取正值时,棒向左摆,其条件为 $\sqrt{3gl}-3\sqrt{2\mu gs}>0$,亦即 $l>6\mu s$;当 ω' 取负值时,棒向右摆,其条件为 $\sqrt{3gl}-3\sqrt{2\mu gs}<0$,亦即 $l<6\mu s$。

棒的质心 C 上升的最大高度,与第一阶段情况相似,也可由机械能守恒定律求得:

$$mgh=\frac{1}{2}\left(\frac{1}{3}ml^2\right)\omega'^2 \tag{3.44}$$

将式(3.43)代入式(3.44),所求结果为

$$h=\frac{l}{2}+3\mu gs-\sqrt{6\mu sl}$$

例 3.8　工程上,常用摩擦啮合器使两飞轮以相同的转速一起转动。如图 3.25 所示,A 和 B 两飞轮的轴杆在同一中心线上,A 飞轮的转动惯量为 $J_A=10\ \mathrm{kg\cdot m^2}$。开始时,A 飞轮的转速为 600 r/min,B 飞轮静止。C 为摩擦啮合器。求两轮啮合后的转速,并说明在啮合过程中,两轮的机械能有何变化。

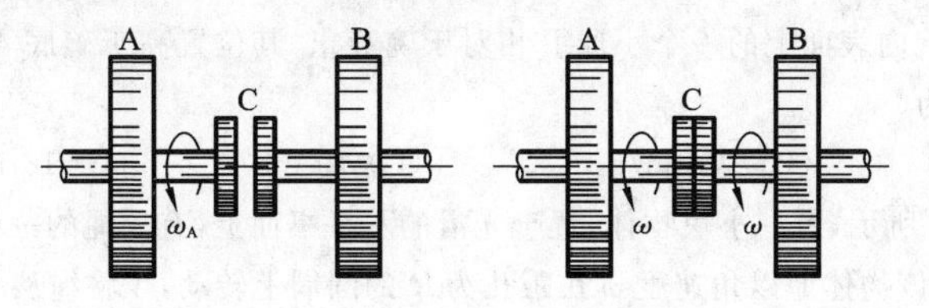

图 3.25　两飞轮的摩擦啮合

解　以飞轮 A、B 和摩擦啮合器 C 作为一系统来考虑,在啮合过程中,系统受到轴向的正压力和啮合器间的切向摩擦力,前者对转轴的力矩为零,后者对转轴有力矩,但为系统的内力矩。系统没有受到其他外力矩,所以系统的角动量守恒,按动量守恒定律可得

$$J_A\omega_A+J_B\omega_B=(J_A+J_B)\omega$$

式中:ω 为两飞轮啮合后共同转动的角速度。

于是

$$\omega=\frac{J_A\omega_A+J_B\omega_B}{J_A+J_B}$$

以各量的数值代入,得

$$\omega=20.9\ \mathrm{rad/s}$$

或共同转速为

$$n=200\ \mathrm{r/min}$$

在啮合过程中,摩擦力矩做功,所以机械能不守恒,部分机械能将转化为热能,损失的机械能为

$$\Delta E=\frac{1}{2}J_A\omega_A^2+\frac{1}{2}J_B\omega_B^2-\frac{1}{2}(J_A+J_B)\omega^2=1.32\times10^4\ \mathrm{J}$$

习　题　3

一、选择题。

(1) 一质点作匀速率圆周运动时(　　)。

(A) 它的动量不变,对圆心的角动量也不变

(B) 它的动量不变,对圆心的角动量不断改变

(C) 它的动量不断改变,对圆心的角动量不变

(D) 它的动量不断改变,对圆心的角动量也不断改变

(2) 有一半径为 R 的水平圆转台,可绕通过其中心的竖直固定光滑轴转动,转动惯量为 J,开始时转台以匀角速度 ω_0 转动,此时有一质量为 m 的人站在转台中心,随后人沿半径向外跑去,当人到达转台边缘时,转台的角速度为(　　)。

(A) $\dfrac{J}{J+mR^2}\omega_0$　(B) $\dfrac{J}{(J+m)R^2}\omega_0$　(C) $\dfrac{J}{mR^2}\omega_0$　(D) ω_0

(3) 如题图 3.1 所示,一光滑的内表面半径为 10 cm 的半球形碗,以匀角速度 ω 绕其对称轴 OC 旋转,已知放在碗内表面上的一个小球 P 相对于碗静止,其位置高于碗底 4 cm,则由此可推知碗旋转的角速度约为(　　)。

(A) 13 rad/s　(B) 17 rad/s　(C) 10 rad/s　(D) 18 rad/s

(4) 如题图 3.2 所示,有一小块物体,置于光滑的水平桌面上,有一绳的一端连接此物体,另一端穿过桌面的小孔,该物体原以角速度 ω 在距孔为 R 的圆周上转动,今将绳从小孔缓慢往下拉,则物体(　　)。

(A) 动能不变,动量改变　(B) 动量不变,动能改变

(C) 角动量不变,动量不变　(D) 角动量改变,动量改变

(E) 角动量不变,动能、动量都改变

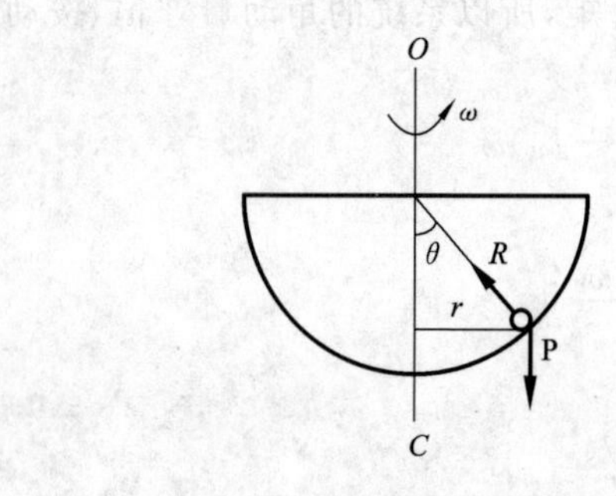

题图 3.1

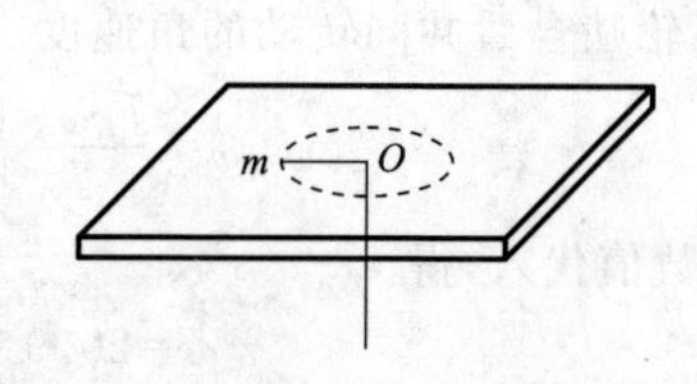

题图 3.2

二、填空题。

(1) 半径为 30 cm 的飞轮,从静止开始以 0.5 rad/s^2 的匀角加速度转动,则飞轮边缘上一点在飞轮转过 240°时的切向加速度 a_τ=________,法向加速度 a_n=________。

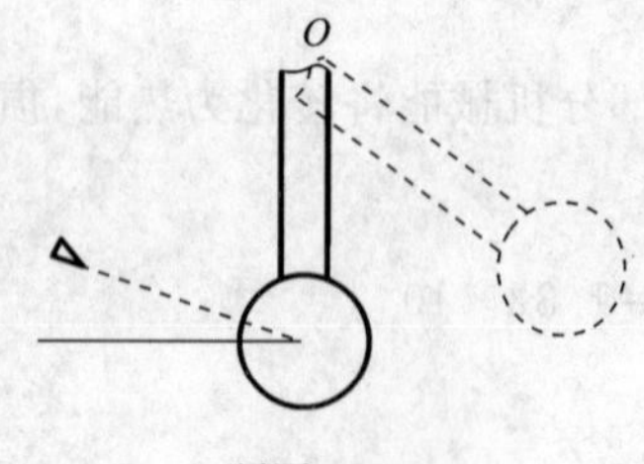

题图 3.3

(2) 如题图 3.3 所示,一匀质木球固结在一细棒下端,且可绕水平光滑固定轴 O 转动,今有一子弹沿着与水平面成一角度的方向击中木球而嵌于其中,则在此击中过程中,木球、子弹、细棒系统________守恒,原因是________。木球被击中后棒和球升高的过程中,木球、子弹、细棒、地球系统的________守恒。

(3) 两个质量分布均匀的圆盘 A 和 B 的密度分别为 ρ_A 和 ρ_B($\rho_A>\rho_B$),且两圆盘的总质量和厚度均相同。设两圆盘对通过盘心且垂直于盘面的轴的转动惯量分别为 J_A 和 J_B,则有 J_A________J_B(填>、<或=)。

三、物体质量为 3 kg,$t=0$ 时位于 $\boldsymbol{r}=4\boldsymbol{i}$ m,$\boldsymbol{v}=(\boldsymbol{i}+6\boldsymbol{j})$ m/s,如一恒力 $\boldsymbol{f}=5\boldsymbol{j}$ N 作用在物体上,求 3 s 后:

(1) 物体动量的变化;

(2) 相对 z 轴角动量的变化。

四、平板中央开一小孔,质量为 m 的小球用细线系住,细线穿过小孔后挂一质量为 M_1 的重物。小球作匀速圆周运动,当半径为 r_0 时重物达到平衡。今在 M_1 的下方再挂一质量为 M_2 的物体,如题图 3.4 所示。试问这时小球作匀速圆周运动的角速度 ω' 和半径 r' 为多少?

五、飞轮的质量 $m=60$ kg,半径 $R=0.25$ m,绕其水平中心轴 O 转动,转速为 900 r/min。现利用一制动的闸杆,在闸杆的一端加一竖直方向的制动力 F,可使飞轮减速。已知闸杆的尺寸如题图 3.5 所示,闸瓦与飞轮之间的摩擦系数 $\mu=0.4$,飞轮的转动惯量可按匀质圆盘计算。

(1) 设 $F=100$ N,问可使飞轮在多长时间内停止转动?在这段时间里飞轮转了几转?

(2) 如果在 2 s 内飞轮转速减少一半,需加多大的力 F?

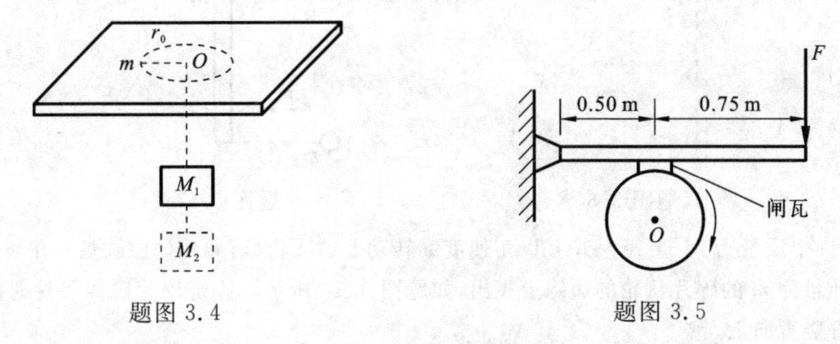

题图 3.4　　　　题图 3.5

六、固定在一起的两个同轴均匀圆柱体可绕其光滑的水平对称轴 OO' 转动。设大小圆柱体的半径分别为 R 和 r,质量分别为 M 和 m。绕在两柱体上的细绳分别与物体 m_1 和 m_2 相连,m_1 和 m_2 则挂在圆柱体的两侧,如题图 3.6 所示。设 $R=0.20$ m,$r=0.10$ m,$m=4$ kg,$M=10$ kg,$m_1=m_2=2$ kg,且开始时 m_1、m_2 离地均为 $h=2$ m。求:

(1) 柱体转动时的角加速度;

(2) 两侧细绳的张力。

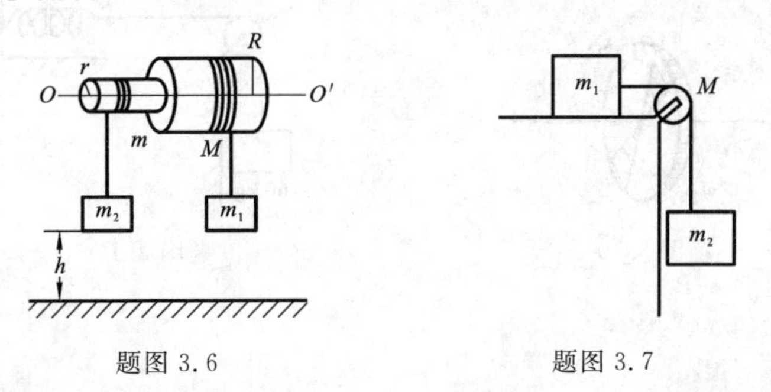

题图 3.6　　　　题图 3.7

七、计算题图 3.7 所示系统中物体的加速度。设滑轮为质量均匀分布的圆柱体,其质量为 M,半径为 r,在绳与轮缘的摩擦力作用下旋转,忽略桌面与物体间的摩擦,设 $m_1=50$ kg,$m_2=200$ kg,$M=15$ kg,$r=0.1$ m。

八、如题图 3.8 所示,一匀质细杆质量为 m,长为 l,可绕过一端 O 的水平轴自由转动,杆于水平位置由静止开始摆下。求:

(1) 初始时刻的角加速度;

(2) 杆转过 θ 角时的角速度。

九、如题图 3.9 所示,质量为 M,长为 l 的均匀直棒,可绕垂直于棒一端的水平轴 O 无摩擦地转动,它原来静止在平衡位置上。现有一质量为 m 的弹性小球飞来,正好在棒的下端与棒垂直地相撞。相撞后,使棒从平衡位置处摆动到最大角度 $\theta=30°$ 处。

(1) 设该碰撞为弹性碰撞,试计算小球初速度 v_0 的值;

(2) 相撞时小球受到多大的冲量?

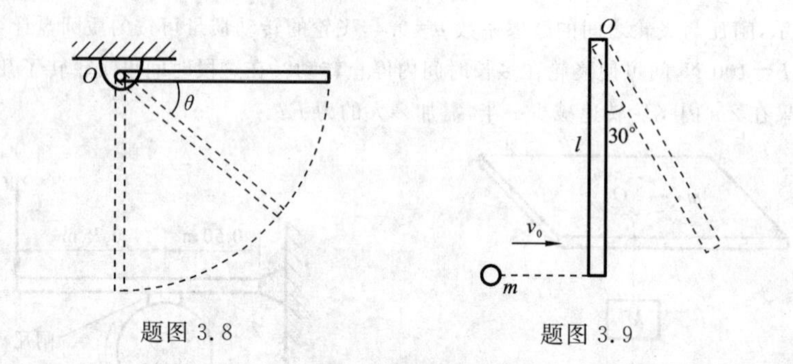

题图 3.8　　题图 3.9

* 十、一个质量为 M、半径为 R 并以角速度 ω 转动着的飞轮(可看作匀质圆盘),在某一瞬时突然有一片质量为 m 的碎片从轮的边缘上飞出,如题图 3.10 所示。假定碎片脱离飞轮时的瞬时速度方向正好竖直向上。

(1) 它能升高多少?

(2) 求余下部分的角速度、角动量和转动动能。

十一、弹簧、定滑轮和物体的连接如题图 3.11 所示。弹簧的劲度系数为 2.0 N/m;定滑轮的转动惯量是 0.5 kg · m^2,半径为 0.30 m。问当 6.0 kg 质量的物体落下 0.40 m 时,它的速率为多大?假设开始时物体静止而弹簧无伸长。

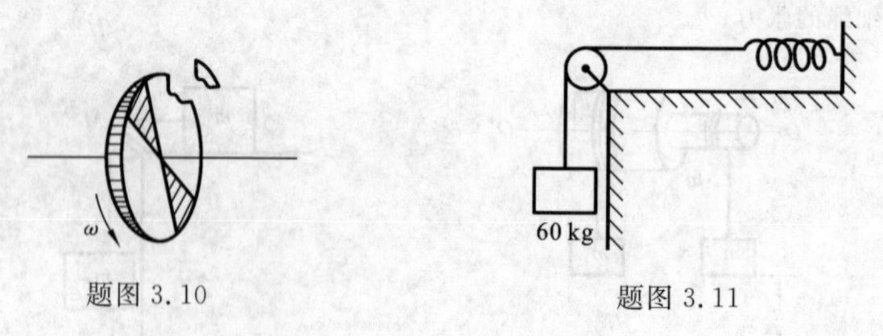

题图 3.10　　题图 3.11

阅 读 材 料

进　　动

第 3 章主要讨论的是刚体定轴转动，下面介绍一种刚体转轴不固定的情况。大家知道，玩具陀螺不转动时，在重力矩作用下将发生倾倒。但当陀螺急速旋转时，尽管仍在重力矩作用下，却居然不倒下来。这时，可以看到，陀螺在绕本身对称轴线转动的同时，其对称轴还将绕竖直轴 Oz 回转，如图 3.26(a)所示，这种回转现象称为进动。

初看起来，回转效应有些不可思议，为什么陀螺在重力矩作用之下，不会倾倒呢？其实，这不过是机械运动矢量性的一种表现。在平动情况中，我们知道，质点在外力作用下不一定就沿外力方向运动。如果质点原有的运动方向与外力方向不一致，那么，质点最后运动的方向既不是原有的运动方向，也不是外力的方向，实际的运动方向是由上述两个方向共同决定的。在转动中，也有类似情况。

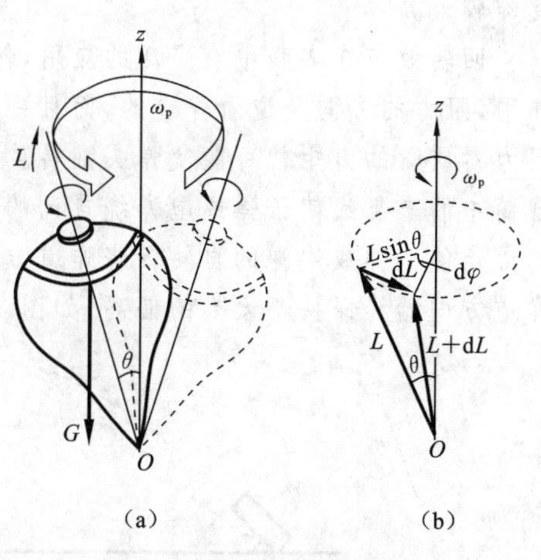

图 3.26　陀螺的进动

本来旋转的物体，在与它的转动方向不同的外力矩作用下，也不是沿外力矩的方向转动，而会出现进动现象。当高速旋转的陀螺在倾斜状态时，它自转的角速度远大于进动的角速度，可把陀螺对 O 点的角动量 $\boldsymbol{L}$ 看作它对本身对称轴的角动量。由于重力对 O 点产生一个力矩，其方向垂直于转轴和重力所组成的平面。根据角动量定理，在极短时间 $\mathrm{d}t$ 内，陀螺的角动量将增加 $\mathrm{d}\boldsymbol{L}$，其方向与外力矩的方向相同。因外力矩的方向垂直于 $\boldsymbol{L}$，所以 $\mathrm{d}\boldsymbol{L}$ 也与 $\boldsymbol{L}$ 垂直，结果使 $\boldsymbol{L}$ 的大小不变而方向发生变化，如图 3.26(b)中所示，因此，陀螺的自转轴将从 $\boldsymbol{L}$ 的位置转到 $\boldsymbol{L}+\mathrm{d}\boldsymbol{L}$ 的位置上。从陀螺的顶部向下看，其自转轴的回转方向是逆时针的。这样，陀螺就不会倒下，而沿一锥面转动，亦即绕竖直轴 Oz 作进动。

现在，计算进动的角速度，在 $\mathrm{d}t$ 时间内，角动量 $\boldsymbol{L}(L=J\omega)$ 的增量 $\mathrm{d}\boldsymbol{L}$ 是很小的，从图 3.26 可知

$$\mathrm{d}L=L\sin\theta\mathrm{d}\varphi=J\omega\sin\theta\mathrm{d}\varphi$$

式中：ω 为陀螺自转的角速度；$\mathrm{d}\varphi$ 为自转轴在 $\mathrm{d}t$ 时间内绕转轴转动的角度；θ 为自转轴与 Oz 轴间的夹角。

由角动量定理

$$dL = M dt$$

由此代入得

$$M dt = J\omega \sin\theta d\varphi$$

按定义,进动的角速度应是 $\omega_p = \frac{d\varphi}{dt}$,所以

$$\omega_p = \frac{M}{J\omega \sin\theta}$$

由此可知,进动角速度 ω_p 与外力矩成正比,与陀螺自转的角动量成反比,因此,当陀螺自转角速度很大时,进动角速度较小,而在陀螺自转角速度很小时,进动角速度却较大。

回转效应在实践中有广泛的应用,例如,飞行中的子弹或炮弹将受到空气阻力的作用,阻力的方向是逆着弹道的,而且一般又不作用在子弹或炮弹的质心上。这样,阻力对质心的力矩就可能使弹头翻转。为了保证弹头着地而不翻转,常利用枪膛或炮筒中的来复线使子弹或炮弹绕自己的对称轴迅速旋转。由于回转效应,空气阻力的力矩使子弹或炮弹的自转轴绕弹道方向进动。这样,子弹或炮弹的自转轴就将与弹道方向始终保持不太大的偏离,如图 3.27 所示,再没有翻转的可能。

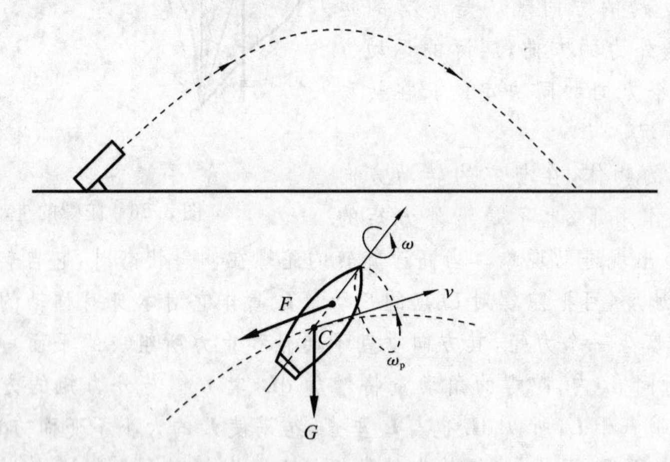

图 3.27　子弹或炮弹的回转效应

但是,任何事物都是一分为二的,回转效应有时也产生有害的作用。例如,在轮船转弯时,由于回转效应,涡轮机的轴承将受到附加的力,这在设计和使用中是必须考虑的。

进动的概念在微观世界中也常用到,例如,原子中的电子同时参与绕核运动与电子本身的自旋,都具有角动量,在外磁场中,电子将以外磁场方向为轴线作进动。这是从物质的电结构来说明物质磁性的理论依据。

第4章 机械振动

物体在一定位置附近所作的来回往复的运动称为机械振动。这种振动现象在自然界是广泛存在的。例如,摆的运动、一切发声体的运动、机器开动时各部分的微小颤动等都是机械振动。在不同的振动现象中,最基本、最简单的振动是简谐振动。一切复杂的振动都可以分解为若干个简谐振动。这就是说,可把复杂的振动看作若干个简谐振动的合成。本章从讨论简谐振动的基本规律入手,进而讨论振动的合成与分解的问题。

振动是声学、地震学、建筑力学、机械原理、造船学等所必需的基础知识,也是光学、电学、交流电工学、无线电技术以及原子物理学等所不可或缺的基础。这是因为除机械振动外,自然界中还存在很多类似机械振动的现象。广义地说,任何一个物理量(如物体的位置矢量、电流、电场强度或磁场强度等)在某个定值附近反复变化,都可称为振动。

4.1 简谐振动

物体运动时,如果离开平衡位置的位移(或角位移)按余弦函数(或正弦函数)的规律随时间变化而变化,则这种运动称为简谐振动,简称谐振动。在忽略阻力的情况下,弹簧振子的小幅度振动以及单摆的小角度振动都是简谐振动。简谐振动是一种最简单和最基本的振动,一切复杂的振动都可以看作是若干个简谐振动合成的结果。下面以弹簧振子为例讨论简谐振动的特征及其运动规律。

4.1.1 简谐振动的特征及其表达式

质量为 m 的物体系于一端固定的轻弹簧(弹簧的质量相对于物体来说可以忽略不计)的自由端,这样的弹簧和物体系统就称为弹簧振子。将弹簧振子水平放置,当弹簧为原长时,物体所受的合力为零,处于平衡状态,此时物体所在位置就是平衡位置。如果把物体略加移动后释放,则这时弹簧被拉长或被压缩,便有指向平衡位置的弹性力作用在物体上,迫使物体返回平衡位置。这样,在弹性力的作用下,物体就在其平衡位置附近作往复运动(见图 4.1)。

取平衡位置为坐标原点,物体的运动轨道为 x 轴,向右为正方向。在小幅度振动情况下,按照胡克定律,物体所受的弹性力 F 与弹簧的伸长量即物体相对平衡位置的位移 x 成正比,也即

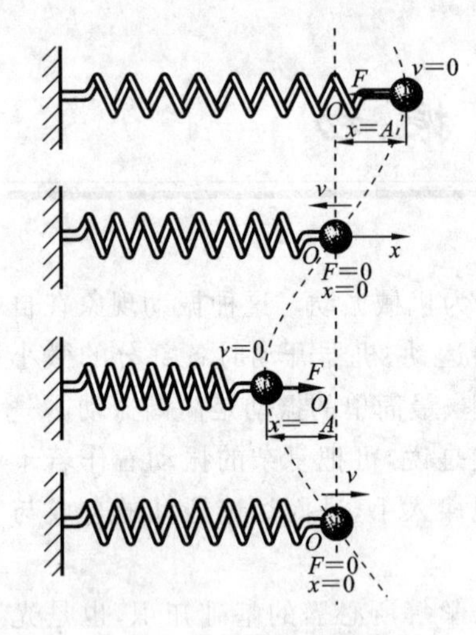

图 4.1 弹簧振子的振动

$$F=-kx$$

式中:k 是弹簧的劲度系数;负号表示力和位移的方向相反。

根据牛顿第二定律,物体的加速度为

$$\frac{d^2x}{dt^2}=\frac{F}{m}=-\frac{k}{m}x \tag{4.1a}$$

对于一个给定的弹簧振子,k 和 m 都是正值常量,取

$$\frac{k}{m}=\omega^2 \tag{4.1b}$$

代入式(4.1a)得

$$\frac{d^2x}{dt^2}=-\omega^2x \quad 或 \quad \frac{d^2x}{dt^2}+\omega^2x=0 \tag{4.2}$$

这一微分方程的解为

$$x=A\cos(\omega t+\varphi_0) \tag{4.3a}$$

因为 $\cos(\omega t+\varphi_0)=\sin\left(\omega t+\varphi_0+\frac{\pi}{2}\right)$,可令 $\varphi'=\varphi_0+\frac{\pi}{2}$,于是有

$$x=A\sin(\omega t+\varphi'_0) \tag{4.3b}$$

这也是式(4.2)所示微分方程的解。式中 A 和 φ_0(或 φ'_0)为积分常数,它们的物理意义和确定方法将在后面讨论。由上可见,弹簧振子运动时,物体相对平衡位置的位移按余弦(或正弦)函数关系随时间变化而变化,所作的正是简谐振动。

由弹簧振子的振动可知,如果物体受到的力大小总是与物体对其平衡位置的位移成正比而方向相反,那么,该物体的运动就是简谐振动,这种性质的力称为线性回复力。这是物体作简谐振动的动力学特征,式(4.2)就称为简谐振动的运动方程,这种形式的微分方程也就是简谐振动的特征式。从式(4.2)还可以看出,作简谐振动物体的加速度总是与其位移大小成正比,而方向相反。这一结论通常作为简谐振动的运动学特征。式(4.3)常称简谐振动表达式。

简谐振动表达式也可以用指数形式表示如下:

$$x=Ae^{\omega t+\varphi_0} \tag{4.4}$$

应该指出,在上述弹簧振子的例子中,如果振动幅度过大,回复力不再遵从胡克定律,回复力(或加速度)与位移就没有简单的线性正比关系,显然,这时弹簧振子的运动将不是简谐振动。

根据速度和加速度的定义,可以得到物体作简谐振动时的速度和加速度:

$$v=\frac{dx}{dt}=-\omega A\sin(\omega t+\varphi_0)=-v_m\sin(\omega t+\varphi_0) \tag{4.5}$$

$$a=\frac{d^2x}{dt^2}=-\omega^2A\cos(\omega t+\varphi_0)=-a_m\cos(\omega t+\varphi_0) \tag{4.6}$$

式中：$v_m=\omega A$ 和 $a_m=\omega^2 A$ 分别称为速度幅值和加速度幅值。

由此可见，物体作简谐振动时，其速度和加速度也随时间作周期性的变化，图 4.2 示出了简谐振动的位移、速度、加速度与时间的关系。

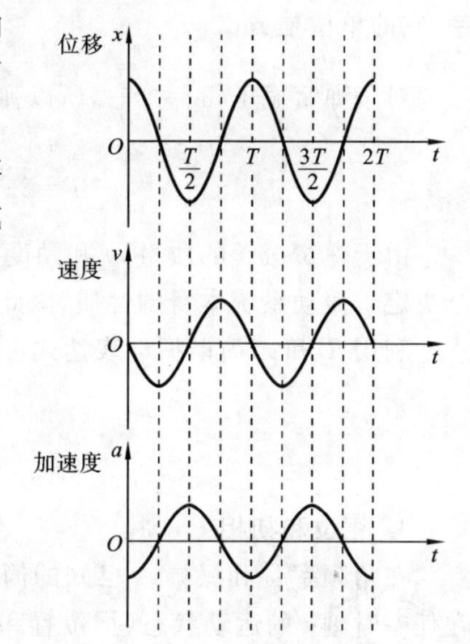

图 4.2 简谐振动中的位移、速度、加速度与时间的关系

如果在振动的起始时刻，即在 $t=0$ 时，物体的初位移为 x_0、初速度为 v_0，代入式(4.3a)和式(4.5)，得

$$\left.\begin{aligned} x_0 &= A\cos\varphi_0 \\ v_0 &= -\omega A\sin\varphi_0 \end{aligned}\right\} \tag{4.7}$$

由此可求得两个积分常数

$$\left.\begin{aligned} A &= \sqrt{x_0+\frac{v_0^2}{\omega^2}} \\ \varphi_0 &= \arctan\left(-\frac{v_0}{\omega x_0}\right) \end{aligned}\right\} \tag{4.8}$$

振动物体在 $t=0$ 时的位移 x_0 和速度 v_0 常称为振动的初始条件。

由初始条件可以确定简谐振动表达式的两个积分常数。因为在 0 和 2π 之间有两个 φ_0 值的正切函数值相同，所以由式(4.8)得到的 φ_0 值，还需代回式(4.7)中以判定取舍。

4.1.2 简谐振动的振幅、周期、频率和相位

1. 振幅

在简谐振动表达式中，因余弦(或正弦)函数的绝对值不能大于 1，所以物体的振动范围在 $+A$ 和 $-A$ 之间，将作简谐振动的物体离开平衡位置的最大位移的绝对值 A 称为振幅。由式(4.8)可知，振幅由初始条件决定。

2. 周期和频率

振动的特征之一是运动具有周期性。完成一次完整振动所经历的时间称为周期，用 T 来表示。因此，每一个周期，振动状态就完全重复一次，即

$$x=A\cos[\omega(t+T)+\varphi_0]=A\cos(\omega t+\varphi_0)$$

满足上述方程的 T 的最小值应为 $\omega T=2\pi$，所以

$$T=\frac{2\pi}{\omega} \tag{4.9}$$

单位时间内物体所作的完全振动的次数称为振动频率，用 ν 或 f 表示，它的单位名称是赫[兹]，符号是 Hz。显然，频率与周期的关系为

$$\nu=\frac{1}{T}=\frac{\omega}{2\pi} \quad 或 \quad \omega=2\pi\nu \tag{4.10}$$

所以,ω 表示物体在 2πs 时间内所作的完全振动次数,称为振动的角频率,也称圆频率,它的单位是 rad/s。

对于弹簧振子,$\omega=\sqrt{\frac{k}{m}}$,所以弹簧振子的周期和频率为

$$T=2\pi\sqrt{\frac{m}{k}},\quad \nu=\frac{1}{2\pi}\sqrt{\frac{k}{m}}$$

由于弹簧振子的质量 m 和劲度系数 k 是其本身固有的性质,因此周期和频率完全决定于振动系统本身的性质,因此常称之为固有周期和固有频率。

利用 T 和 ν,简谐振动表达式可改写为

$$x=A\cos\left(\frac{2\pi}{T}t+\varphi_0\right)$$

$$x=A\cos(2\pi\nu t+\varphi_0)$$

3. 相位和初相

在角频率 ω 和振幅 A 已知的简谐振动中,由式(4.3)和式(4.5)可知,振动物体在任一时刻 t 的运动状态(指位置和速度)都由 $\omega t+\varphi_0$ 决定。$\omega t+\varphi_0$ 是决定简谐振动运动状态的物理量,称为振动的相位。显然,φ_0 是 $t=0$ 时的相位,称为初相位,简称初相。“相”是“相貌”的意思,即相位决定了简谐振动的“相貌”。物体的振动,在一个周期之内,每一时刻的运动状态都不相同。这相当于相位经历着从 0 到 2π 的变化。例如,在用余弦函数表示的简谐振动中:若某时刻 $\omega t+\varphi_0=0$,即相位为零,则可决定该时刻 $x=A$,$\nu=0$,表示物体在正位移最大处而速度为零;当 $\omega t+\varphi_0=\frac{\pi}{2}$时,即相位为$\frac{\pi}{2}$,则 $x=0$,$\nu=-\omega A$,表示物体在平衡位置并以最大速率向 x 轴负方向运动;当 $\omega t+\varphi_0=\frac{3\pi}{2}$时,$x=0$,$\nu=\omega A$,这时物体也在平衡位置,但以最大速率向 x 轴正方向运动。可见,不同的相位表示不同的运动状态。凡是位移和速度都相同的运动状态,它们所对应的相位相差 2π 或 2π 的整数倍。由此可见,相位是反映周期性特点,并用以描述运动状态的重要物理量。

相位概念的重要性还在于比较两个简谐振动之间在“步调”上的差异。设有两个同频率的简谐振动,它们的简谐振动表达式为

$$x_1=A_1\cos(\omega t+\varphi_{10})$$

$$x_2=A_2\cos(\omega t+\varphi_{20})$$

它们的相位差为

$$\Delta\varphi=(\omega t+\varphi_{20})-(\omega t+\varphi_{10})=\varphi_{20}-\varphi_{10}$$

即它们在任意时刻的相位差都等于它们的初相位差。若 $\Delta\varphi$ 等于零或 2π 的整数倍,则两个振动物体将同时到达各自同方向的位移的最大值,同时通过平衡位置而且向

同方向运动，它们的步调完全相同，称这样的两个振动为同相振动。若 $\Delta\varphi$ 等于 π 或者 π 的奇数倍，则一个物体到达正的最大位移时，另一个物体到达负的最大位移处，它们同时通过平衡位置但向相反方向运动，即两个振动的步调完全相反，称这样的两个振动为反相振动。

当 $\Delta\varphi$ 为其他值时，如果 $\varphi_{20}-\varphi_{10}>0$，称第二个简谐振动超前第一个简谐振动 $\Delta\varphi$，或者说第一个简谐振动落后于第二个简谐振动 $\Delta\varphi$。图 4.3 示出了两个同频率、同振幅、不同初相位的简谐振动的位移-时间曲线。简谐振动(2)和(1)具有恒定的相位差 $\varphi_{20}-\varphi_{10}$，它们的变化在步调上相差一段时间 $\Delta t=\dfrac{\varphi_{20}-\varphi_{10}}{\omega}$。图 4.3(b)、(c)、(d)所示的是几种具有不同相位差的简谐振动。在图 4.3(b)中，简谐振动(2)比简谐振动(1)超前$\dfrac{3\pi}{2}$，也可以说，简谐振动(2)比简谐振动(1)落后$\dfrac{\pi}{2}$。

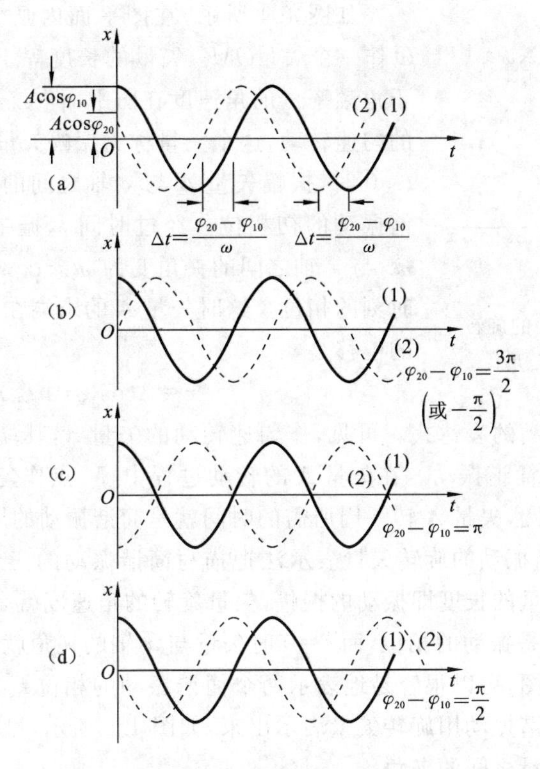

图 4.3　两个同振幅、同频率而不同初相位的简谐振动的位移-时间曲线

相位不但可以用来比较简谐振动相同物理量变化的步调，也可以用来比较不同物理量变化的步调。例如，比较物体作简谐振动时的速度、加速度和位移变化的步调，如果把速度和加速度的表达式(见式(4.5)和式(4.6))改写为

$$v=-v_m\sin(\omega t+\varphi_0)=v_m\cos\left(\omega t+\varphi_0+\frac{\pi}{2}\right)$$

$$a=-a_m\cos(\omega t+\varphi_0)=v_m\cos(\omega t+\varphi_0\pm\pi)$$

则可以看出,除它们的幅值不同外,速度的相位比位移的相位超前$\frac{\pi}{2}$,加速度的相位比位移的相位超前 π,或者说落后 π,也就是两者是反相的。速度的相位比加速度的相位落后$\frac{\pi}{2}$。

4.1.3 简谐振动的矢量图示法

为了直观地领会简谐振动表达式中 A、ω 和 φ_0 三个物理量的意义,并为后面讨论简谐振动的叠加提供简捷的方法,介绍简谐振动的旋转矢量表示法。

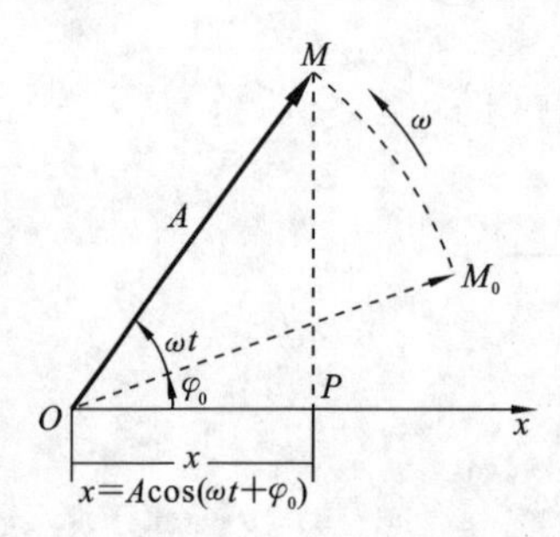

图 4.4 简谐振动的旋转矢量表示法

如图 4.4 所示,在图平面内画坐标轴 Ox,由原点 O 作一个矢量$\overrightarrow{OM}$,矢量的长度等于振幅 A,以数值等于角频率 ω 的角速度在图平面内绕O 点作逆时针方向的匀速转动,这个矢量称为振幅矢量,以 $\mathbf{A}$ 表示。设在 $t=0$ 时,振幅矢量 $\mathbf{A}$ 与 x 轴之间的夹角为 φ_0,等于简谐振动的初相位。经过时间 t,振幅矢量 $\mathbf{A}$ 转过角度 ωt,与 x 轴之间的夹角变为 $\omega t+\varphi_0$,等于简谐振动在该时刻的相位。这时矢量 $\mathbf{A}$ 的末端在 x 轴上的投影点 P 的位移是

$$x=A\cos(\omega t+\varphi_0)$$

这正是简谐振动的表达式。可见,作匀速转动的矢量 $\mathbf{A}$,其端点 M 在 x 轴上的投影点 P 的运动是简谐振动。在矢量 $\mathbf{A}$ 的转动过程中,M 点作匀速圆周运动,通常把这个圆称为参考圆,矢量 $\mathbf{A}$ 转一周所需的时间就是简谐振动的周期。

由此可见,简谐振动的旋转矢量表示法把描写简谐振动的三个特征量非常直观地表示出来了。矢量的长度即振动的振幅,矢量旋转的角速度就是振动的角频率,矢量与 x 轴的夹角就是振动的相位,而 $t=0$ 时矢量与 x 轴的夹角就是初相位。

利用旋转矢量图,可以很容易地表示两个简谐振动的相位差。将图 4.3 中描述的不同初相位的简谐振动用旋转矢量表示出来,如图 4.5 所示,可以看出它们的相位差就是两个旋转矢量之间的夹角。

例 4.1 一物体沿 x 轴作简谐振动,振幅 $A=0.12$ m,周期 $T=2$ s,当 $t=0$ 时,物体的位移 $x=0.06$ m,且向 x 轴正方向运动。求:

(1) 此简谐振动的表达式;

(2) $t=\frac{T}{4}$时物体的位置、速度和加速度;

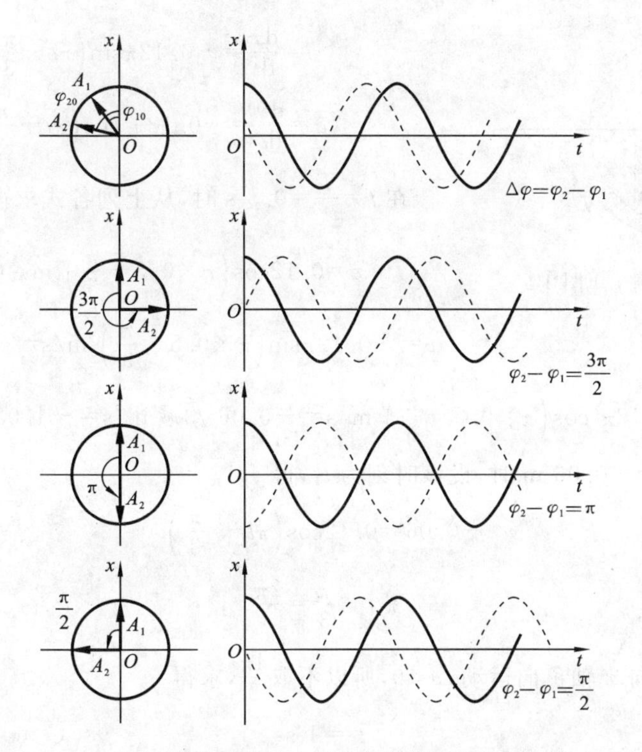

图 4.5 用旋转矢量表示两个简谐振动的相位差

(3) 物体从 $x=-0.06$ m 向 x 轴负方向运动，第一次回到平衡位置所需的时间。

解 (1) 设这一简谐振动的表达式为 $x=A\cos(\omega t+\varphi_0)$，现在 $A=0.12$ m，$T=2$ s，$\omega=\frac{2\pi}{T}=\pi\ \mathrm{s}^{-1}$，由初始条件 $t=0$ 时，$x=0.06$ m，可得

$$\cos\varphi_0=\frac{1}{2},\quad \varphi_0=\pm\frac{\pi}{3}$$

根据初始速度条件 $v_0=-\omega A\sin\varphi_0$，取舍 φ_0 值。因为 $t=0$ 时，物体向 x 轴正方向运动，即 $v_0>0$，所以

$$\varphi_0=-\frac{\pi}{3}$$

这样，此简谐振动的表达式为

$$x=0.12\cos\left(\pi t-\frac{\pi}{3}\right)$$

(2) 利用旋转矢量表示法来求解是很直观方便的。根据初始条件就可画出振幅矢量的初始位置，如图 4.6 所示，从而得 $\varphi_0=-\frac{\pi}{3}$。

由(1)中简谐振动表达式得

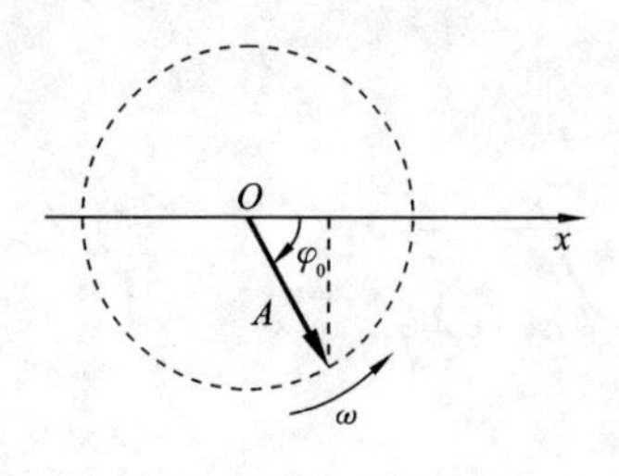

图 4.6　例 4.1 图 1

$$v=\frac{\mathrm{d}x}{\mathrm{d}t}=-0.12\pi\sin\left(\pi t-\frac{\pi}{3}\right)$$

$$a=\frac{\mathrm{d}v}{\mathrm{d}t}=-0.12\pi^2\cos\left(\pi t-\frac{\pi}{3}\right)$$

在 $t=\frac{T}{4}=0.5$ s 时,从上列各式求得

$$x=0.12\cos\left(\pi\times0.5-\frac{\pi}{3}\right)\ \mathrm{m}=0.1\ \mathrm{m}$$

$$v=-0.12\pi\sin\left(\pi\times0.5-\frac{\pi}{3}\right)\ \mathrm{m/s}=-0.06\pi\ \mathrm{m/s}$$

$$a=-0.12\pi^2\cos\left(\pi\times0.5-\frac{\pi}{3}\right)\ \mathrm{m/s}=-0.06\sqrt{3}\pi^2\ \mathrm{m/s}=-1.03\pi^2\ \mathrm{m/s}$$

(3) 当 $x=-0.06$ m 时,设该时刻为 t_1,得

$$-0.06=0.12\cos\left(\pi t_1-\frac{\pi}{3}\right)$$

$$\pi t_1-\frac{\pi}{3}=\frac{2\pi}{3}$$

因为物体向 x 轴负向运动,$v<0$,所以不取$\frac{4\pi}{3}$,求得

$$t_1=1\ \mathrm{s}$$

物体第一次回到平衡位置,设该时刻为 t_2。由于物体向 x 轴正方向运动,因此此时物体在平衡位置处的相位为$\frac{3\pi}{2}$,则由

$$\pi t_1-\frac{\pi}{3}=\frac{3\pi}{2}$$

求得

$$t=\frac{11}{6}\ \mathrm{s}=1.83\ \mathrm{s}$$

所以,从 $x=0.06$ m 处第一次回到平衡位置所需时间为

$$\Delta t=t_2-t_1=\frac{11}{6}\ \mathrm{s}-1\ \mathrm{s}=\frac{5}{6}\ \mathrm{s}=0.83\ \mathrm{s}$$

由振幅矢量图(见图 4.7)可知,从 $x=-0.06$ m 向 x 轴负方向运动,第一次回到平衡位置时,振幅矢量转过的角度为$\frac{3\pi}{2}-\frac{2\pi}{3}=\frac{5\pi}{6}$,这就是两者的相位差。由于振幅矢量的角速度为 ω,因此可得到所需的时间

$$\Delta t=\frac{\frac{5\pi}{6}}{\omega}=0.83\ \mathrm{s}$$

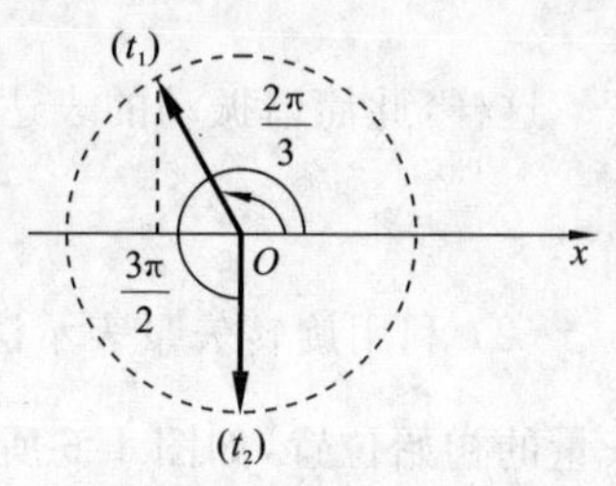

图 4.7　例 4.1 图 2

4.1.4 几种常见的简谐振动

弹簧振子由于受到遵从 $f=-kx$ 的弹性力作用才作简谐振动。在其他的机械运动中,不论作用力是否起源于弹性力,只要它遵从类似的规律,其运动就必是简谐振动。上述弹簧振子是理想化的物理模型,实际发生的振动较为复杂,回复力可能是非线性的,只能在一定条件下才近似为线性回复力,例如,单摆、复摆、扭摆等。

1. 单摆

一根不会伸缩的细线,上端固定(或一根刚性轻杆,上端与无摩擦的铰链相连),下端悬挂一个很小的重物,把重物略加移动后就可在竖直平面内来回摆动,这种装置称为单摆(见图 4.8)。当摆线竖直时,重物在其平横位置 O 处。当摆线与竖直方向成 θ 角时,重物受到重力 G 和线的拉力 T 这两个不共线力作用(忽略摩擦力)。重力的切向分量为 $mg\sin\theta$,它决定重物沿圆周的切向运动。若摆线长为 l,则重物的切向加速度为 $a_\tau=l\dfrac{d^2\theta}{dt^2}$,考虑到角位移 θ 是从竖直位置算起,并规定沿逆时针方向为正,则重力的切向分力 $mg\sin\theta$ 与 θ 反向,根据牛顿运动定律得

$$-mg\sin\theta=ml\frac{d^2\theta}{dt^2}$$

当 θ 很小时,$\sin\theta\approx\theta$,所以

$$\frac{d^2\theta}{dt^2}=-\frac{g}{l}\theta=-\omega^2\theta$$

将式中 $\omega^2=\dfrac{g}{l}$ 与式(4.2)相比较可知,单摆在摆角很小时,在平衡位置附近作简谐振动,其周期为

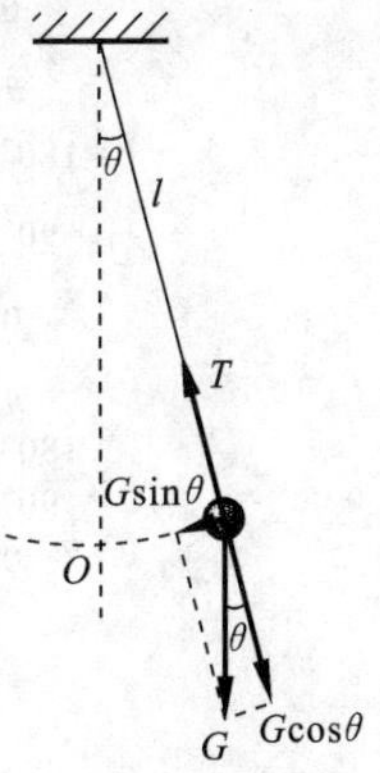

$$T=\frac{2\pi}{\omega}=2\pi\sqrt{\frac{l}{g}} \tag{4.11}$$

图 4.8 单摆

其简谐振动表达式为

$$\theta=\theta_m\cos(\omega t+\varphi_0)$$

式中:θ_m 是最大角位移,即角振幅;φ_0 为初相位。它们均由初始条件决定。

在单摆中,物体所受的恢复力不是弹性力,而是重力的切向分力。在 θ 很小时,此力与角位移 θ 成正比,方向指向平衡位置。虽然此力本质上不是弹性力,但其作用完全和弹性力一样,是一种准弹性力。

当 θ 角不是很小时,物体所受的回复力与 $\sin\theta$ 成正比,物体不再作简谐振动。由于 $\sin\theta$ 总是小于 θ,因此,当摆角振幅 θ_m 较大时,单摆的振动周期将增大,单摆的周期 T 与角振幅 θ_m 的关系为

$$T=T_0\left(1+\frac{1}{2^2}\sin^2\frac{\theta_m}{2}+\frac{1}{2^2}\frac{3^2}{4^2}\sin^4\frac{\theta_m}{2}+\cdots\right)\tag{4.12}$$

式中：T_0 为 θ_m 很小时的周期。

式中含有 θ_m 的各项逐项变得越来越小，因此只要在上述级数中取足够的项数就可以将周期计算到所要求的任何精确度。例如，$\theta_m=15°$时，实际的周期比 θ_m 很小时的周期相差不超过 0.5%。图 4.9 所示的为周期与角振幅的关系。

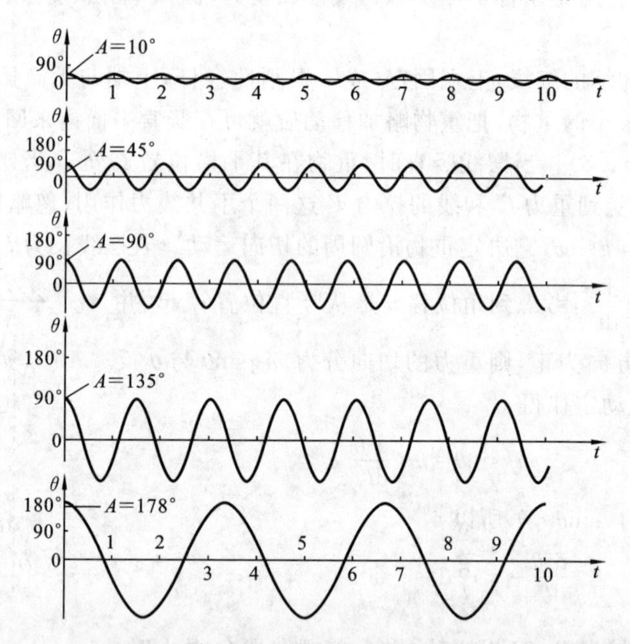

图 4.9　不同角振幅时单摆周期图

单摆的振动周期完全取决于振动系统本身的性质，即取决于重力加速度 g 和摆长 l，而与摆球的质量无关。在小摆角的情况下，单摆的周期与振幅无关，所以单摆可用作计时。单摆为测量重力加速度 g 提供了便利。

2. 复摆

一个可绕固定轴 O 摆动的刚体称为复摆，也称物理摆(见图 4.10)。平衡时，摆的重心 C 在轴的正下方。摆动时，重心与轴的连线 OC 偏离平衡时的竖直位置。设在任一时刻 t，其间的夹角为 θ，我们规定，偏离平衡位置沿逆时针方向转过的角位移为正。这时复摆受到对 O 轴的力矩为

$$M=-mgh\sin\theta$$

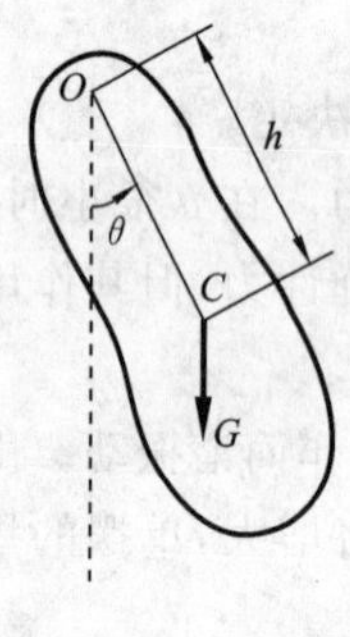

图 4.10　复摆

式中：负号表明力矩 M 的转向与角位移 θ 的转向相反。

当摆角很小时，$\sin\theta\approx\theta$，则 $M=-mgh\theta$。

设复摆绕 O 轴的转动惯量为 J，根据转动定律得

$$J\frac{d^2\theta}{dt^2}=-mgh\theta \quad 或 \quad \frac{d^2\theta}{dt^2}=-\frac{mgh}{J}\theta=-\omega^2\theta$$

与式(4.2)相比较,可知复摆在摆角很小时也在其平衡位置附近作简谐振动,其周期为

$$T=\frac{2\pi}{\omega}=2\pi\sqrt{\frac{J}{mgh}} \tag{4.13}$$

式(4.13)表明复摆的周期也完全取决于振动系统本身的性质。由复摆的振动周期公式可知,如果测出摆的质量、重心到转轴的距离及摆的周期,就可以求得此物体绕该轴的转动惯量。有些形状复杂物体的转动惯量用数学方法进行计算比较困难,有时甚至是不可能的,但用振动方法可以测定。

对于长为 l、可绕过其一端的轴转动的细杆,$J=\frac{1}{3}ml^2$,所以绕杆端轴线振动的周期为

$$T=2\pi\sqrt{\frac{2l}{3g}}$$

船舶在静水中的摇摆,也相当于一个复摆,如图 4.11 所示。设 C 为船舶的重心,B 为浮力的作用点,称为浮心。当船舶平正时,重心和浮心位于同一竖直线上。当船舶倾斜时,浮心 B 的位置向一边偏离,重力 G 和浮力就构成力偶。对船舶施一力矩,使船舶恢复到原来的平正位置上,这样船舶就左右摇摆,其摆动周期可用复摆的周期公式求出。由此可见,船舶的转动惯量愈大,重心愈高,则摆动的周期就愈长,频率就愈小,摇摆就愈缓和。但是,使重心升高,对船的稳定性不利。因此,在设计船舶时必须适当考虑稳定性和摇摆特性。

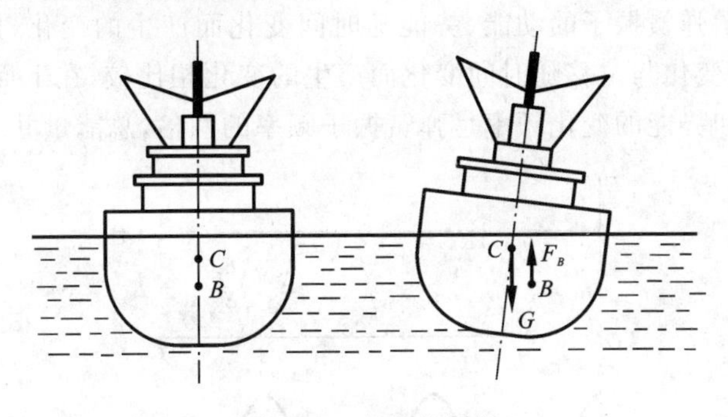

图 4.11 船舶的摇摆

4.1.5 简谐振动的能量

现在仍以水平弹簧振子为例来讨论作简谐振动系统的能量。此时系统除了具有动能以外,还具有势能。振动物体的动能为

$$E_k=\frac{1}{2}mv^2$$

如果取物体在平衡位置的势能为零,则弹性势能为

$$E_p=\frac{1}{2}kx^2$$

用式(4.3a)、式(4.5)代入,则得

$$E_k=\frac{1}{2}m\omega^2A^2\sin^2(\omega t+\varphi_0) \tag{4.14}$$

$$E_p=\frac{1}{2}kA^2\cos^2(\omega t+\varphi_0) \tag{4.15}$$

式(4.14)和式(4.15)说明物体作简谐振动时,其动能和势能都是随时间 t 作周期性变化的。位移最大时,势能达到最大值,动能为零;物体通过平衡位置时,势能为零,动能达到最大值。由于在运动过程中,弹簧振子不受外力和非保守内力的作用,故其总能量守恒

$$E=E_k+E_p=\frac{1}{2}m\omega^2A^2\sin^2(\omega t+\varphi_0)+\frac{1}{2}kA^2\cos^2(\omega t+\varphi_0)$$

考虑到 $\omega^2=\frac{k}{m}$,则上式简化为

$$E=\frac{1}{2}kA^2 \tag{4.16}$$

式(4.16)说明:谐振系统在振动过程中的动能和势能虽然分别随时间变化而变化,但总的机械能在振动过程中却是常量。简谐振动系统的总量和振幅的平方成正比,这一结论对于任一谐振系统都是正确的。

图4.12表示弹簧振子的动能、势能随时间变化而产生的变化(图中设 $\varphi_0=0$)。为了便于将这个变化与位移随时间变化而产生的变化相比较,在下面画了 x-t 曲线。从图可见,动能和势能的变化频率是弹簧振子频率的两倍,总能量并不改变。

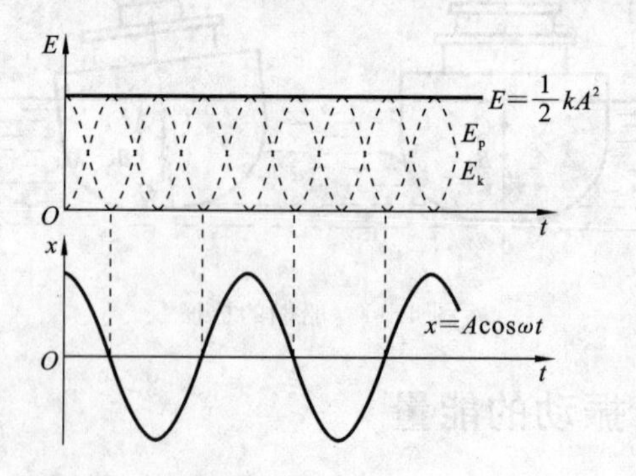

图4.12 谐振子的动能、势能和总能量随时间的变化曲线

4.2 阻尼振动

上面所讨论的简谐振动、振动系统都是在没有阻力作用下的概念，振幅是不随时间变化而变化的，就是说，这种振动一经发生，就能够永不停止地以不变的振幅振动下去。一个振动物体不受任何阻力的影响，只在回复力作用下所作的振动，称为无阻尼振动。这是一种理想的情况。实际上，振动物体总是要受到阻力作用的。以弹簧振子为例，由于受到空气阻力等的作用，它围绕平衡位置振动的振幅将逐渐减小，最后，终于停止下来。如果把弹簧振子浸在液体里，它在振动时受到的阻力就更大，这时可以看到它的振幅将急剧减小，振动几次以后，很快就会停止。当阻力足够大时，振动物体甚至来不及完成一次振动就停止在平衡位置上了。在回复力和阻力作用下的振动称为阻尼振动。

在阻尼振动中，振动系统所具有的能量将在振动过程中逐渐减少。能量损失的原因通常有两种：一种是介质对振动物体的摩擦阻力使振动系统的能量逐渐转变为热运动的能量，这称为摩擦阻尼。另一种是振动物体引起邻近质点的振动，使系统的能量逐渐向四周辐射出去，转变为波动的能量，这称为辐射阻尼。例如，音叉振动时，不仅因为摩擦而消耗能量，同时也因辐射声波而减少能量。在振动的研究中，常把辐射阻尼当作是某种等效的摩擦阻尼来处理。下面仅考虑摩擦阻尼这一种简单的情况。在力学中曾经指出，流体对运动物体的阻力与物体的运动速度有关，在物体速度不太大时，阻力的大小与速度的大小成正比，方向总是和速度的相反，即

$$F_f=-\gamma v=-\gamma\frac{\mathrm{d}x}{\mathrm{d}t}$$

式中：γ 称为阻尼系数，它的大小由物体的形状、大小和介质的性质决定。

设振动物体的质量为 m，在弹性力（或准弹性力）和阻力作用下运动，则物体的运动方程为

$$m\frac{\mathrm{d}^2x}{\mathrm{d}t^2}=-kx-\gamma\frac{\mathrm{d}x}{\mathrm{d}t} \tag{4.17}$$

令 $\frac{k}{m}=\omega_0^2$，$\frac{\gamma}{m}=2\beta$，这里，ω_0 为无阻尼时振子的固有角频率，β 称为阻尼因子，代入式(4.17)后运动方程可改写成

$$x=A_0\mathrm{e}^{-\beta t}\cos(\omega' t+\varphi_0') \tag{4.18}$$

式中：

$$\omega'=\sqrt{\omega_0^2-\beta^2} \tag{4.19}$$

A_0 和 φ_0' 为积分常数，可由初始条件决定。

式(4.18)说明阻尼振动的位移和时间的关系为两项的乘积，其中 $\cos(\omega' t+\varphi_0')$

反映了在弹性力和阻力作用下的周期运动，而 $A_0 e^{-\beta t}$ 则反映了阻尼对振幅的影响。

图 4.13(a)所示的是阻尼振动的位移-时间曲线。从图中可以看到，在一个位移极大值之后，隔一段固定的时间，就出现下一个较小的极大值，因为位移不能在每一周期后恢复原值，所以严格说来，阻尼振动不是周期运动。常把阻尼振动称为准周期性运动。

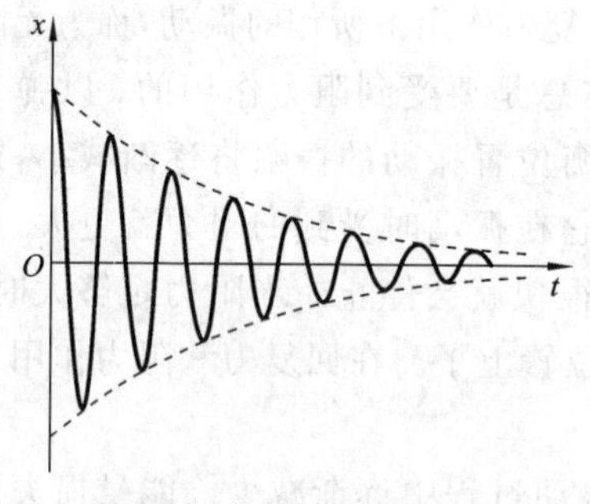

(a) 阻尼振动的位移与时间的关系

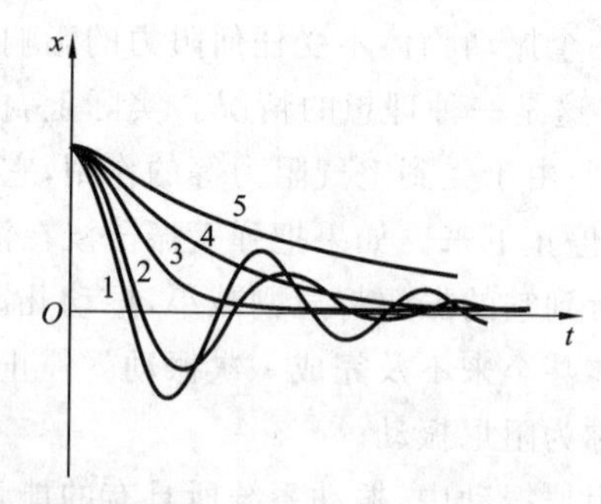

(b) 不同阻尼下的阻尼振动和阻尼过大时的非周期运动

图 4.13　阻尼振动

如果把振动物体相继两次通过极大(或极小)位置所经历的时间称为阻尼振动的周期 T'，那么

$$T'=\frac{2\pi}{\omega'}=\frac{2\pi}{\sqrt{\omega_0^2-\beta^2}} \tag{4.20}$$

这就是说，由于存在阻尼，振动变慢了。

式(4.18)中的 $A=A_0 e^{-\beta t}$ 称为阻尼振动的振幅，它随着时间的增加而减小，因此阻尼振动也称减幅振动。阻尼越小，振幅减弱越慢，每个周期内损失的能量越少，周期越接近无阻尼自由振动的周期，运动越接近于简谐振动；阻尼越大，振幅的减弱越快。例如，图 4.13(b)中曲线 2 所示的阻尼振动，其振幅比曲线 1 所示的减弱得较快，周期比无阻尼时的长得越多。

若阻尼过大，即 $\beta>\omega_0$ 时，式(4.18)不再是式(4.17)的解，此时物体以非周期运动的方式慢慢回到平衡位置，如图 4.13(b)中曲线 4、5 所示，这种情况称为过阻尼。若阻尼作用满足 $\beta=\omega_0$，则振动物体将刚好能平滑地回到平衡位置，这种情况称为临界阻尼，如图 4.13(b)中曲线 3 所示。在过阻尼状态和减幅振动状态下，振动物体从运动到静止都需要较长的时间，而在临界阻尼状态下，振动物体从静止开始运动回到平衡位置需要的时间却是最短的。因此，当物体偏离平衡位置时，如果要它在不发生振动的情况下，最快地恢复到平衡位置，常用施加临界阻尼的方法。

在生产实际中，可以根据不同的要求，用不同的方法来控制阻尼的大小。例如，各类机器，为了减振、防振，都要加大振动时的摩擦阻尼。各种声源、乐器，总希望它辐射足够大的声能，这就要加大它的辐射阻尼，各种弦乐器上的空气箱就能起到这种作用。有时还需要利用临界阻尼。在灵敏电流计等精密仪表中，为使人们能较快地和较准确地进行读数测量，常使电流计的偏转系统在临界阻尼状态下工作。

4.3 受迫振动及共振

4.3.1 受迫振动

摩擦阻尼总是客观存在的，只能减小而不能完全消除它，所以，实际的振动物体如果没有能量的不断补充，振动最后总是要停止下来的。在实践中，为了获得稳定的振动，通常是对振动系统作用一周期性的外力。物体在周期性外力的持续作用下发生的振动称为受迫振动。这种周期性的外力称为驱动力。许多实际的振动属于受迫振动，例如，声波引起耳膜的振动、发动机转动导致基座的振动，等等。

为简单起见，假设驱动力有如下形式：

$$F=F_0\cos\omega t$$

式中：F_0 为驱动力的幅值；ω 为驱动力的角频率。

物体在弹性力、阻力和驱动力的作用下，其运动方程为

$$m\frac{\mathrm{d}^2x}{\mathrm{d}t^2}=-kx-\gamma\frac{\mathrm{d}x}{\mathrm{d}t}+F_0\cos\omega t \tag{4.21}$$

仍令$\dfrac{k}{m}=\omega_0^2$，$\dfrac{\gamma}{m}=2\beta$，则式(4.21)可写成

$$\frac{\mathrm{d}^2x}{\mathrm{d}t^2}+2\beta\frac{\mathrm{d}x}{\mathrm{d}t}+\omega_0^2x=\frac{F_0}{m}\cos\omega t$$

在阻尼较小的情况下，上述方程的解为

$$x=A_0\mathrm{e}^{-\beta t}\cos(\sqrt{\omega_0^2-\beta^2}\,t+\varphi_0')+A\cos(\omega t+\varphi_0) \tag{4.22}$$

此解表示，在驱动力开始作用的阶段，系统的振动是非常复杂的(见图 4.14)，可以看成是由两个振动合成的：一个振动由式(4.22)中的第一项表示，它是一个减幅振动；另一个振动由式(4.22)中的第二项表示，它是一个振幅不变的振动。经过一段时间之后，第一项分振动将减弱到可以忽略不计，余下的就是受迫振动达到稳定状态后的等幅振动，其振动表达式为

$$x=A\cos(\omega t+\varphi_0) \tag{4.23}$$

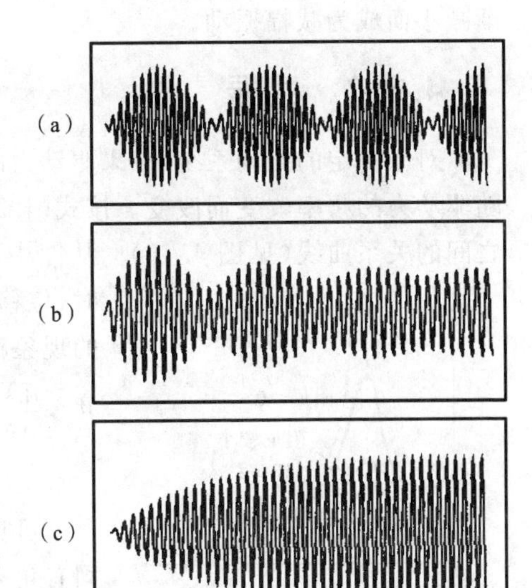

图 4.14 受迫振动的位移-时间曲线

应该指出,稳态时受迫振动的表达式虽然和无阻尼自由振动的表达式相同,都是简谐振动,但其实质已有所不同。首先,受迫振动的角频率不是振子的固有角频率,而是驱动力的角频率;其次,受迫振动的振幅和初相位不取决于振子的初始状态,而是依赖于振子的性质、阻尼的大小和驱动力的特征。根据理论计算可得

$$A=\frac{F_0}{m\sqrt{(\omega_0^2-\omega^2)^2+4\beta^2\omega^2}} \tag{4.24}$$

$$\tan\varphi_0=-\frac{2\beta\omega}{\omega_0^2-\omega^2} \tag{4.25}$$

在稳态时,振动物体的速度

$$v=\frac{\mathrm{d}x}{\mathrm{d}t}=v_{\mathrm{m}}\cos\left(\omega t+\varphi_0+\frac{\pi}{2}\right) \tag{4.26}$$

式中:

$$v_{\mathrm{m}}=\frac{\omega F_0}{m\sqrt{(\omega_0^2-\omega^2)^2+4\beta^2\omega^2}} \tag{4.27}$$

从能量角度来看,在受迫振动中,振动物体因驱动力做功而获得能量(实际上在一个周期内驱动力有时做正功,有时做负功,但总效果还是做正功),同时又因阻尼作用而消耗能量。受迫振动开始时,驱动力所做的功往往大于阻尼消耗的能量,所以总的趋势是能量逐渐增大。由于阻尼力一般随速度的增大而增大,当振动加强时,因阻尼而消耗的能量也要增多。在稳态振动的情况下,一个周期内,外力所做的功恰好补偿因阻尼而消耗的能量,因而系统维持等幅振动。如果撤去驱动力,振动能量又将逐渐减小而成为减幅振动。

4.3.2　共振

对于一定的振动系统,如果驱动力的幅值一定,则受迫振动稳定态时的位移振幅随驱动力的频率改变而改变。按式(4.24)可以画出不同阻尼时位移振幅与外力频率之间的关系曲线(见图 4.15)。从图中可以看出,当驱动力的角频率为某个特定值时,位移振幅达到最大值,这种位移振幅达到最大值的现象称为位移共振,如果将式(4.24)对 ω 求导数,并令 $\frac{\mathrm{d}A}{\mathrm{d}\omega}=0$,就可以得到共振角频率

$$\omega_{共振}=\sqrt{\omega_0^2-2\beta^2} \tag{4.28}$$

可见位移共振时,驱动力的角频率略小于系统的固有角频率 ω_0,阻尼愈小,$\omega_{共振}$ 愈接近 ω_0,共振位移振幅也就愈大。

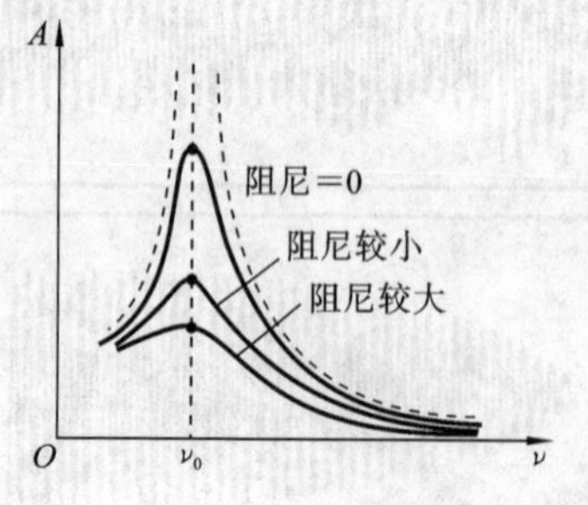

图 4.15　受迫振动的位移振幅与外力频率的关系

受迫振动的速度在一定的条件下也可以发生共

振，这称为速度共振，如果将式(4.27)对 ω 求导数，并令 $\frac{dv_m}{d\omega}=0$，可求得共振频率为

$$\omega_{共振}=\omega_0 \tag{4.29}$$

这表明，当驱动力的频率等于系统固有频率 ω_0 时，速度幅值达到最大值。在给定幅值的周期性外力作用下，振动时的阻尼越小，速度幅值的极大值也越大，共振曲线越尖锐。

由此可见，平常讲"驱动力的频率等于系统的固有频率时发生共振"，严格地说这是指速度共振，但是在阻尼很小的情况，速度共振和位移共振可以不加区分。

共振现象极为普遍，在声、光、无线电、原子物理、核物理及工程技术领域中都会遇到。共振现象有其有利的一面，如许多声学仪器就是应用共振原理设计的，原子核的磁性共振是研究固体性质的有力工具，等等。但共振现象也可引起损害，例如，各种机器的转动部分不可能造得完全平衡，机器工作时要产生与转动同频率的周期性力。如果力的频率接近于机器某部分的固有频率，则将引起机器部件共振，影响加工精度，甚至可能发生损坏事故，因此，各种机器的转动部件都必须做动平衡试验进行调整。某些精密机床或精密仪器的工作台，为了避免外来机械干扰所引起的振动，通常筑有较大的混凝土基础，以增大质量，并铺设弹性垫层，减小劲度系数，从而降低固有频率，使它远小于外来干扰力的频率，有效地避免了外来干扰的影响。

4.4 一维简谐振动的合成

在实际问题中，常会遇到一个质点同时参与几个振动的情况，例如，当两个声波同时传到某一点时，该点处的空气质点就同时参与两个振动。根据运动叠加原理，这时质点所作的运动实际上就是两个振动的合成。一般的振动合成问题比较复杂，下面只研究几种简单的情况。

4.4.1 同一直线上两个同频率的简谐振动的合成

设一质点在一直线上同时进行两个独立的同频率(亦即角频率 ω 相同)的简谐振动。如果取这一直线为 Ox 轴，以质点的平衡位置为原点，在任一时刻 t，这两个振动的位移分别为

$$x_1=A_1\cos(\omega t+\varphi_{10})$$
$$x_2=A_2\cos(\omega t+\varphi_{20})$$

因两分振动在同一方向上进行，所以质点的合位移等于两个位移的代数和，即

$$x=x_1+x_2=A_1\cos(\omega t+\varphi_{10})+A_2\cos(\omega t+\varphi_{20})$$

利用三角恒等式，上式可化为

$$x=A\cos(\omega t+\varphi_0) \tag{4.30}$$

式中：

$$A=\sqrt{A_1^2+A_2^2+2A_1A_2\cos(\varphi_{20}-\varphi_{10})} \tag{4.31}$$

$$\tan\varphi_0=\frac{A_1\sin\varphi_{10}+A_2\sin\varphi_{20}}{A_1\cos\varphi_{10}+A_2\cos\varphi_{20}} \tag{4.32}$$

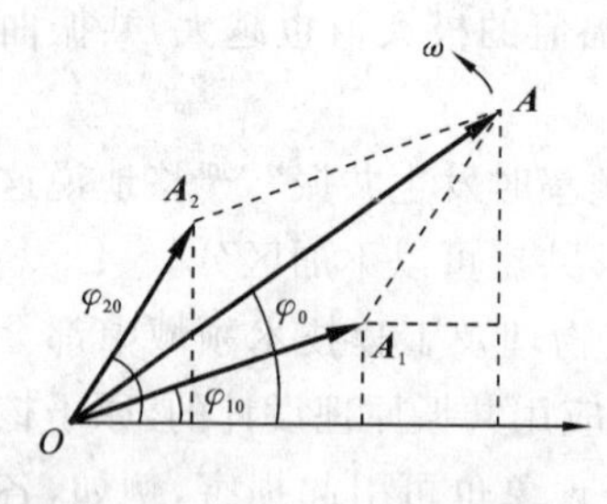

图 4.16　两个同方向、同频率振动的合成矢量图

由此可见，同方向、同频率的简谐振动合成后仍为一简谐振动，其频率与分振动频率相同，合振动的振幅、相位由两分振动的振幅及初相位决定。利用旋转矢量讨论上述问题则更为简单直观，如图 4.16 所示。现在讨论振动合成的结果。从式(4.31)可以看出，合振动的振幅与原来的相位差 $\varphi_{20}-\varphi_{10}$ 有关。下面讨论两个特例，将来在研究声、光等波动过程的干涉和衍射现象时，这两个特例常会用到。

(1) 两振动同相时，即相位差

$$\varphi_{20}-\varphi_{10}=2k\pi,\quad k=0,\pm1,\pm2,\cdots$$

这时

$$\cos(\varphi_{20}-\varphi_{10})=1, A=\sqrt{A_1^2+A_2^2+2A_1A_2}=A_1+A_2 \tag{4.33}$$

即合振动的振幅等于原来两个振动的振幅之和，这就是合振动振幅可能达到的最大值，如图 4.17(a)所示。

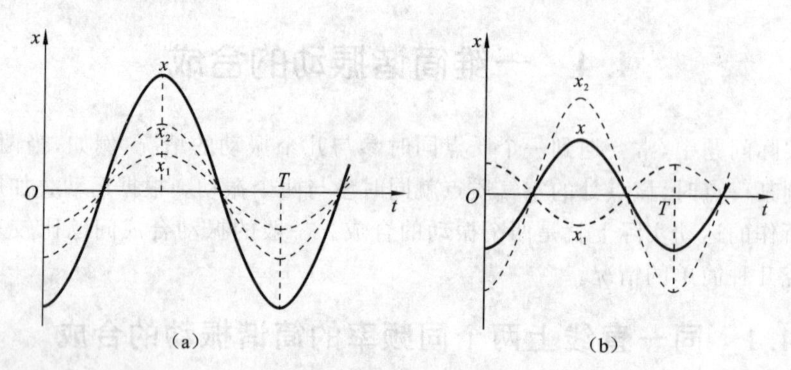

图 4.17　初相位不同的两个简谐振动的合成

(2) 两振动相反，即相位差

$$\varphi_{20}-\varphi_{10}=(2k+1)\pi,\quad k=0,\pm1,\pm2,\cdots$$

这时

$$\cos(\varphi_{20}-\varphi_{10})=-1, A=\sqrt{A_1^2+A_2^2+2A_1A_2}=|A_1-A_2| \tag{4.34}$$

即合振动的振幅(振幅在性质上是正量，所以在式(4.34)中取绝对值)等于原来两个振动的振幅之差。这是合振动振幅可能达到的最小值，如图 4.17(b)所示。如果 $A_1=A_2$，则 $A=0$。这就是说，振动合成的结果使质点处于静止状态。

在一般情形下，$\varphi_{20}-\varphi_{10}$ 是其他任意值时，合振动的振幅在 A_1+A_2 与 $|A_1-A_2|$ 之间。

上述结果说明，两个振动的相位差对合振动起着重要作用。

4.4.2 同方向、不同频率的两个简谐振动的合成拍

如果两个同方向的简谐振动并不同相，则在矢量图示法中，$\boldsymbol{A}_1$ 和 $\boldsymbol{A}_2$ 的转速就不相同。这样，$\boldsymbol{A}_1$ 和 $\boldsymbol{A}_2$ 之间的相位差将随着时间变化而变化。这时，合矢量 $\boldsymbol{A}$ 的长度和角速度将随着时间变化而变化。合矢量 $\boldsymbol{A}$ 所代表的合振动虽然仍与原来振动的方向相同，但不再是简谐振动，而是比较复杂的运动。研究频率相近的两个振动的合成情况，在实际应用中颇为重要。这时合振动具有特殊的性质，合振动的振幅随时间发生周期性的变化。这种现象称为拍。可以用演示实验来证实这种现象。取两支频率相同的音叉，在一个音叉上套一个小铁圈，使它的频率有很小的变化。分别敲击这两支音叉，听到的声强是均匀的。如果同时敲击音叉，结果听到“嗡嗡嗡”的声音，反映出合振动的振幅存在时强时弱的周期性变化，这就是拍的现象。

把这两个简谐振动（设它们的角频率很接近，分别为 ω_1 和 ω_2，且 $\omega_2>\omega_1$，而初相位相同）的振动方程写为

$$x_1=A_1\cos(\omega_1 t+\varphi_0)$$

$$x_2=A_2\cos(\omega_2 t+\varphi_0)$$

根据运动叠加原理，两者的合振动方程是

$$x=x_1+x_2=A_1\cos(\omega_1 t+\varphi_0)+A_2\cos(\omega_2 t+\varphi_0)$$

为方便计算，设两者的振幅相等，即令 $A_1=A_2=A$，则上式可写为

$$x=2A\cos\left(\frac{\omega_2-\omega_1}{2}t\right)\cos\left(\frac{\omega_2+\omega_1}{2}t+\varphi_0\right) \tag{4.35}$$

在 $\omega_2-\omega_1$ 远小于 ω_2 或 ω_1 的情况下，式中第一项因子随时间变化作缓慢变化，第二项因子是角频率近于 ω_2 或 ω_1 的简谐函数，因此合成运动可近似看成是角频率为 $\frac{\omega_2+\omega_1}{2}\approx\omega_1\approx\omega_2$、振幅为 $\left|2A\cos\left(\frac{\omega_2-\omega_1}{2}t\right)\right|$ 的简谐振动。由于振幅的缓慢变化是周期性的，因此振动出现时强时弱的拍现象。

图 4.18 示出两个分振动及其合振动的图形。从图中可以看出，合振动的振幅作缓慢变化。由于振幅总是正值，而余弦函数的绝对值以 π 为周期，因而振幅变化 τ 可由 $\left|\frac{\omega_2-\omega_1}{2\pi}\right|\tau=\pi$ 决定，故振幅变化的频率即拍频为

$$\nu_{拍}=\frac{1}{\tau}=\left|\frac{\omega_2-\omega_1}{2\pi}\right|=|\nu_2-\nu_1| \tag{4.36}$$

拍频的数值等于两分振动频率之差。

拍现象也可以从简谐振动的旋转矢量表示法得到说明。设 $\boldsymbol{A}_2$ 比 $\boldsymbol{A}_1$ 转得快，单位时间内 $\boldsymbol{A}_2$ 比 $\boldsymbol{A}_1$ 多转 $\nu_2-\nu_1$ 圈，即在单位时间内，两个矢量恰好“相重”（在相同方向）和“相背”（在相反方向）的次数都是 $\nu_2-\nu_1$ 次，也就是合振动将加强或减弱 $\nu_2-\nu_1$ 次。这样就形成了合振幅时而加强时而减弱的拍现象，拍频等于 $\nu_2-\nu_1$。

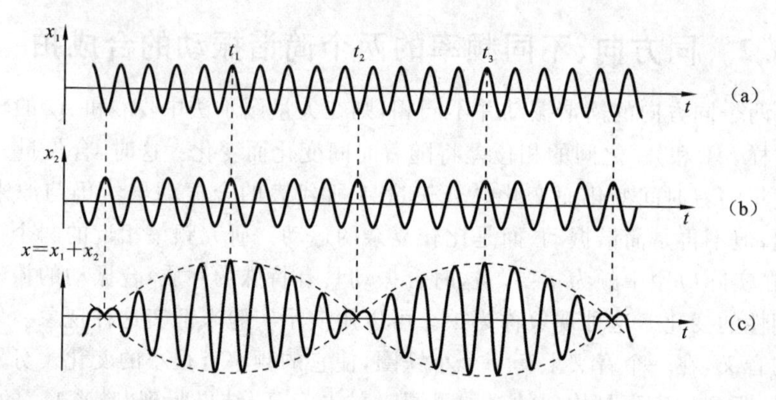

图 4.18　两个分振动及其合振动

拍现象在技术上有重要应用。例如，当两个频率相近的音叉同时振动时，就可听到时强时弱的“嗡嗡嗡”的音拍。人耳能区分的音拍低于每秒 7 次。拍现象常用于汽车速度监视器、地面卫星跟踪等。此外，在各种电子学测量仪器中，也常用到拍现象。

习　题　4

一、选择题。

(1) 一物体作简谐振动，振动方程为 $x=A\cos\left(\omega t+\frac{\pi}{2}\right)$，则该物体在 $t=0$ 时刻的动能与 $t=T/8$(T 为振动周期)时刻的动能之比为(　　)。

(A) 1∶4　　(B) 1∶2　　(C) 1∶1　　(D) 2∶1

(2) 弹簧振子在光滑水平面上作简谐振动时，弹性力在半个周期内所做的功为(　　)。

(A) kA^2　　(B) $kA^2/2$　　(C) $kA^2/4$　　(D) 0

(3) 简谐振动过程中，动能和势能相等的位置的位移等于(　　)。

(A) $\pm\frac{A}{4}$　　(B) $\pm\frac{A}{2}$　　(C) $\pm\frac{\sqrt{3}A}{2}$　　(D) $\pm\frac{\sqrt{2}A}{2}$

二、填空题。

(1) 一质点在 x 轴上作简谐振动，振幅 $A=4$ cm，周期 $T=2$ s，其平衡位置取作坐标原点。若 $t=0$ 时质点第一次通过 $x=-2$ cm 处且向 x 轴负方向运动，则质点第二次通过 $x=-2$ cm 处的时刻为______ s。

(2) 一水平弹簧简谐振子的振动曲线如题图 4.1 所示。振子位移为 0、速度为 $-\omega A$、加速度为 0 和弹性力为 0 的状态，对应于曲线上的________点。振子位移的绝对值为 A、速度为 0、加速度为 $-\omega^2 A$ 和弹性力为 $-kA$ 的状态，则对应曲线上的________点。

(3) 一质点沿 x 轴作简谐振动，振动范围的中心点为 x 轴的原点，已知周期为 T，振幅为 A。(a) 若 $t=0$ 时质点过 $x=0$ 处且朝 x 轴正方向运动，则振动方程为________。(b) 若 $t=0$ 时质点过 $x=A/2$ 处且朝 x 轴负方向运动，则振动方程为________。

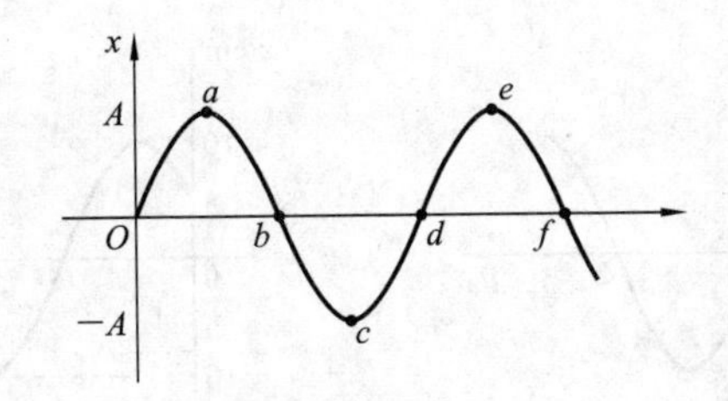

题图 4.1

三、质量为 10×10^{-3} kg 的小球与轻弹簧组成的系统，按 $x=0.1\cos\left(8\pi t+\frac{2\pi}{3}\right)$（国际单位制）的规律作简谐振动。求：

(1) 振动的周期、振幅和初位相及速度与加速度的最大值；

(2) 最大的回复力、振动能量、平均动能和平均势能，在哪些位置上动能与势能相等？

(3) $t_2=5$ s 与 $t_1=1$ s 两个时刻的相位差。

四、一个沿 x 轴作简谐振动的弹簧振子，振幅为 A，周期为 T，其振动方程用余弦函数表示。如果 $t=0$ 时质点的状态分别是：

(1) $x_0=-A$；

(2) 过平衡位置向正向运动；

(3) 过 $x=\frac{A}{2}$ 处向负向运动；

(4) 过 $x=-\frac{A}{\sqrt{2}}$ 处向正向运动。

试求出相应的初相位，并写出振动方程。

五、一质量为 10×10^{-3} kg 的物体作简谐振动，振幅为 24 cm，周期为 4.0 s，当 $t=0$ 时位移为 +24 cm。求：

(1) $t=0.5$ s 时，物体所在的位置及此时所受力的大小和方向；

(2) 由起始位置运动到 $x=12$ cm 处所需的最短时间；

(3) 在 $x=12$ cm 处物体的总能量。

六、有一轻弹簧，下面悬挂质量为 1.0 g 的物体时，伸长为 4.9 cm。用这个弹簧和一个质量为 8.0 g 的小球构成弹簧振子，将小球由平衡位置向下拉开 1.0 cm 后，给予向上的初速度 $v_0=5.0$ cm/s，求振动周期和振动表达式。

七、题图 4.2 所示的为两个简谐振动的 x-t 曲线，试分别写出其简谐振动方程。

八、有一单摆，摆长 $l=1.0$ m，摆球质量 $m=10\times10^{-3}$ kg，当摆球处在平衡位置时，若给小球一水平向右的冲量 $F\Delta t=1.0\times10^{-4}$ kg · m/s，取打击时刻为计时起点（$t=0$），求振动的初相位和角振幅，并写出小球的振动方程。

九、有两个同方向、同频率的简谐振动，其合成振动的振幅为 0.20 m，相位与第 1 个振动的相位差为 $\frac{\pi}{6}$，已知第 1 个振动的振幅为 0.173 m，求第 2 个振动的振幅，以及第 1 个振动、第 2 个振动的相位差。

十、试用最简单的方法求出下列两组简谐振动合成后所得合振动的振幅：

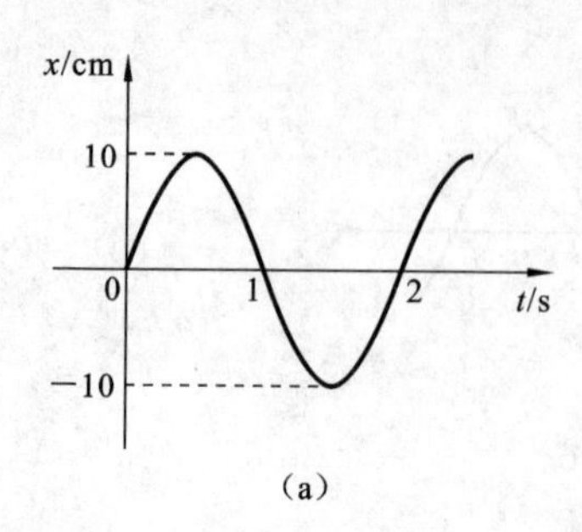

(a)

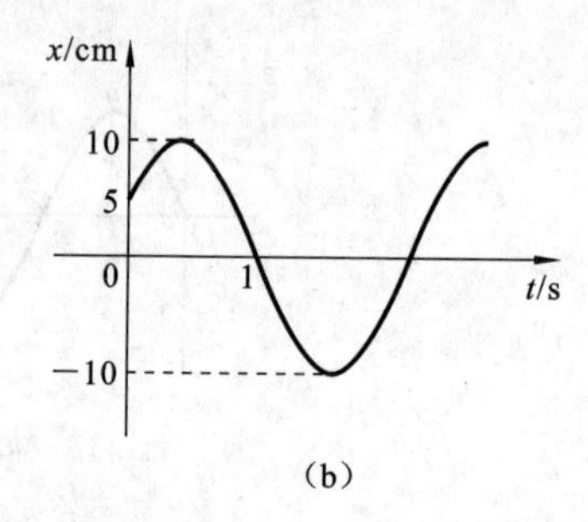

(b)

题图 4.2

(1) $\begin{cases} x_1 = 5\cos\left(3t + \dfrac{\pi}{3}\right) \\ x_2 = 5\cos\left(3t + \dfrac{7\pi}{3}\right) \end{cases}$ (单位:cm);

(2) $\begin{cases} x_1 = 5\cos\left(3t + \dfrac{\pi}{3}\right) \\ x_2 = 5\cos\left(3t + \dfrac{4\pi}{3}\right) \end{cases}$ (单位:cm)。

十一、一质点同时参与两个在同一直线上的简谐振动,振动方程为

$$\begin{cases} x_1 = 0.4\cos\left(2t + \dfrac{\pi}{6}\right) \\ x_2 = 0.3\cos\left(2t - \dfrac{5}{6}\pi\right) \end{cases} \quad (\text{单位:m})$$

试分别用旋转矢量法和振动合成法求合振动的振幅和初相位,并写出谐振方程。

阅读材料

电磁振荡

电路中电压和电流的周期性变化称为电磁振荡。电磁振荡与机械振动有相似的运动形式。产生电磁振荡的电路称为振荡电路。最简单的振荡电路是由一个电容器与一个自感线圈组成的,称为 LC 电路。

1. LC 电路的振荡

如图 4.19 所示的电路,先使电源给电容器充电,然后接通 LC 回路,在振荡电路刚被接通的瞬间,电容器两极板上的电荷最多,板间的电场也最强,电场的能量全部集中在电容器的两极板间。

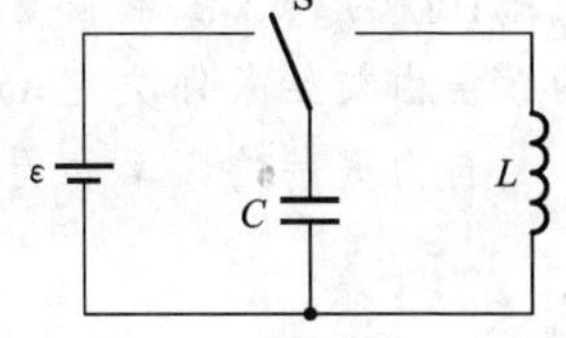

图 4.19　LC 振荡电路

当电容器放电时,因自感的存在,电路中的电流将逐渐增大到最大值,两极板上的电荷也相应地逐渐减小到零。在此过程中,电流在自感线圈中激起磁场,到放电终了时,电容器两极板间的电场能量全部转换成线圈中的磁场能量。

在电容器放电完毕时,电路中的电流达到最大值。这时,就要对电容器作反方向的充电。由于线圈的自感作用,随着电流逐渐减弱到零,电容器两极板上的电荷又相应地逐渐增加到最大值。同时,磁场能量又全部转换成电场能量。

然后,电容器又通过线圈放电,电路中的电流逐渐增大,不过这时电流的方向与之前放电时的相反,电场能量又转换成磁场能量。

此后,电容器又被充电,恢复到原状态,完成一个完全的振荡过程。

由上述可知,在 LC 电路中,电荷和电流都随时间作周期性的变化,相应地,电容器中的电场强度和线圈中的磁感应强度,以及电场能量和磁场能量也都随时间周期性变化,而且不断地相互转换着。如果电路中没有任何能量损耗(如电阻的焦耳热、电磁辐射等),那么这种变化将在电路中一直持续下去,这种电磁振荡称为自由振荡。

下面定量地研究自由振荡,找出电容器极板上的电荷和电路中的电流随时间变化而变化的规律。

设在某一时刻,电容器极板上的电荷量为 q,电路中的电流为 i,并取 LC 回路的顺时针方向为电流的正方向。线圈两端的电势差应和电容器两极板之间的电势差相等,即

$$L=\frac{\mathrm{d}i}{\mathrm{d}t}=\frac{q}{C}$$

考虑到电流 $i=\frac{\mathrm{d}q}{\mathrm{d}t}$,代入得

$$\frac{d^2q}{dt^2}=-\frac{1}{LC}q \tag{4.37}$$

令 $\omega^2=\frac{1}{LC}$,得

$$\frac{d^2q}{dt^2}=-\omega^2 q$$

显然,这和式(4.2)的形式完全一样,此微分方程的解为

$$q=Q_0\cos(\omega t+\varphi_0) \tag{4.38}$$

式中:Q_0 为极板上电荷量的最大值,称为电荷量振幅;φ_0 是振荡的初相位;Q_0 和 φ_0 的数值由初始条件决定;ω 是振荡的角频率。

自由振荡的频率和周期分别为

$$\nu=\frac{\omega}{2\pi}=\frac{1}{2\pi\sqrt{LC}},\quad T=2\pi\sqrt{LC} \tag{4.39}$$

将式(4.38)对时间 t 求导数,可得电路中任一时刻的电流

$$i=\frac{dq}{dt}=-\omega Q_0\sin(\omega t+\varphi_0)$$

令 $\omega Q_0=I_0$ 表示电流的最大值,称为电流振幅,则上式为

$$i=-I_0\sin(\omega t+\varphi_0)=I_0\cos\left(\omega t+\varphi_0+\frac{\pi}{2}\right) \tag{4.40}$$

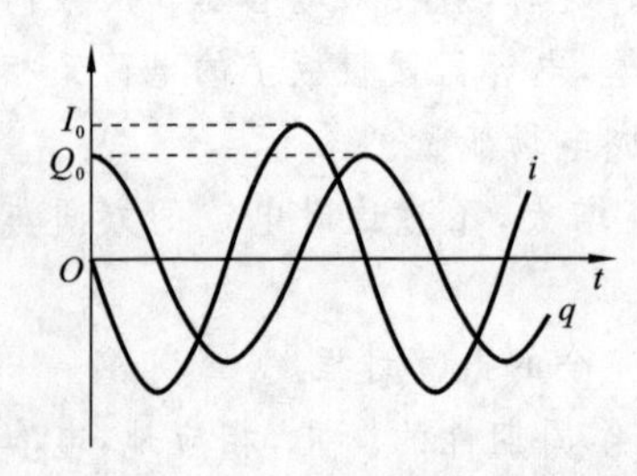

图 4.20　电荷与电流的等幅振荡

式(4.38)和式(4.40)表明,在 LC 振荡电路中,电荷和电流都作简谐振动,是等幅振荡,同时还说明,电荷和电流的振荡频率相同,电流的相位比电荷的相位超前$\frac{\pi}{2}$,如图 4.20 所示。

现在考虑 LC 振荡电路中的能量,在任一时刻 t,电容器极板上的电荷量为 q,相应的电场能量为

$$W_e=\frac{1}{2}\frac{q^2}{C^2}=\frac{Q_0^2}{2C}\cos^2(\omega t+\varphi_0)$$

设此时的电流为 i,那么线圈内的磁场能量为

$$W_m=\frac{1}{2}Li^2=\frac{L\omega^2Q_0^2\sin^2(\omega t+\varphi_0)}{2}$$

把上两式相加,并应用 $\omega^2=\frac{1}{LC}$的关系,即得总能量

$$W=W_e+W_m=\frac{Q_0^2}{2C}\cos^2(\omega t+\varphi_0)+\frac{Q_0^2}{2C}\sin^2(\omega t+\varphi_0)=\frac{Q_0^2}{2C} \tag{4.41}$$

式(4.41)说明,在自由振荡电路中,尽管电能和磁能都随时间变化而变化,但总的电磁能量却保持不变。

从上面的分析可以知道,电磁振荡中的电荷量及电流分别对应机械振动中的位移和速度,自感对应于惯性,起着电流惯性作用。磁场能量对应于动能,电场能量对应于势能。

2. 受迫振荡、电共振

当电路中有电阻存在时,由于能量有损耗,因此电荷和电流的振幅将逐渐减小。如果在电路中加入一个电动势作周期性变化的电源,如图4.21所示,可以连续不断地供给能量,则可使电流振幅保持不变。这种在外加周期性电动势持续作用下产生的振荡,称为受迫振荡。设电源的电动势为 $\varepsilon=\varepsilon_0\cos\omega_d t$,则受迫振荡微分方程可写成

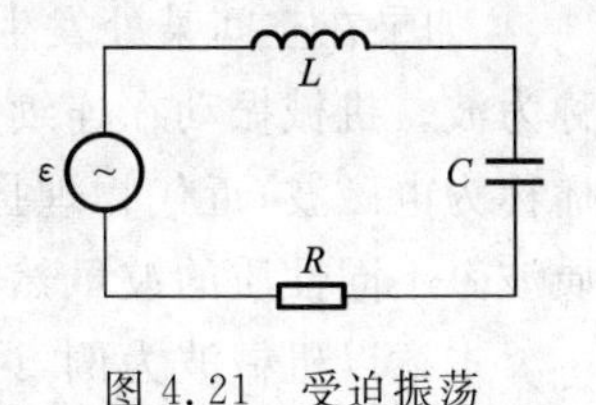

图 4.21 受迫振荡

$$L\frac{d^2q}{dt^2}+R\frac{dq}{dt}+\frac{q}{C}=\varepsilon_0\cos\omega_d t \qquad (4.42)$$

在稳定状态下其解为

$$q=Q_0\cos(\omega_d t+\varphi) \qquad (4.43)$$

通常,人们感兴趣的不是电荷而是电流的振荡,由式(4.43)得

$$i=\frac{dq}{dt}=-\omega_d Q_0\sin(\omega_d t+\varphi)=-\omega_d Q_0\cos\left(\omega_d t+\varphi+\frac{\pi}{2}\right)=I_0\cos(\omega_d t+\varphi')$$

式中:

$$I_0=\frac{\varepsilon_0}{\sqrt{R^2+\left(\omega_d L-\frac{1}{\omega_d C}\right)^2}} \qquad (4.44a)$$

$$\tan\varphi'=\frac{\frac{1}{\omega_d C}-\omega_d L}{R} \qquad (4.44b)$$

可以看到,电流 i 的振荡角频率与电动势的角频率相同,但两者的相位并不相同。由式(4.44a)不难看出,当电路满足条件

$$\omega_d L=\frac{1}{\omega_d C}$$

时,电流将有最大的振幅。由上述条件可得

$$\omega_d=\sqrt{\frac{1}{LC}} \qquad (4.45)$$

这就是说,当外加电动势的频率和自由振荡的频率相等时,电流的振幅为最大,其值等于$\frac{\varepsilon_0}{R}$。这时,电流与外加电动势之间的相位差 $\varphi'=0$。这种在周期性电动势作用下,电流振幅达到最大值的现象称为电共振。收音机中的调谐就是调节电容器的电容,使电路与其某一种频率的无线电信号发生共振,以选取电台。

第5章 机 械 波

如果在空间某处发生的振动，以有限的速度向四周传播，则这种传播着的振动称为波。机械振动在连续介质内的传播称为机械波；电磁振动在真空或介质中的传播称为电磁波；近代物理指出，微观粒子，乃至任何物体都具有波动性，这种波称为物质波。不同性质的波虽然机制各不相同，但它们在空间的传播规律却具有共性。

本章以机械波为例，讨论波动运动规律。

5.1 机械波的产生和传播

5.1.1 机械波产生的条件

机械波是机械振动在弹性介质中的传播。因此，机械波的产生首先要有作机械振动的物体，即波源；其次还要有能够传播这种振动的弹性介质。在弹性介质中，各质点间是以弹性力互相联系着的。如果介质中有一个质点 A，因受外界扰动而离开其平衡位置，A 点周围的质点就将对 A 作用一个弹性力以对抗这一扰动，使 A 回到平衡位置，并在平衡位置附近作振动。与此同时，当 A 偏离其平衡位置时，A 点周围的质点也受到 A 所作用的弹性力，于是周围质点也离开各自平衡位置，并使周围质点对其邻接的外围质点作用弹性力，从而由近及远地使周围质点、外围质点及更外围的质点都在弹性力的作用下陆续振动起来。这就是说，介质中一个质点的振动引起邻近质点的振动，邻近质点的振动又引起较远质点的振动，于是振动就以一定的速度由近及远地向各个方向传播出去，形成波动。应当注意，波动只是振动状态的传播，上游的质点依次带动下游的质点振动。介质中各质点并不随波前进，各质点只以周期性变化的振动速度在各自的平衡位置附近振动。某时刻某质点的振动状态将在较晚的时刻于下游某处出现。振动状态的传播速度称为波速。应该注意区别波速与质点的振动速度，不要把两者混淆起来。质点的振动方向和波的传播方向并不一定相同。

5.1.2 横波和纵波

如果在波动中，质点的振动方向和波的传播方向相互垂直，这种波称为横波。如图 5.1 所示，绳的一端固定，另一端握在手中并不停地上下抖动，使手拉的一端作垂直于绳索的振动，就可以看到一个接一个的波形沿着绳索向固定端传播，形成绳索上的横波。

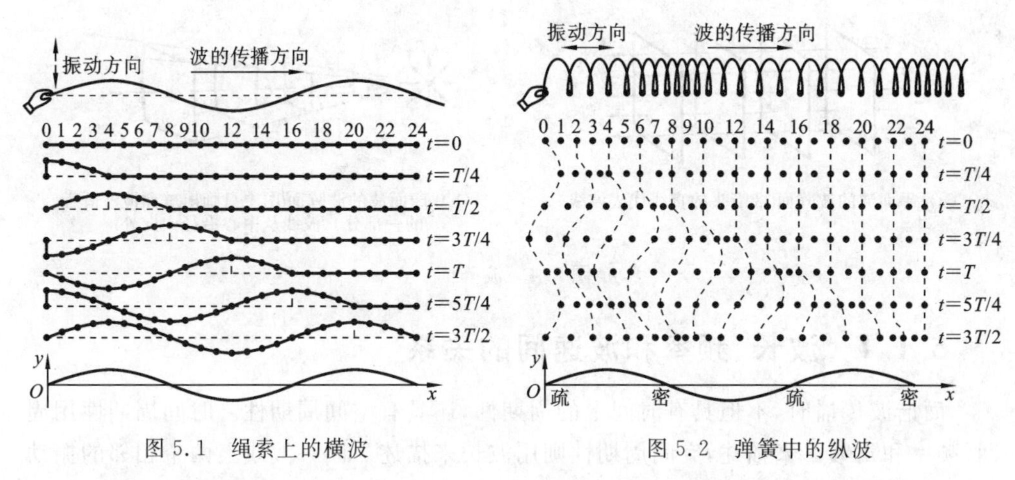

图 5.1 绳索上的横波　　图 5.2 弹簧中的纵波

如果在波动中,质点的振动方向和波的传播方向相互平行,这种波称为纵波,如图 5.2 所示,将一根相当长的弹簧水平地悬挂着,在其左端沿水平方向把弹簧左右拉推使该端作左右振动时,就可以看到该端的左右振动形态沿着长弹簧的各个环节从该端向右方传播,使长弹簧的各部分呈现由左向右移动的、疏密相间的纵波波形。又如,在空气中传播的声波也是纵波。

横波和纵波是波的两种基本类型。有一些波既不是纯粹的横波,也不是纯粹的纵波。水面波就是一个例子,在水面上,当波通过时,水的质点的运动既有上下运动,也有前后运动,每个质点有一椭圆形轨迹或圆形轨迹,如图 5.3 所示。一般来说,介质中各个质点的振动情况是很复杂的,由此产生的波动也很复杂。当波源作简谐振动时,介质中各质点也作简谐振动,这时的波称为简谐波(余弦波或正弦波)。简谐波是一种简单而重要的波。本章主要讨论简谐波,可以证明,其他复杂的波是由简谐波合成的结果。

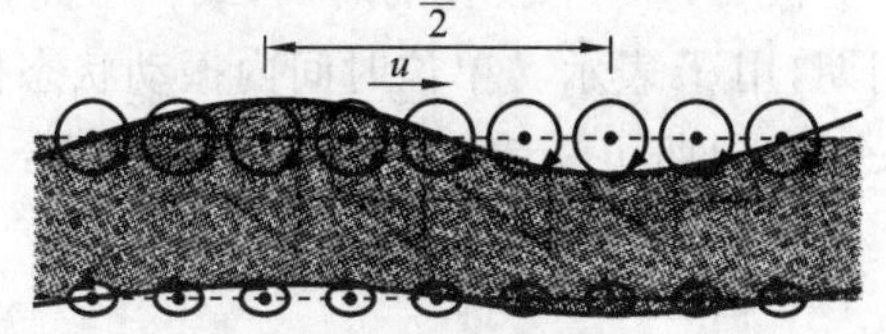

图 5.3 水面波

5.1.3 波阵面和波线

下面介绍描述波传播时常用的几个概念。

在波动过程中,振动相位相同的点连成的面称为波阵面或波面,有时又把最前面的那个波阵面称为波前。由于波阵面上各点的相位相同,因此波阵面是同相面。波阵面是平面的波称为平面波,如图 5.4(a)所示;波阵面是球面的波称为球面波,如图 5.4(b)所示。波的传播方向称为波线或波射线,在各向同性的介质中,波线总是与波阵面垂直,平面波的波线是垂直于波阵面的平行直线,球面波的波线以波源为中心,从中心沿径向向外。关于波阵面推进的规律,在讨论惠更斯原理时再作介绍。

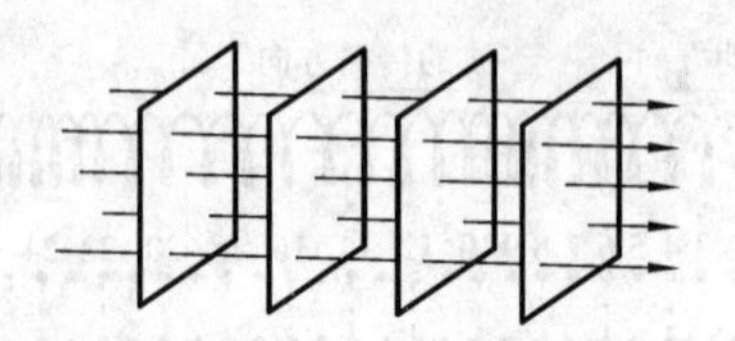

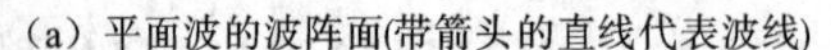

(a) 平面波的波阵面(带箭头的直线代表波线)

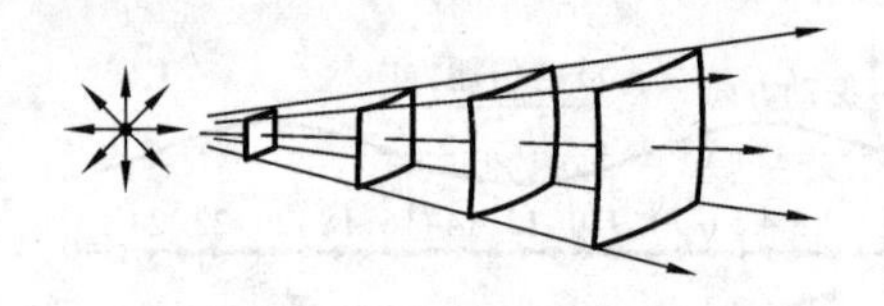

(b) 球面波的波阵面(图中只画出球面波波阵面的一部分，波线从中心沿径向向外)

图 5.4　波阵面

5.1.4　波长、频率和波速间的关系

简谐波传播时，不但具有时间上的周期性，还具有空间周期性。时间周期性用周期、频率和角频率来描述，空间周期性则用波长来描述。同一波线上两个相邻的振动状态相同的质点，即振动相位相差 2π 的质点之间的距离，为一个完整波的长度，称为波长，用 λ 表示。若为横波，则波长 λ 等于两相邻波峰之间或两相邻波谷之间的距离；若为纵波，则波长 λ 等于两相邻密集部分的中心之间或两相邻稀疏部分的中心之间的距离。

波传过一个波长的时间，或一个完整的波通过波线上某点所需的时间，称为波的周期，用 T 表示。单位时间内振动状态传播的距离称为波速，用 u 表示，则波速 u、波长 λ 和周期 T 三者之间应有如下关系：

$$u=\frac{\lambda}{T} \tag{5.1}$$

周期的倒数称为频率，用 ν 表示，即 $\nu=\dfrac{1}{T}$，所以

$$u=\nu\lambda \tag{5.2}$$

这是波速、波长和频率之间的基本关系式。它的物理意义是明显的。因为质点每完成一次完全振动，波就向前移动一个波长的距离，在 1 s 内质点振动了 ν 次，因而 1 s 内波向前推进了 ν 个波长，即单位时间内波前进的距离，这在数值上就等于波的速度，如图 5.5 所示。由于振动状态由相位确定，因此波速 u 就是波的相位的传播速度，又称相速。

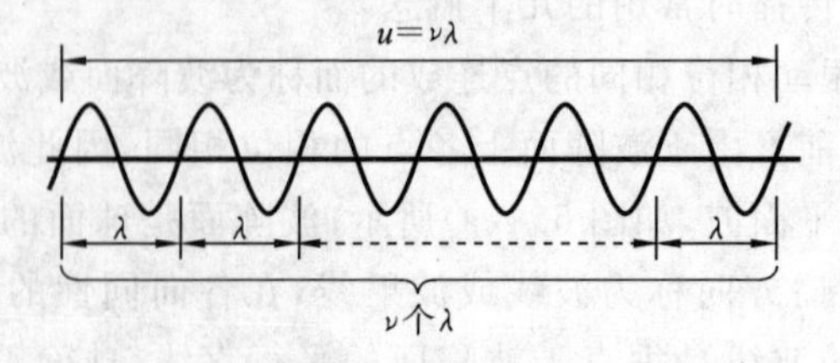

图 5.5　波长、频率和波速的关系

应该注意，在讨论弹性波的传播时，曾假设介质是连续的，其实连续与否是相对的，不是绝对的。当波长远大于介质分子之间的距离时，介质中一波长的距离内，有无数个分子在陆续振动，宏观上看来介质就像是连续的。如果假设波长小到等于或小于分子间距离的数量级，就不能再认为介质是连续的，这时介质也就不能传播弹性波了。频率极高时，波长极小，因此弹性波在给定介质中的传播存在频率上限。高度真空中分子间的距离极大，不能传播声波，就是这个原因。

5.2 平面简谐波的波函数

简谐振动在介质中传播形成的波称为简谐波。如果简谐波的波面为平面，则这样的简谐波称为平面简谐波。平面简谐波在介质中传播时，各质点都作同一频率的简谐振动，但在任一时刻，各点的振动相位一般不同，它们的位移也不相同，只有定量地描述出每个质点的振动状态，才算解决了平面简谐波的运动学问题。在平面简谐波中，波线是一组垂直于波面的平行射线，因此可选用其中一根波线为代表来研究平面简谐波的传播规律。所求的平面简谐波的波函数就是任一波线上任一点的振动表达式的通式。

5.2.1 平面简谐波的波函数

如图 5.6 所示，设有一平面余弦行波，在无吸收的均匀无限介质中沿 Ox 轴的正方向传播，波速为 u。取任意一条波线为 Ox 轴，并取 O 作为 Ox 轴的原点，假定 O 点处(即 $x=0$ 处)质点的振动表达式为

$$y_0=A\cos(\omega t+\varphi_0)$$

式中：y_0 是 O 点处质点在时刻 t 离开其平衡位置的位移(如系横波，位移方向与 Ox 垂直；如系纵波，位移沿着 Ox 方向)；A 是振幅；ω 是角频率；φ_0 是初相位。

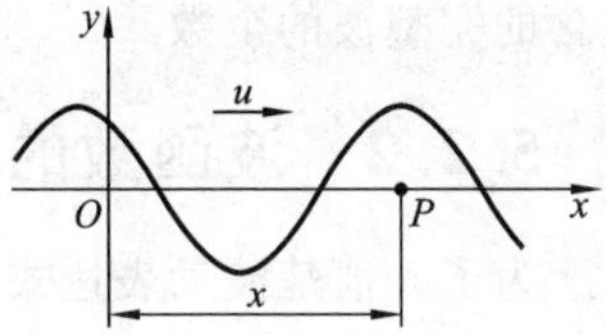

图 5.6 推导波动表达式用图

现在考察波线上另一任意点 P。该点离开 O 点的距离为 x。因为振动是从 O 点处传过来的，所以 P 点振动的相位将落后于 O 点的。如果振动从 O 点传到 P 点所需的时间为 $t'=\dfrac{x}{u}$，那么，在时刻 t，P 点处质点的位移就是 O 点处质点在 $t-t'$ 时刻的位移(从相位来说，P 点将落后于 O 点，其相位差为 $\omega t'$)。由于所讨论的是平面波，而且在无吸收的均匀介质中传播，因此各质点的振幅相等，于是 P 点处质点在 t 时刻的位移为

$$y_P=A\cos[\omega(t-t')+\varphi_0]$$

若介质中的波速为 u，则 $t'=\dfrac{x}{u}$，代入上式并将下角标 P 省去得到

$$y=A\cos\left[\omega\left(t-\frac{x}{u}\right)+\varphi_0\right] \tag{5.3}$$

式(5.3)所表示的是波线上任一点(距原点为 x)处的质点任一瞬时的位移,这就是所要求的沿 Ox 轴方向前进的平面简谐波的波函数。

如果波沿 Ox 轴负方向传播,那么 P 点处质点的振动状态要比 O 点处质点振动早开始一段时间,P 点的相位比 O 点的要超前,相位差为 $\omega\frac{x}{u}$,所以沿 Ox 轴负方向传播的平面简谐波的波函数为

$$y=A\cos\left[\omega\left(t+\frac{x}{u}\right)+\varphi_0\right] \tag{5.4}$$

利用关系式 $\omega=\frac{2\pi}{T}=2\pi\nu$ 和 $uT=\lambda$,可以将平面简谐波的表达式改写成多种形式:

$$\left.\begin{aligned}
y&=A\cos\left[2\pi\left(\frac{t}{T}\mp\frac{x}{\lambda}\right)+\varphi_0\right]\\
y&=A\cos\left[2\pi\left(\nu t\mp\frac{x}{\lambda}\right)+\varphi_0\right]\\
y&=A\cos(\omega t\mp kx+\varphi_0)\\
y&=A\cos\left(\omega t\mp\frac{2\pi x}{\lambda}+\varphi_0\right)
\end{aligned}\right\} \tag{5.5}$$

式中:$k=\frac{2\pi}{\lambda}$,称为波矢,表示单位长度上波的相位变化,它的数值等于 2π 长度内所包含的完整波的个数。

5.2.2 波函数的物理意义

为了弄清楚波动表达式的意义,必须作进一步分析。

(1) 如果 $x=x_0$ 为给定值,那么位移 y 就只是 t 的周期函数,$y=y(t)$,波函数变为

$$y=A\cos\left(\omega t-\frac{\omega x_0}{u}+\varphi_0\right)=A\cos\left(\omega t-2\pi\frac{x_0}{\lambda}+\varphi_0\right) \tag{5.6}$$

这时这个波动表达式表示距原点为 x_0 处的质点在任意时刻的位移,式(5.6)即为 x_0 处质点在作周期为 T 的简谐振动的情形。如果以 y 为纵坐标,t 为横坐标,就得到一条位移-时间余弦曲线(见图 5.7),说明该质点在作简谐振动。并且式(5.6)还给出该点落后于波源 O 的相位差是 $\omega t'=\omega\frac{x_0}{u}=2\pi\frac{x_0}{\lambda}$。$x_0$ 越大,相位落后越多,因此,沿着波的传播方向,各质点的振动相位依次落后。

(2) 如果 $t=t_0$ 给定(即在某一瞬时统观处于波线 Ox 上的所有质点),那么位移

y 将只是 x 的周期函数。

$$y=A\cos\left[\omega\left(t_0-\frac{x}{u}\right)+\varphi_0\right] \tag{5.7}$$

这时这个波动表达式给出在给定时刻 t_0，波线上各个不同质点离开各自平衡位置的位移，也就是表示出在给定时刻的波形。式(5.7)称为波形方程。这犹如拍张照片，把波峰和波谷或稠密和稀疏的分布情况记录下来。如果以 y 为纵坐标，x 为横坐标，将得到周期为 λ 的余弦曲线，如图 5.8 所示。应该注意的是，对横波，t_0 时刻的 y-x 曲线实际上就是该时刻统观波线上所有质点的分布图形，而对于纵波，波形曲线并不反映真实的质点分布情况，而只是该时刻所有质点的位移分布。

由上面的讨论，读者自己可以导出同一波线上两质点之间的相位差为

$$\Delta\varphi=-\frac{2\pi}{\lambda}(x_2-x_1) \tag{5.8}$$

这正好表明波线上每隔一个波长的距离，质点相位相差 2π，波长的确代表了波的空间周期性。

读者还可自己导出同一质点在相邻两个时刻的振动相位差为

$$\Delta\varphi=\omega(t_2-t_1)=\frac{t_2-t_1}{T}2\pi \tag{5.9}$$

这说明波动周期反映了波动在时间上的周期性。

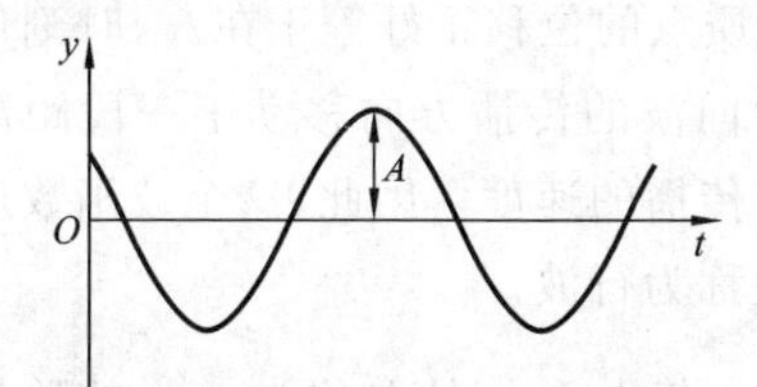

图 5.7 振动质点的位移-时间曲线

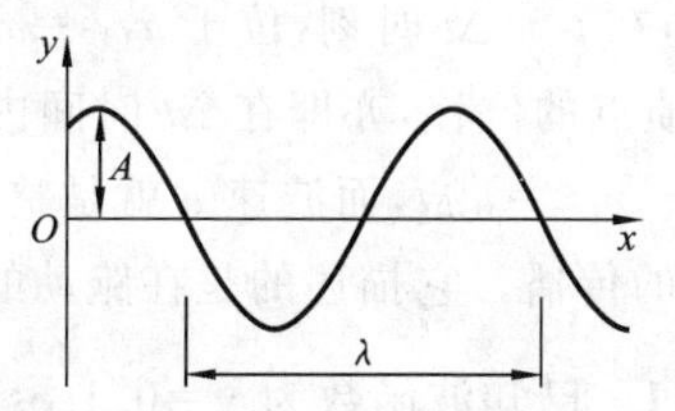

图 5.8 在给定时刻各质点的位移与平衡位置的关系

(3) 如果 x 和 t 都在变化，那么这个波动表达式将表示波线上各个不同质点在不同时刻的位移，或更形象地说，这个波动表达式反映了波形的传播。现说明如下：如以 y 为纵坐标，x 为横坐标，则在某一时刻 t_1 得到一条余弦曲线，而在另一时刻 $t_1+\Delta t$ 得到另一条余弦曲线，分别如图 5.9 中的实线和虚线所示。

当 $t=t_1$ 时，按照波动表达式，组成波形的各个质点的位移应为

$$y=A\cos\left[\omega\left(t_1-\frac{x}{u}\right)+\varphi_0\right] \tag{5.10}$$

式中：t_1 为给定值；x 为变值。

当 $t=t_1+\Delta t$ 时，按照波动表达式，组成波形的各个质点的位移是

$$y=A\cos\left[\omega\left(t_1+\Delta t-\frac{x}{u}\right)+\varphi_0\right] \tag{5.11}$$

一般来说，如式(5.10)和式(5.11)所表明的是在不同时刻 t_1 和 $t_1+\Delta t$，x 处质点

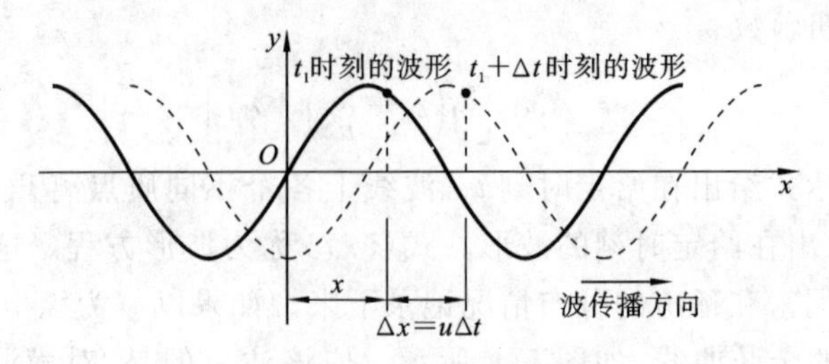

图 5.9 波的传播

的位移是不相同的。可是，当在这两个时刻，分别考察两个不同的位置时，为清楚起见，将式(5.10)中的 x 用 $x_{(1)}$ 表示，式(5.11)中的 x 用 $x_{(2)}$ 表示：

$$y_{(t_1)}=A\cos\left[\omega\left(t_1-\frac{x_{(1)}}{u}\right)+\varphi_0\right] \tag{5.12}$$

$$y_{(t_1+\Delta t)}=A\cos\left[\omega\left(t_1+\Delta t-\frac{x_{(2)}}{u}\right)+\varphi_0\right] \tag{5.13}$$

那么，不难发现，如果在式(5.13)中取 $x_{(2)}=x_{(1)}+u\Delta t$，将有

$$y_{(t_1+\Delta t)}=A\cos\left[\omega\left(t_1+\Delta t-\frac{x_{(1)}+u\Delta t}{u}\right)+\varphi_0\right]=A\cos\left[\omega\left(t_1-\frac{x_{(1)}}{u}\right)+\varphi_0\right] \tag{5.14}$$

这就是说，在 $t_1+\Delta t$ 时刻，位于 $x_{(2)}=x_{(1)}+u\Delta t$ 处质点的位移正好等于在 $t_{(1)}$ 时刻位于 $x_{(1)}$ 处质点的位移，亦即在 Δt 时间内，整个波形向波的传播方向移动了一段距离 $\Delta x=x_{(2)}-x_{(1)}=u\Delta t$，而波速 u 就是整个波形向前传播的速度。因此，这个波函数反映了波形的传播。它描述的是在跑动的波，这种波称为行波。

例 5.1 已知波函数为 $y=0.1\cos\frac{\pi}{10}(25t-x)$，其中 x、y 的单位为 m，t 的单位为 s，求：

(1) 振幅、波长、周期、波速；

(2) 距原点为 8 m 和 10 m 两点处质点振动的相位差；

(3) 波线上某质点在时间间隔 0.2 s 内的相位差。

解 (1) 用比较法，将波函数改写成如下形式：

$$y=0.1\cos\frac{25}{10}\pi\left(t-\frac{x}{25}\right)$$

并与波函数的标准形式 $y=A\cos\left[\omega\left(t-\frac{x}{u}\right)+\varphi_0\right]$比较，即可得

$$A=0.1\ \text{m},\quad \omega=\frac{25}{10}\pi\ \text{s}^{-1},\quad u=25\ \text{m/s},\quad \varphi_0=0$$

所以 $T=\frac{2\pi}{\omega}=0.8\ \text{s}$，$\lambda=uT=20\ \text{m}$。

(2) 同一时刻波线上坐标为 x_1 和 x_2 两点处质点振动的相位差

$$\Delta\varphi=-\frac{2\pi}{\lambda}(x_2-x_1)=-\frac{2\pi}{\lambda}\delta$$

$\delta=x_2-x_1$ 是传播到 x_1 和 x_2 处的波程之差，上式就是同一时刻波线上任意两点间相位差和波程差的关系。$\delta=x_2-x_1=(10-8)\ \text{m}=2\ \text{m}$ 时，

$$\Delta\varphi=-\frac{2\pi}{\lambda}\delta=-\frac{\pi}{5}$$

负号表示 x_2 处的振动相位落后于 x_1 处的振动相位。

(3) 对于波线上任意一个给定点，在时间间隔 Δt 内的相位差

$$\Delta\varphi=\omega(t_2-t_1)=\omega\Delta t$$

而 $\Delta t=0.2\ \text{s}$，则

$$\Delta\varphi=\frac{\pi}{2}$$

例 5.2 一平面简谐波以速度 $u=20\ \text{m/s}$ 沿直线传播，波线上点 A 的简谐运动方程 $y_A=3\cos 4\pi t$。

(1) 若以 A 点为坐标原点，写出波函数，并求出 C、D 两点的振动方程。

(2) 若以 B 点为坐标原点，写出波函数，并求出 C、D 两点的振动方程。

解 已知 $u=20\ \text{m/s}$，$\omega=4\pi\ \text{s}^{-1}$，则

$$T=\frac{2\pi}{\omega}=0.5\ \text{s},\quad \lambda=uT=10\ \text{m}$$

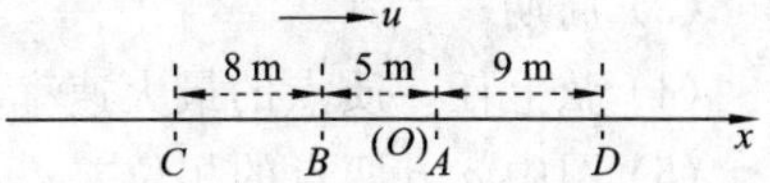

图 5.10

(1) 以 A 点为坐标原点，如图 5.10 所示。

原点的振动方程为 $y_O=y_A=3\cos 4\pi t$，所以波函数为

$$y=3\cos 4\pi\left(t-\frac{x}{20}\right)=3\cos\left(4\pi t-\frac{\pi}{5}x\right)$$

式中：x 是波线上任意一点的坐标（以 A 为坐标原点）。

对 C 点，$x_C=-13\ \text{m}$，对 D 点，$x_D=9\ \text{m}$，故可直接写出 C、D 两点的振动方程分别为

$$y_C=3\cos\left(4\pi t-\frac{\pi}{5}x_C\right)=3\cos\left(4\pi t+\frac{13\pi}{5}\right)$$

$$y_D=3\cos\left(4\pi t-\frac{\pi}{5}x_D\right)=3\cos\left(4\pi t-\frac{9\pi}{5}\right)$$

(2) 若以 B 点为坐标原点，则原点的振动方程为 $y_O=y_B$。由于波从左向右传播，因此 B 点的振动始终比 A 点的超前一段时间 $\Delta t=5/20\ \text{s}=1/4\ \text{s}$，故 B 点在 t 时刻的振动状态与 A 点在 $t+\Delta t$ 时刻的振动状态相同，即

$$y_O=y_B(t)=y_A(t+\Delta t)=3\cos 4\pi\left(t+\frac{1}{4}\right)=3\cos(4\pi t+\pi)$$

此时波函数为

$$y=3\cos\left[4\pi\left(t-\frac{x}{20}\right)+\pi\right]=3\cos\left(4\pi t-\frac{\pi x}{5}+\pi\right)$$

式中:x 是波线上任意一点的坐标(以 B 为坐标原点)。

所以对 C 点,$x_C=-8$ m,对 D 点,$x_D=14$ m,代入波函数可写出 C 点和 D 点的振动方程分别为

$$y_C=3\cos\left(4\pi t+\frac{8\pi}{5}+\pi\right)=3\cos\left(4\pi t+\frac{13\pi}{5}\right)$$

$$y_D=3\cos\left(4\pi t-\frac{\pi}{5}\times 14+\pi\right)=3\cos\left(4\pi t-\frac{9\pi}{5}\right)$$

从本例的讨论可以看出,对一列给定的平面波,坐标原点选取不同,波函数的形式就不同,但每个质点的振动方程却是相同的,即每个质点的振动规律是确定的,与坐标原点的选取无关。

例 5.3　一横波沿一弦线传播。设已知 $t=0$ 时的波形曲线如图 5.11 中的虚线所示。波速 $u=12$ m/s,求:

(1) 振幅;

(2) 波长;

(3) 周期;

(4) 弦上任一质点的最大速率;

(5) 图中 a、b 两点的相位差;

(6) $\frac{3}{4}T$ 时的波形曲线。

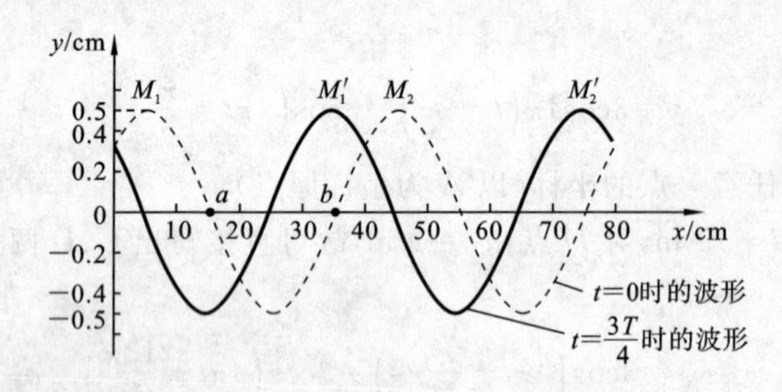

图 5.11　弦线上的横波波形

解　由波形曲线图可看出:

(1) 振幅为

$$A=0.5\ \text{cm}$$

(2) 波长为

$$\lambda=40\ \text{cm}$$

(3) 波的周期为

$$T=\frac{\lambda}{u}=\frac{1}{30}\ \mathrm{s}$$

(4)质点的最大速率为

$$v_{\mathrm{m}}=A\omega=A\ \frac{2\pi}{T}=0.94\ \mathrm{m/s}$$

(5) a、b 两点相隔半个波长，b 点处质点的相位落后 π。

(6) $\frac{3}{4}T$ 时的波形如图 5.11 中实线所示，波峰 M_1 和 M_2 已分别右移$\frac{3}{4}\lambda$ 而到达 M'_1 和 M'_2 处。

5.3 波的能量及强度

当弹性波传播到介质中的某处时，该处原来不动的质点开始振动，因而具有动能，同时该处的介质也将产生形变，因而具有势能，波动传播时，介质由近及远地振动着。由此可见，能量是向外传播出去的，这是波动的重要特征。

5.3.1 波的能量

在介质中任取体积为 ΔV、质量为 Δm（$\Delta m=\rho\Delta V$，ρ 为介质的体密度）的体积元。当波动传播到这个体积元时，该体积元将具有动能 ΔE_{k} 和弹性势能 ΔE_{p}。如果介质中平面简谐波的表达式为

$$y_{(x,t)}=A\cos\left[\omega\left(t-\frac{x}{u}\right)+\varphi_0\right]$$

则可以证明

$$\Delta E_{\mathrm{k}}=\Delta E_{\mathrm{p}}=\frac{1}{2}\rho A^2\omega^2(\Delta V)\sin^2\left[\omega\left(t-\frac{x}{u}\right)+\varphi_0\right] \tag{5.15}$$

而体积元的总机械能 ΔE 为

$$\Delta E=\Delta E_{\mathrm{k}}+\Delta E_{\mathrm{p}}=\rho A^2\omega^2(\Delta V)\sin^2\left[\omega\left(t-\frac{x}{u}\right)+\varphi_0\right] \tag{5.16}$$

在行波传播过程中体积元的动能和势能的时间关系式是相同的，两者不仅同相，而且大小总是相等的。动能达到最大值时，势能也达到最大值；动能为零时，势能也为零。这一点与单个谐振子的情形完全不同。对于单个谐振子，动能最大时势能最小，势能最大时动能最小。为什么会有这个不同呢？因为在波动中与势能相联系的是质点间的相对位移（体积元的形变 $\Delta y/\Delta x$）。借助于波形图（见图 5.12）不难看出：在 B 点，速度为零，动能

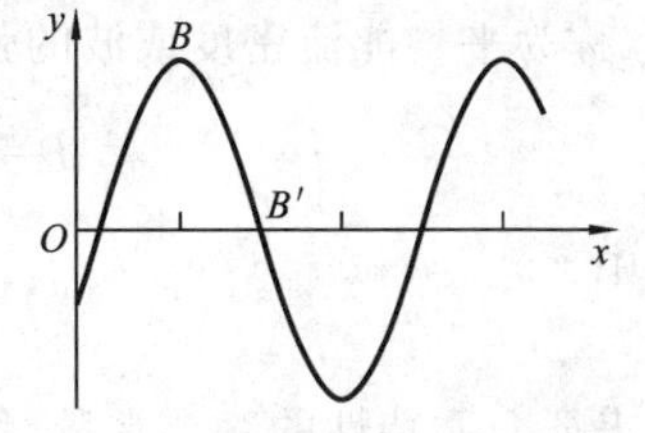

图 5.12 波传播时的体积元的变形

为零,同时 $\Delta y/\Delta x$ 也为零,所以弹性势能也为零。

在 B' 处,速度最大,动能最大,同时波形曲线较陡,$\Delta y/\Delta x$ 有最大值,所以弹性势能也最大。体积元的总机械能是随时间 t 变化而变化的,它在零和最大值之间周期性地变化着。对于某一体积元来说,总能量作周期性变化。这说明任一体积元都在不断地接收和放出能量。总之,从总能量的角度来看,波动和振动也是有区别的。波动任一体积元的总能量是时间的函数。这表明波动传播能量,振动系统并不传播能量。

介质中单位体积的波动能量称为波的能量密度 w,即

$$w=\frac{\Delta E}{\Delta V}=\rho A^2\omega^2\sin^2\left[\omega\left(t-\frac{x}{u}\right)+\varphi_0\right] \tag{5.17}$$

波的能量密度是随时间变化而变化的,通常取其在一个周期内的平均值。因为正弦函数的平方在一个周期内的平均值为 1/2,所以能量密度在一个周期内的平均值为

$$\overline{w}=\frac{1}{2}\rho A^2\omega^2 \tag{5.18}$$

这一公式虽然是从平面简谐波的特殊情况导出的,但是机械波的能量与振幅的平方、频率的平方都成正比的结论却是对于所有弹性波都是适用的。

5.3.2 波的强度

根据以上所讲,能量是随着波动的进行在介质中传播的,所以引入能流的概念。

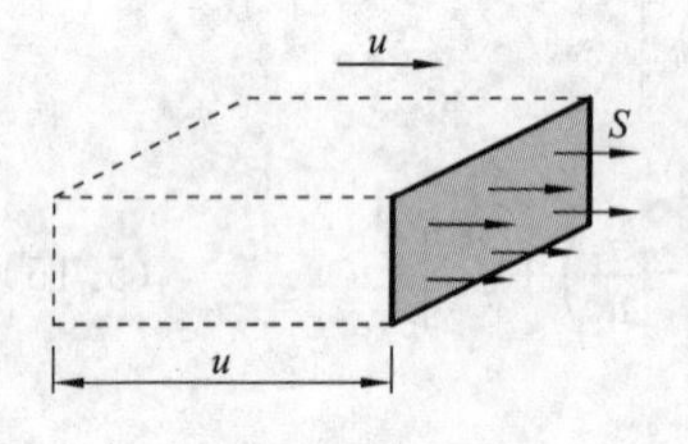

图 5.13 体积 uS 内能量在单位时间内通过 S 面

单位时间内通过介质中某面积的能量称为通过该面积的能流。设在介质中垂直于波速 u 取面积 S,则在单位时间内通过 S 面的能量等于体积中的能量(见图 5.13)。该能量是周期性变化的,通常取其一个周期的时间平均值,即得平均能流值为

$$\overline{P}=\overline{w}uS \tag{5.19}$$

式中:$\overline{w}$ 是平均能量密度。

通过与波动传播方向垂直的单位面积的平均能流,称为平均能流密度或波的强度,用 I 来表示,即

$$I=\overline{w}u=\frac{1}{2}\rho u w^2A^2=\frac{1}{2}Zw^2A^2 \tag{5.20}$$

式中:

$$Z=\rho u \tag{5.21}$$

是表征介质特性的一个常量,称为介质的特性阻抗。

式(5.20)表明,弹性介质中简谐波的强度正比于振幅的二次方,正比于角频率(或频率)的二次方,还正比于介质的特性阻抗。在国际单位制中,波的强度单位为

W/m²。

在导出平面余弦行波的波动表达式

$$y=A\cos w\left(t-\frac{x}{u}\right)$$

时,曾假定在波动传播中各质点的振幅 A 不变。现在从能量观点来研究振幅不变的意义。设有一平面行波以波速 u 在均匀介质中传播着,在垂直于传播方向上取两个平面,面积都等于 S,并且通过第一平面波的能量也将通过第二平面(见图 5.14)。又设 A_1 和 A_2 分别表示平面波在这两平面处的振幅,通过这两个平面的平均能流分别为

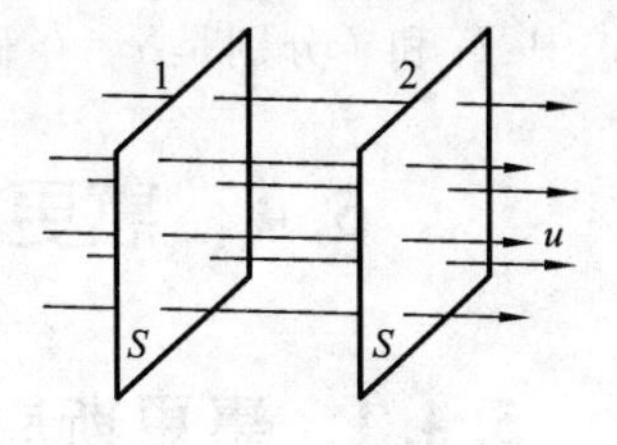

图 5.14 平面波的能流

$$\overline{P}_1=\overline{w}_1uS=\frac{1}{2}\rho A_1^2\omega^2uS$$

$$\overline{P}_2=\overline{w}_2uS=\frac{1}{2}\rho A_2^2\omega^2uS$$

从以上两式可以看出,如果 $\overline{P}_1=\overline{P}_2$,那么 $A_1=A_2$,即通过这两个平面的平面波的平均能流相等时,振幅才会不变。显然,要实现这一情况的条件是,波动在介质中传播时,介质不吸收波的能量。这就是平面简谐波在无吸收的介质中传播时振幅保持不变的意义。

对于球面波在均匀介质中传播的情况,可在距离波源为 r_1 和 r_2 处取两个球面,面积分别为 $S_1=4\pi r_1^2$ 和 $S_2=4\pi r_2^2$。在介质不吸收波的能量的条件下,通过这个球面的总的能流应相等,即

$$\frac{1}{2}\rho A_1^2\omega^2u\cdot4\pi r_1^2=\frac{1}{2}\rho A_2^2\omega^2u\cdot4\pi r_2^2$$

式中:A_1 和 A_2 分别为两个球面处的振幅。

由上式得

$$\frac{A_1}{A_2}=\frac{r_2}{r_1}$$

即振幅和离开波源的距离成反比。因此相应的球面简谐波表达式为

$$\xi=\frac{A_0r_0}{r}\cos\left[\omega\left(t-\frac{r}{u}\right)-\varphi_0\right] \tag{5.22}$$

式中:A_0 为波在离波源 r_0 处振幅的数值。

5.3.3 波的吸收

波在实际介质中传播时,由于波动能量总有一部分会被介质吸收,因此波的机械能会不断地减少,波强亦逐渐减弱,这种现象称为波的吸收。

设波通过厚度为 $\mathrm{d}x$ 的介质薄层后,其振幅衰减量为 $-\mathrm{d}A$,实验指出

$$-\mathrm{d}A=\alpha A\mathrm{d}x$$

经积分得

$$A=A_0\mathrm{e}^{-2\alpha x} \tag{5.23}$$

式中:A_0 和 A 分别是 $x=0$ 和 $x=x$ 处的波振幅;α 是常量,称为介质的吸收系数。

由于波强与波的振幅平方成正比,因此波强的衰减规律为

$$I=I_0\mathrm{e}^{-2\alpha x} \tag{5.24}$$

式中:I_0 和 I 分别是 $x=0$ 和 $x=x$ 处波的强度。

5.4 惠更斯原理及波的叠加原理和干涉

5.4.1 惠更斯原理

当波在弹性介质中传播时,由于介质质点间的弹性力作用,介质中任何一点的振动都会引起邻近各质点的振动,因此,波到达的任一点都可以看作是新的波源,例如,水面波的传播,如图 5.15 所示,当一块开有小孔的隔板挡在波的前面时,不论原来的波面是什么形状,只要小孔的线度远小于波长,都可以看到穿过小孔的波是圆形波,就好像是以小孔为点波源发出的一样,这说明小孔可以看作新的波源,其发出的波称为子波。

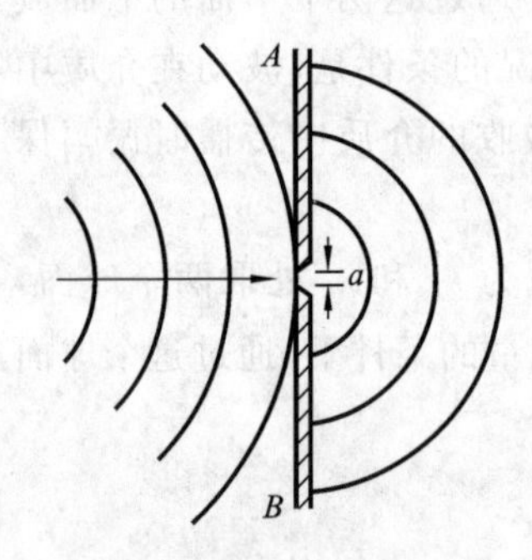

图 5.15 障碍物的小孔成为新的波源

荷兰物理学家惠更斯观察和研究了大量类似现象,于 1690 年提出了一条描述波传播特性的重要原理:介质中波阵面(波前)上各点,都可以看作是发射子波的波源,其后任一时刻这些子波的包迹就是新的波阵面。这就是惠更斯原理。

惠更斯原理不仅适用于机械波,也适用于电磁波。而且,不论波动经过的介质是均匀的,还是非均匀的,是各向同性还是各向异性的,只要知道了某一时刻的波阵面,就可以根据这一原理,利用几何作图法来确定以后任一时刻的波阵面,进而确定波的传播方向。此外,根据惠更斯原理,还可以很简单地说明波在传播中发生的反射和折射现象。下面以平面波和球面波为例说明惠更斯原理的应用。

如图 5.16 所示,设 S_1 为某一时刻 t 的波阵面,根据惠更斯原理,S_1 上的每一点发出的球面子波,经 Δt 时间后形成半径为 $u\Delta t$ 的球面,在波的前进方向上,这些子波的包迹 S_2 就成为 $t+\Delta t$ 时刻的新阵面。

读者可以根据惠更斯原理,简捷地用作图方法说明波在传播中发生的衍射、散射、反射和折射现象。

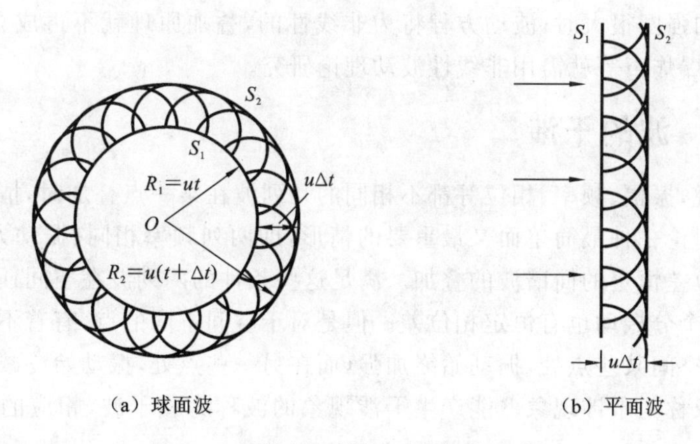

图 5.16 利用惠更斯原理求新的波阵面

应该指出,惠更斯原理并没有说明各个子波在传播中对某一点振动相位和振幅究竟有多少贡献,不能给出沿不同方向传播的波的强度分布,后来菲涅耳对惠更斯原理作了补充,这将在光学部分介绍。

5.4.2 波的叠加原理

几个波源产生的波同时在一介质中传播。如果这几列波在空间某点处相遇,那么每一列波都将独立地保持自己原有的特性(频率、波长、振动方向等)传播,就像在各自的路程中,并没有遇到其他波一样,这称为波传播的独立性。在管弦乐队合奏或几个人同时讲话时,人们能够辨别出各种乐器或各个人的声音,这就是波的独立性的例子。通常天空中同时有许多无线电波在传播,人们能随意接收到某一电台的广播,这是电磁波传播的独立性的例子。在相遇的区域内,任一点处质点的振动为各列波单独在该点引起的振动的合振动,即在任一时刻,该点处质点的振动位移是各个波在该点所引起的位移的矢量和。这一规律称为波的叠加原理,如图 5.17 所示。

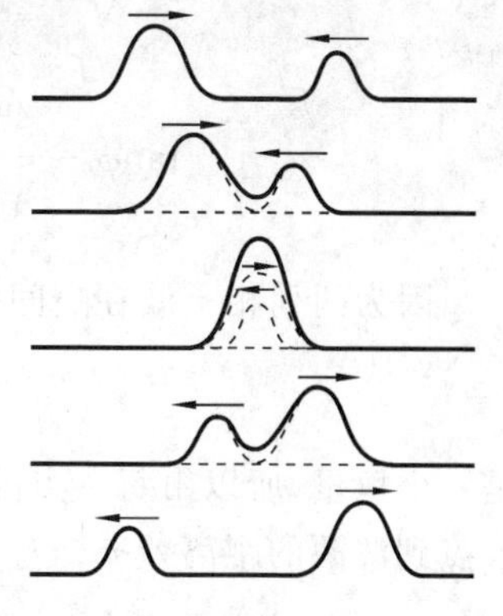

图 5.17 波的叠加原理

波的叠加与振动的叠加是不完全相同的。

振动的叠加仅发生在单一质点上,而波的叠加则发生在两波相遇范围内的许多质元上,这就构成了波的叠加所特有的现象,如下面将要介绍的波的干涉现象。此外,正如任何复杂的振动都可以分解为不同频率的许多简谐振动的叠加一样,任何复杂的波也都可以分解为频率或波长不同的许多平面简谐波的叠加。

应该指出的是,波的叠加原理仅在波的强度不太大(即波动方程为线性的)时才成立。当波的强度很大时,波动方程将为非线性的,叠加原理就不再成立。例如,强激光、强烈的爆炸声等就需用非线性波动理论研究。

5.4.3 波的干涉

一般来说,振幅、频率、相位等都不相同的几列波在某一点叠加时,情形是很复杂的。下面只讨论一种最简单而又最重要的情形,即两列频率相同、振动方向相同、相位相同或相位差恒定的简谐波的叠加。满足这些条件的两列波在空间任何一点相遇时,该点的两个分振动也有恒定相位差。但是对于空间不同的点,有着不同的恒定相位差,因而在空间某些点处,振动始终加强,而在另一些点处,振动始终减弱或完全抵消。这种现象称为干涉现象。能产生干涉现象的波称为相干波,相应的波源称为相干波源。

设有两列相干波在空间某点 P 相遇,两列波在该点引起的振动分别为

$$y_1=A_1\cos\left(\omega t+\varphi_{10}-\frac{2\pi r_1}{\lambda}\right)$$

$$y_2=A_2\cos\left(\omega t+\varphi_{20}-\frac{2\pi r_2}{\lambda}\right)$$

式中:A_1 和 A_2 为两列波在 P 点引起振动的振幅;φ_{10} 和 φ_{20} 为两个波源的初相位,并且 $\varphi_{20}-\varphi_{10}$ 是恒定的;r_1 和 r_2 为 P 点离开两个波源的距离。

根据叠加原理,P 点的合振动为

$$y=y_1+y_2=A\cos(\omega t+\varphi_0)$$

式中:

$$A=\sqrt{A_1^2+A_2^2+2A_1A_2\cos\left(\varphi_{20}-\varphi_{10}-2\pi\frac{r_2-r_1}{\lambda}\right)}$$

$$\tan\varphi_0=\frac{A_1\sin\left(\varphi_{10}-\frac{2\pi r_1}{\lambda}\right)+A_2\sin\left(\varphi_{20}-\frac{2\pi r_2}{\lambda}\right)}{A_1\cos\left(\varphi_{10}-\frac{2\pi r_1}{\lambda}\right)+A_2\cos\left(\varphi_{20}-\frac{2\pi r_2}{\lambda}\right)}$$

因为两列相干波在空间任一点所引起的两个振动的相位差

$$\Delta\varphi=\varphi_{20}-\varphi_{10}-2\pi\frac{r_2-r_1}{\lambda} \tag{5.25}$$

是一个恒量,所以由每一点的合振幅 A 的表达式可知,随着空间各点位置的改变,即各点到波源的距离差 r_2-r_1 不同,空间各点的合振幅也不同。满足

$$\Delta\varphi=\varphi_{20}-\varphi_{10}-2\pi\frac{r_2-r_1}{\lambda}=2k\pi,\quad k=0,\pm1,\pm2,\cdots \tag{5.26}$$

的空间各点,合振幅为最大,这时 $A=A_1+A_2$。满足

$$\Delta\varphi=\varphi_{20}-\varphi_{10}-2\pi\frac{r_2-r_1}{\lambda}=(2k+1)\pi,\quad k=0,\pm1,\pm2,\cdots \tag{5.27}$$

的空间各点,合振幅为最小,这时 $A=|A_1+A_2|$。

如果 $\varphi_{10}=\varphi_{20}$，即对于同相相干波源，则上述条件可简化为

$$\left.\begin{aligned}\delta=r_1-r_2=k\lambda,\quad k=0,\pm1,\pm2,\cdots\quad(\text{合振幅最大})\\ \delta=r_1-r_2=\left(k+\frac{1}{2}\right)\lambda,\quad k=0,\pm1,\pm2,\cdots\quad(\text{合振幅最小})\end{aligned}\right\}\tag{5.28}$$

$\delta=r_1-r_2=k\lambda$ 表示从波源 S_1 和 S_2 发出的两个相干波到达 P 点时所经路程之差，称为波程差。所以上列两式说明，两列相干波源为同相位时，在两列波的叠加区域内，在波程差等于零或等于波长的整数倍的各点，振幅最大，在波程差等于半波长的奇数倍的各点，振幅最小。

由于波的强度正比于振幅的平方，因此两列波叠加后的强度

$$I\propto A^2=A_1^2+A_2^2+2A_1A_2\cos\Delta\varphi$$

即
$$I=I_1+I_2+2\sqrt{I_1I_2}\cos\Delta\varphi\tag{5.29}$$

由此可知，叠加后波的强度随着两列相干波在空间各点所引起的振动相位差的不同而不同，就是说，空间各点的强度重新分布了，有些地方加强（$I>I_1+I_2$），有些地方减弱（$I<I_1+I_2$）。叠加后波的强度

$$I=2I_1[1+\cos(\Delta\varphi)]=4I_1\cos^2\frac{\Delta\varphi}{2}\tag{5.30}$$

当 $\Delta\varphi=2k\pi(k=0,\pm1,\pm2,\cdots)$ 时，在这些位置，波的强度最大，等于单列波强度的 4 倍（$I=4I_1$）。当 $\Delta\varphi=(2k+1)\pi(k=0,\pm1,\pm2,\cdots)$ 时，波的强度最小（$I=0$）。叠加后波的强度 I 随相位差 $\Delta\varphi$ 变化的情况如图 5.18 所示。

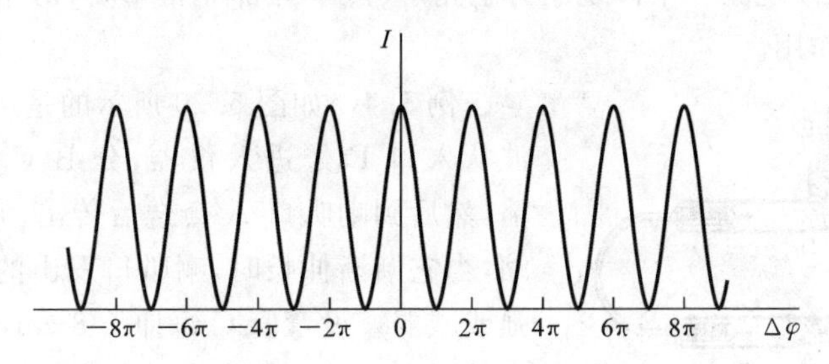

图 5.18　干涉现象的强度分布

相干波可用下述方法产生：设有波源 S 发出球面波（见图 5.19(a)），在 S 附近放一障碍物 AB，在 AB 上有两个小孔 S_1 和 S_2，S_1 和 S_2 的位置对 S 来说是对称的。根据惠更斯原理，发出一系列的球形波阵面，在图中用实线圆弧表示波峰，虚线圆弧表示波谷。两相邻波峰和波谷之间的距离是一个波长。如果屏幕 $A'B'$ 上某点与 S_1 和 S_2 的距离之差等于波长的整数倍，则两列波的波峰或波谷分别重合。在这些位置上，两列波同相位，因而振幅最大。如果屏幕上的某点与 S_1 和 S_2 的距离之差等于半个波长的奇数倍，则两列波波峰与波谷相重合，两列波的相位相反，因而合振幅最小。在合振幅最大处，波动最强，而在合振幅最小（或几近于零）处，波动强度差不多为零。

S_1 和 S_2 就是两个相干波源。在图 5.19(a)中,振幅最大的各点用粗实线连接起来,振幅最小的各点用虚线连接起来。如果在水槽内用两个同相位的点波源来产生圆形波,用水做介质,就可看到水波的干涉现象,如图 5.19(b)所示。

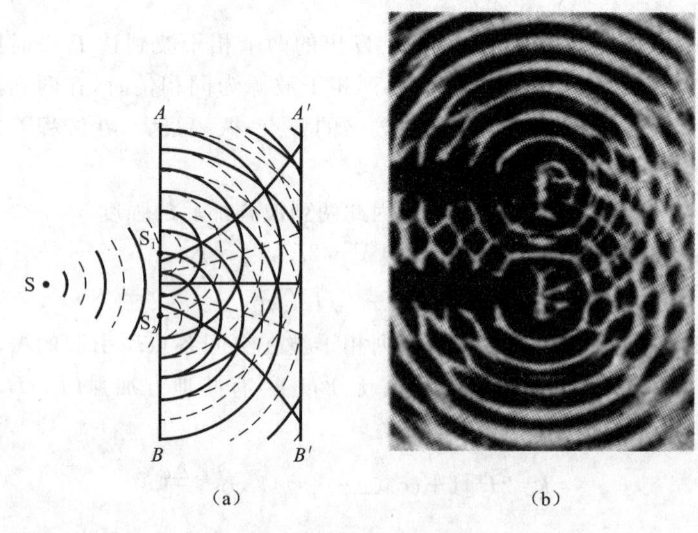

图 5.19　波的干涉现象

应该指出,干涉现象是波动形式所独具的重要特征之一。因为只有产生波动的合成,才出现干涉现象。干涉现象对于光学、声学等都非常重要,对于近代物理学的发展也有重大作用。

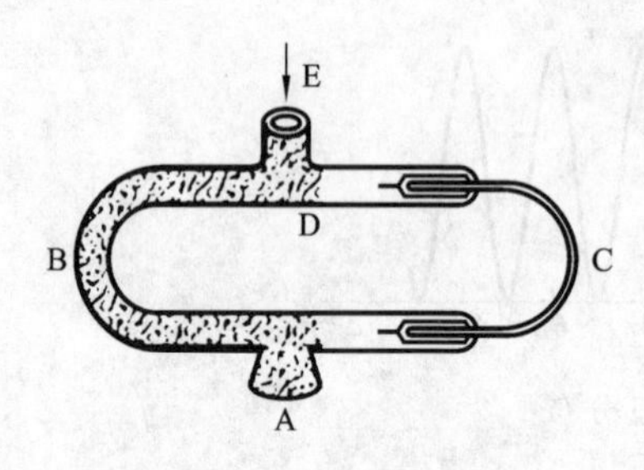

图 5.20　声波干涉仪

例 5.4　如图 5.20 所示的是声波干涉仪。声波从入口 E 处进入仪器,分 B、C 两路在管中传播,然后到喇叭口 A 会合后传出。弯管 C 可以伸缩,当它渐渐伸长时,喇叭口发出的声音周期性增强或减弱。设弯管 C 每伸长 8 cm,由 A 发出的声音就减弱一次,求此声波的频率(空气中声速为 340 m/s)。

解　声波从入口 E 进入仪器后分 B、C 两路传播,在喇叭口 A 处产生相干叠加,干涉减弱的条件是

$$\delta = d_{DCA} - d_{DBA} = (2k+1)\frac{\lambda}{2} \quad (k=0,1,2,\cdots)$$

当弯管 C 伸长 $x=8$ cm 时,再一次出现干涉减弱,即此时两路波的波程差应满足条件

$$\delta' = \delta + 2x = [2(k+1)+1]\frac{\lambda}{2}$$

故
$$\delta'-\delta=2x=\lambda$$
于是可求出声波的频率为
$$\nu=\frac{u}{\lambda}=\frac{u}{2x}=\frac{340}{2\times0.08}\ \mathrm{Hz}=2125\ \mathrm{Hz}$$

5.5 驻 波

5.5.1 驻波方程和驻波分布的特点

现在来讨论两列振幅相同的相干波，在同一直线上，沿相反方向传播时所产生的叠加情形。为了产生横驻波可用图 5.21 所示的装置。左边放一电振音叉，音叉末端系一水平的细绳 AB，B 点处有一尖劈，可左右移动以调节 A、B 间的距离。细绳经过滑轮 P 后，末端悬一质量为 m 的重物，使绳上产生张力。音叉振动时，绳上产生波动，向右传播，达到 B 点时，产生反射波向左传播。这样入射波和反射波在绳子上沿相反方向传播，它们将相互叠加。移动尖劈至适当位置，结果形成图 5.21 所示的波动状态。

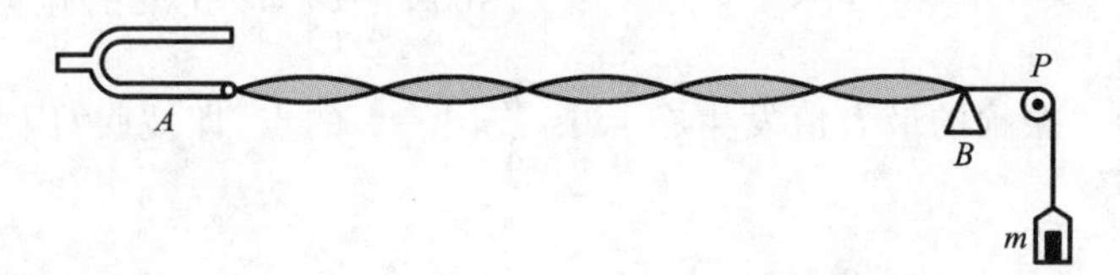

图 5.21 驻波实验

从图 5.21 可以看出，由上述两列波叠加而成的波从 B 点开始被分成好几段，每段两端的点固定不动，而每段中各质点则作振幅不同、相位相同的独立振动。中间的点，振幅最大，越靠近两端的点，振幅越小。而且还发现，相邻两端的振动方向是相反的。此时绳上各点，只有段与段之间的相位突变，而没有振动状态或相位的逐点传播，亦即没有"跑动"的波形，也没有能量向外传播，称这种波为驻波。驻波中始终静止不动的那些点称为波节，振幅最大的各点称为波腹。

现在用图 5.22 说明驻波的形成。在图 5.22 中，用长虚线表示向右传播的波，而用短虚线表示向左传播的波。取两列波的振动相位始终相同的点作为坐标原点，且在 $x=0$ 处振动质点向上达最大位移时开始计时。图 5.22 中画出了这两列波在 $t=0,\frac{T}{8},\frac{T}{4},\frac{3T}{8},\frac{T}{2}$各时刻的波形，实线表示合成波。由图可见，不论在什么时刻，合成波在波节的位置(图中以"·"表示)总是不动的，在两波节之间同一分段上的所有点，振动的相位都相同，各分段的中点是具有最大振幅的点(图中用"+"表示)就是波腹。相邻两段上各点的振动则相位相反，这与实验事实是一致的。

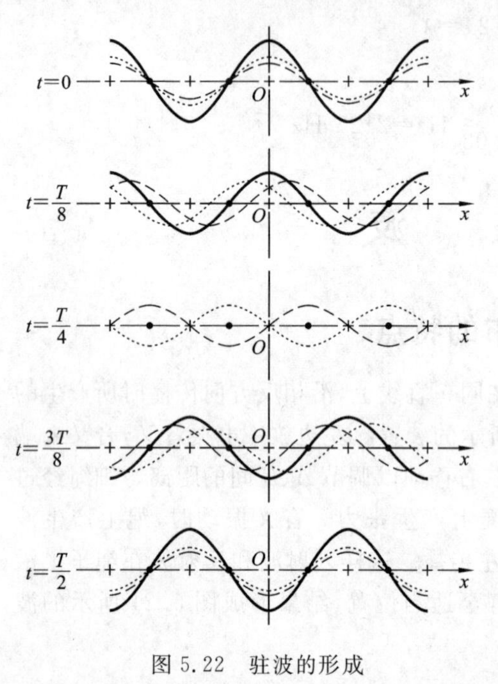

图 5.22 驻波的形成

现在用简谐波的表达式对驻波进行定量描述。为此,把沿 x 轴的正方向传播的波写为

$$y_1=A\cos 2\pi\left(\frac{t}{T}-\frac{x}{\lambda}\right)$$

把沿 x 轴的负方向传播的波写为

$$y_2=A\cos 2\pi\left(\frac{t}{T}+\frac{x}{\lambda}\right)$$

其合成波为

$$\begin{aligned}y&=y_1+y_2\\&=A\left[\cos 2\pi\left(\frac{t}{T}-\frac{x}{\lambda}\right)+\cos 2\pi\left(\frac{t}{T}+\frac{x}{\lambda}\right)\right]\\&=\left(2A\cos\frac{2\pi}{\lambda}x\right)\cos\left(\frac{2\pi}{T}t\right)\end{aligned}$$

由上式可看出,合成以后各点都在作同周期的简谐振动,但各点的振幅为 $\left|2A\cos\frac{2\pi}{\lambda}x\right|$,即驻波的振幅与位置有关(与时间无关)。振幅的最大值发生在 $\left|\cos\frac{2\pi}{\lambda}x\right|=1$ 的点,即波腹,因此波腹的位置可由

$$\frac{2\pi}{\lambda}x=k\pi\quad(k=0,\pm1,\pm2,\cdots)$$

来决定,即

$$x=k\frac{\lambda}{2}\quad(k=0,\pm1,\pm2,\cdots)\tag{5.31}$$

这就是波腹的位置。由此可见,相邻两个波腹间的距离为

$$x_{k+1}-x_1=\frac{\lambda}{2}$$

同样,振幅的最小值发生在 $\left|\cos\frac{2\pi}{\lambda}x\right|=0$ 的点,因此,波节的位置可由

$$\frac{2\pi}{\lambda}x=(2k+1)\frac{\pi}{2}\quad(k=0,\pm1,\pm2,\cdots)$$

来决定,即

$$x=(2k+1)\frac{\lambda}{4}\quad(k=0,\pm1,\pm2,\cdots)\tag{5.32}$$

这就是波节的位置。可见相邻两个波节之间的距离也是 $\lambda/2$。

现在考察驻波中的各点的相位,设在某一时刻 t,$\cos\left(\frac{2\pi}{T}t\right)$ 为正。这时,在 $x=0$

处左右的两个波节之间，即 $x=-\lambda/4$ 与 $x=\lambda/4$ 两点之间，$\cos\frac{2\pi}{\lambda}x$ 取正值，表示这一分段(把两个相邻波节之间的所有各点，称为一分段)中所有各点都在平衡位置上方。在同一时刻，对于在右方第一和第二波节之间的点(即在 $x=\lambda/4$ 和 $x=\frac{3}{4}\lambda$ 之间的各点)，$\cos\frac{2\pi}{\lambda}x$ 取负值，这表示它们都在平衡位置的下方。可见，在驻波中，同一分段上的各点有相同的振动相位，而相邻两分段上的点，振动相位则相反。因此，和波形不同，在驻波进行过程中没有振动状态(相位)和波形的定向传播。

进一步考察驻波的能量，当介质中各质点的位移达到最大值时，其速度为零，即动能为零。这时除波节外，所有质点都离开平衡位置，而引起介质的最大弹性形变，所以这时驻波上的质点的全部能量都是势能。由于在波节附近的相对形变最大，因此势能最大，而在波腹附近的相对形变为零，因此势能为零。由此可见，驻波的势能集中在波节附近。

当驻波上所有质点同时到达平衡位置时，介质的形变为零，势能为零，驻波的全部能量都是动能。这时在波腹处的质点的速度最大，动能最大，而在波节处质点的速度为零，动能为零，因此驻波的动能集中在波腹附近。

由此可见，介质在振动过程中，驻波的动能和势能不断地转换。在转换过程中，能量不断地由波腹附近转移到波节附近，再由波节附近转移到波腹附近。这就是说，在驻波进行过程中没有能量的定向传播。

5.5.2 半波损失

在图 5.21 所示的实验中，反射点 B 是固定不动的，在该处形成驻波的一个波节。这一结果说明，当反射点固定不动时，反射点与入射波在 B 点是反相位的(见图 5.23(a))。如果反射波与入射波在 B 点是同相位的，那么合成的驻波在 B 点应是波腹(见图 5.23(b))。这就是说，当反射点固定不动时，反射波与入射波间有 π 的相位突变。因为相距半波长的两点相位差为 π，所以这个 π 的相位突变一般形象化地称为“半波损失”。如果反射点是自由的，则合成的驻波在反射点将形成波腹，这时，反射波与入射波之间没有相位突变。

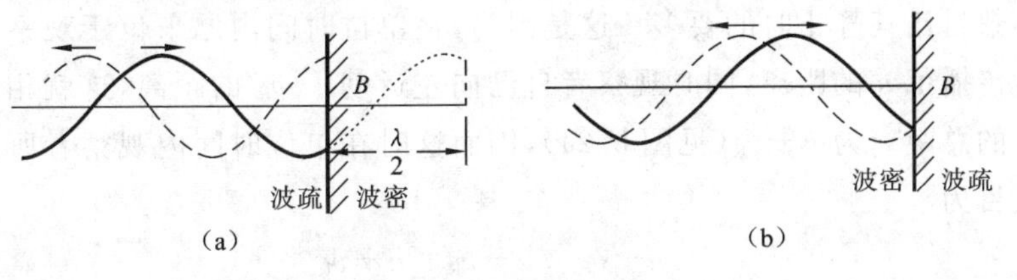

图 5.23 半波损失

注 虚线表示入射波，点线表示反射波。

进一步研究表明,当波在空间传播时,在两种介质的分界面处究竟出现波节还是波腹,取决于波的种类和两种介质的有关性质以及入射角的大小。在波垂直入射的情况中,如果是弹性波,则密度 ρ 与波速 u 的乘积 ρu 较大的介质称为波密介质,乘积 ρu 较小的介质称为波疏介质。那么,当波从波疏介质传播到波密介质,而在分界面处反射时,反射点出现波节,就是说,入射波在入射点反射时有 π 的相位突变。相位突变问题不仅在机械波反射时存在,对于光波,折射率 n 较大的介质称为光密介质,折射率 n 较小的介质称为光疏介质,那么当来自光疏介质的入射光在光密介质表面反射时,在反射点也有 π 的相位突变。以后在光学部分还要讨论这个问题。

*5.6 多普勒效应

前面所讨论的波源相对于介质都是静止的。但是在日常生活和科学观测中,经常会遇到波源或者观察者相对于介质而运动的情况,例如,火车汽笛的音调,在接近观察者时比其远离时为高。这种因波源或观察者相对于介质的运动,而使观察者收到的波的频率有变化的现象是由多普勒在1842年首先发现的,故称为多普勒效应。下面就来分析这一现象。

为简单起见,假定波源、观察者的运动发生在二者的连线上,设波源相对于介质的运动速度为 v_S,观察者相对于介质的运动速度为 v_R,以 u 表示波在介质中传播的速度。波源的频率、观察者接收到的频率和波的频率分别用 ν_S、ν_R 和 ν_W 表示。这里,波源的频率 ν_S 是指波源在单位时间内发出的完全波的数目;观察者接收到的频率 ν_R 是指观察者在单位时间内接收到的完全波的数目;波的频率 ν_W 是指单位时间内通过介质中某点的完全波的数目,它满足 $\nu_W=\frac{u}{\lambda}$ 的关系。只有当波源和观察者相对介质静止时,三者是相等的。现在分别讨论三种情况。

(1) 波源不动,观察者以速度 v_R 相对于介质运动。

首先假定观察者向波源运动。在这种情形下,观察者在单位时间内所接收到的完全波的数目比其静止时的要多。这是因为,在单位时间内原来位于观察者处的波阵面向右传播了 u 的距离,同时观察者自己向左运动了 v_R 的距离,这就相当于波通过观察者的总距离为 $u+v_R$(见图5.24),因而这时在单位时间内观察者所接收的完全波的数目为

$$\nu_R=\frac{u+v_R}{\lambda}=\frac{u+v_R}{u/\nu_W}=\frac{u+v_R}{u}\nu_W$$

由于波源在介质中静止,波的频率就等于波源的频率,$\nu_W=\nu_S$,因而有

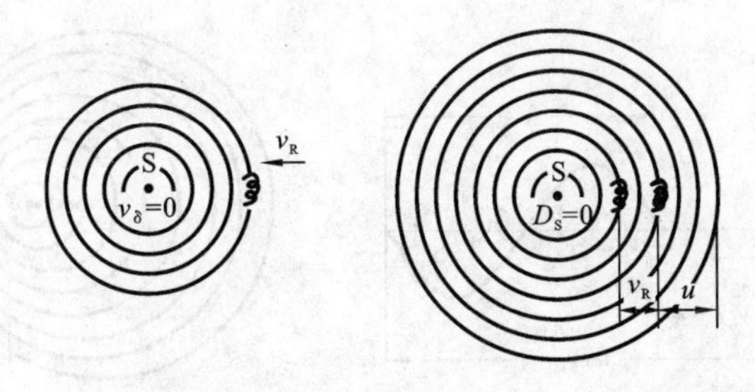

图 5.24 多普勒效应观察者运动而波源不动

$$\nu_R=\frac{u+v_R}{u}\nu_S \tag{5.33}$$

所以观察者向波源运动时所接收到的频率为波源频率的 $1+\frac{v_R}{u}$倍。

当观察者远离波源运动时，按类似的分析，可得观察者接收到的频率为

$$\nu_R=\frac{u-v_R}{u}\nu_S \tag{5.34}$$

即此时接收到的频率低于波源的频率。综合式(5.33)、式(5.34)两式，只要将 v_R 理解为代数值，并且规定，观察者接近波源时为正值，远离波源时为负值，则当波源不动，观察者以 v_R 相对波源运动时所接收到的频率可统一表示为

$$\nu_R=\frac{u+v_R}{u}\nu_S \tag{5.35}$$

(2) 观察者不动，波源以速度 v_S 相对于介质运动。

波源在运动中仍按自己的频率发射波，在一个周期 T_S 内，波在介质中传播了距离 uT_S，完成了一个完整的波形，设波源向着观察者运动。在这段时间内，波源位置由 S_1 移到 S_2，移过距离 $v_S T_S$(见图 5.25(a))。由于波源的运动，介质中的波长变小了，实际波长为

$$\lambda'=uT_S-v_S T_S=\frac{u-v_S}{\nu_S}$$

相应的波的频率为

$$\nu_W=\frac{u}{\lambda'}=\frac{u}{u-v_S}\nu_S$$

由于观察者静止，因此他接收的频率就是波的频率，即

$$\nu_R=\nu_W=\frac{u}{u-v_S}\nu_S \tag{5.36}$$

此时观察者接收到的频率大于波源的频率。

当波源远离观察者运动时，介质中的实际波长

$$\lambda'=uT_S+v_S T_S=\frac{u+v_S}{\nu_S}$$

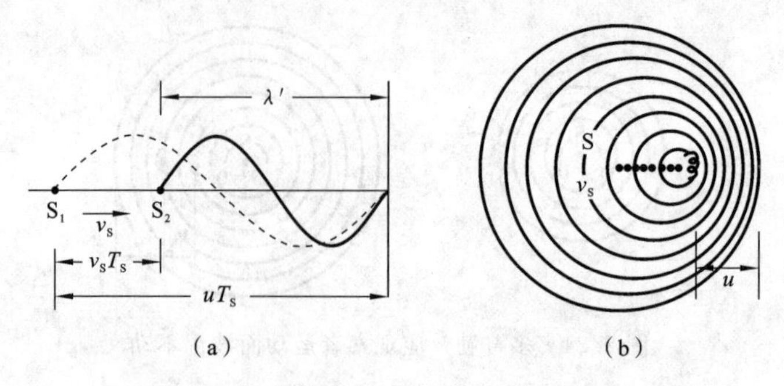

图 5.25 多普勒效应(波源运动而观察者不动)

按类似的分析,可得观察者接收到的频率为

$$\nu_R = \frac{u}{u + v_S} \nu_S \tag{5.37}$$

这时观察者接收到的频率低于波源的频率。

同样地,如果将 v_S 理解为代数值,并规定波源接近接收器时为正值,远离接收器时为负值,则式(5.36)和式(5.37)两式可统一表示为

$$\nu_R = \frac{u}{u - v_S} \nu_S \tag{5.38}$$

图 5.25(b)所示的是波源在移动时每个波动造成的波阵面,其球面不是同心的。从图上可以清楚看出,在波源运动的前方波长变短,后方波长变长。

(3) 观察者与波源同时相对介质运动。

根据以上的讨论,由于波源的运动,故介质中波的频率为

$$\nu_W = \frac{u}{u - v_S} \nu_S$$

由于观察者运动,故观察者接收到的频率与波的频率之间的关系为

$$\nu_R = \frac{u + v_R}{u} \nu_W$$

代入上式得观察者接收到的频率为

$$\nu_R = \frac{u + v_R}{u - v_S} \nu_S \tag{5.39}$$

当波源和观察者相向运动时,v_S 和 v_R 均取正值;当波源和观察者相背运动时,v_S 和 v_R 均为负值。

如果波源和观察者是沿着它们的垂直方向运动,则不难推知 $\nu_R = \nu_S$,即没有多普勒效应发生。如果波源和观察者的运动是任意方向的,那么只要将速度在连线上的分量代入上述公式即可。不过随着两者运动,在不同时刻,v_S 和 v_R 的分量也不同,这种情况下接收到的频率将随着时间变化而变化。

习 题 5

一、选择题。

(1) 一平面简谐波在弹性媒质中传播，在媒质质元从平衡位置运动到最大位移处的过程中(　　)。

(A) 它的动能转化为势能

(B) 它的势能转化为动能

(C) 它从相邻的一段质元获得能量并逐渐增大

(D) 它把自己的能量传给相邻的一段质元，其能量逐渐减小

(2) 某时刻驻波波形曲线如题图 5.1 所示，则 a、b 两点相位差是(　　)。

(A) π　　(B) $\pi/2$　　(C) $5\pi/4$　　(D) 0

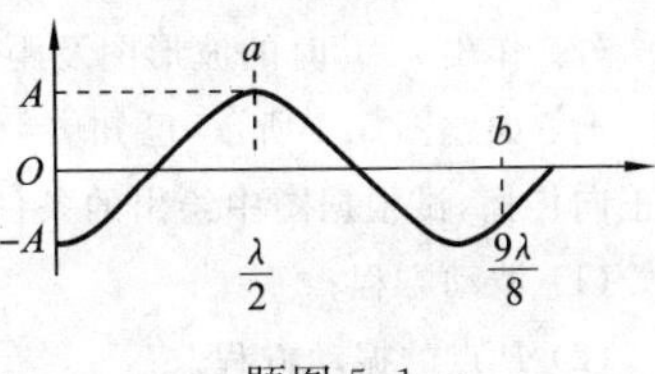

题图 5.1

(3) 设声波在媒质中的传播速度为 u，声源的频率为 v_S。若声源 S 不动，而接收器 R 相对于媒质以速度 v_B 沿着 S、R 连线向着声源 S 运动，则位于 S、R 连线中点的质点 P 的振动频率为(　　)。

(A) v_S　　(B) $\dfrac{u+v_B}{u}v_S$　　(C) $\dfrac{u}{u+v_B}v_S$　　(D) $\dfrac{u}{u-v_B}v_S$

二、填空题。

(1) 频率为 100 Hz，传播速度为 300 m/s 的平面简谐波，波线上两点振动的相位差为 $\pi/3$，则此两点相距______ m。

(2) 一横波的波动方程是 $y=0.02\sin 2\pi(100t-0.4x)$(国际单位制)，则振幅是______，波长是______，频率是______，波的传播速度是______。

(3) 设入射波的表达式为 $y_1=A\cos\left[2\pi\left(vt+\dfrac{x}{\lambda}\right)+\pi\right]$，波在 $x=0$ 处反射，反射点为一固定端，则反射波的表达式为____________，驻波的表达式为____________，入射波和反射波合成的驻波的波腹所在处的坐标为____________。

三、已知波源在原点的一列平面简谐波，波动方程为 $y=A\cos(Bt-Cx)$，其中 A、B、C 为正值恒量。求：

(1) 波的振幅、波速、频率、周期与波长；

(2) 写出传播方向上距离波源为 l 处一点的振动方程；

(3) 任一时刻，在波的传播方向上相距为 d 的两点的位相差。

四、沿绳子传播的平面简谐波的波动方程 $y=0.05\cos(10\pi t-4\pi x)$，式中 x、y 的单位为 m，t 的单位为 s。求：

(1) 绳子上各质点振动时的最大速度和最大加速度；

(2) $x=0.2$ m 处质点在 $t=1$ s 时的位相，它是原点在哪一时刻的相位？这一位相所代表的运动状态在 $t=1.25$ s 时刻到达哪一点？

五、题图 5.2 所示的是沿 x 轴传播的平面余弦波在 t 时刻的波形曲线。

(1) 若波沿 x 轴正向传播,该时刻 O、A、B、C 各点的振动相位是多少?

(2) 若波沿 x 轴负向传播,上述各点的振动相位又是多少?

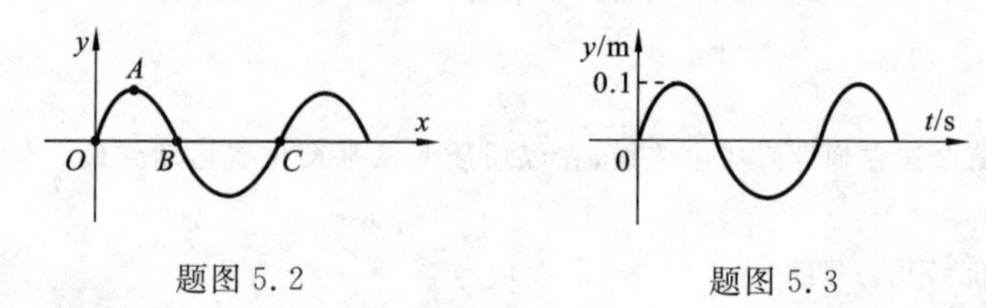

题图 5.2　　　　题图 5.3

六、一列平面余弦波沿 x 轴正向传播,波速为 5 m/s,波长为 2 m,原点处质点的振动曲线如题图 5.3 所示。

(1) 写出波动方程;

(2) 作出 $t=0$ 时的波形图及距离波源 0.5 m 处质点的振动曲线。

七、如题图 5.4 所示,已知 $t=0$ 和 $t=0.5$ s 时的波形曲线分别为图中曲线(a)和(b),波沿 x 轴正向传播,试根据图中绘出的条件求:

(1) 波动方程;

(2) P 点的振动方程。

八、一列机械波沿 x 轴正向传播,$t=0$ 时的波形如题图 5.5 所示,已知波速为 10 m/s,波长为 2 m。求:

(1) 波动方程;

(2) P 点的振动方程及振动曲线;

(3) P 点的坐标;

(4) P 点回到平衡位置所需的最短时间。

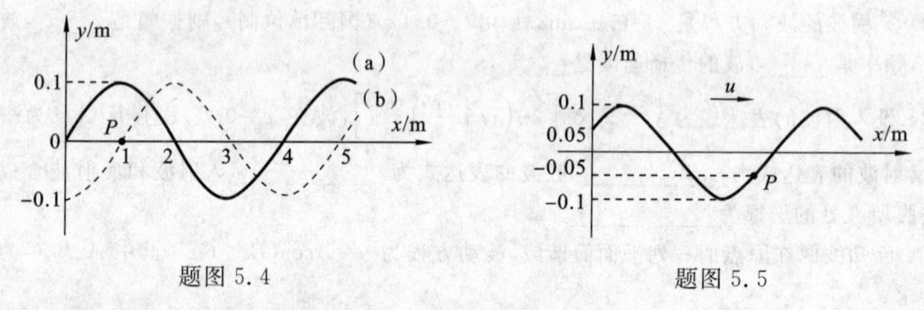

题图 5.4　　　　题图 5.5

九、如题图 5.6 所示,有一平面简谐波在空间传播,已知 P 点的振动方程为 $y_P=A\cos(\omega t+\varphi_0)$。

(1) 分别就图中给出的两种坐标写出其波动方程;

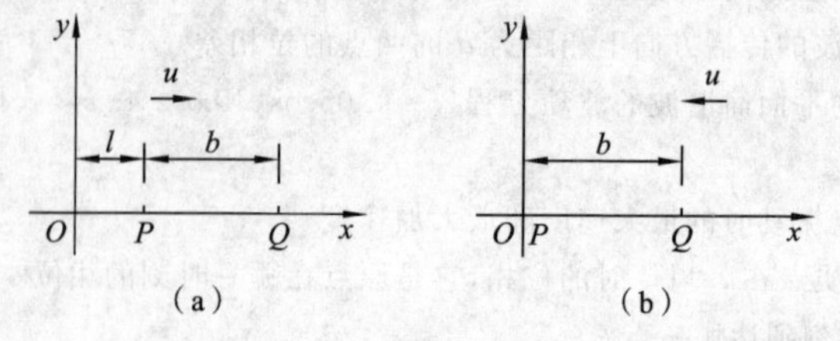

题图 5.6

(2) 写出距 P 点距离为 b 的 Q 点的振动方程。

十、题图 5.7(a)表示 $t=0$ 时刻的波形图，题图 5.7(b)表示原点($x=0$)处质元的振动曲线。试求此波的波动方程，并画出 $x=2$ m 处质元的振动曲线。

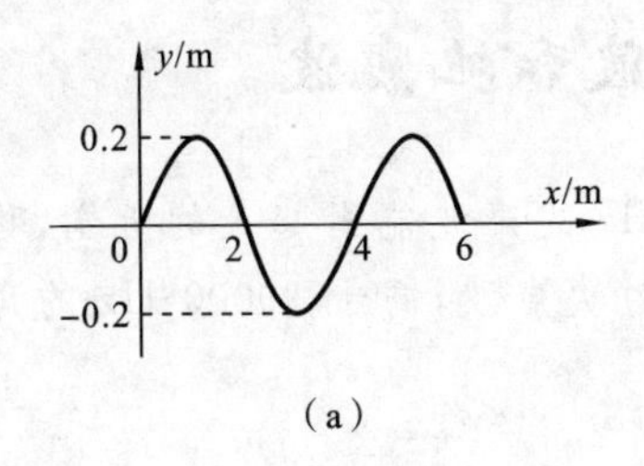

(a)

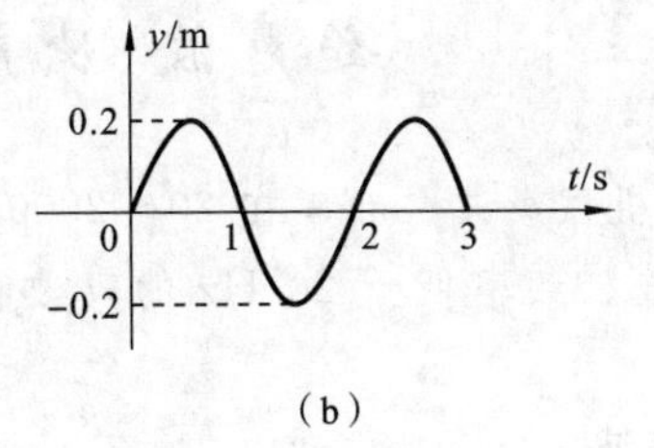

(b)

题图 5.7

十一、如题图 5.8 所示，设 B 点发出的平面横波沿 BP 方向传播，它在 B 点的振动方程为 $y_1=2\times10^{-3}\cos2\pi t$。$C$ 点发出的平面横波沿 CP 方向传播，它在 C 点的振动方程为 $y_2=2\times10^{-3}\cos(2\pi t+\pi)$。本题中 y 的单位为 m，t 的单位为 s。设 $BP=0.4$ m，$CP=0.5$ m，波速 $u=0.2$ m/s。求：

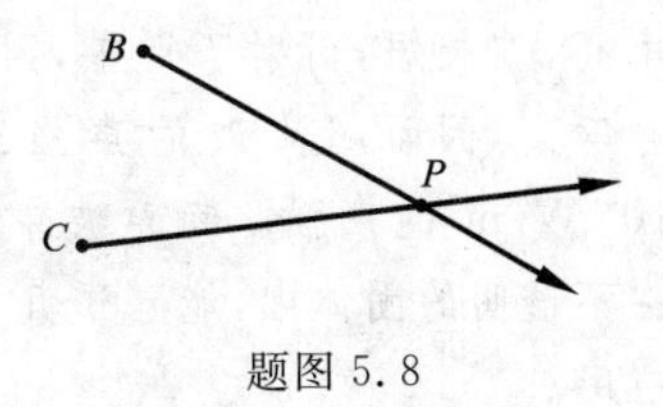

题图 5.8

(1) 两波传到 P 点时的相位差；

(2) 当这两列波的振动方向相同时，P 处合振动的振幅。

* 十二、两列波在一根很长的细绳上传播，它们的波动方程(国际单位制)分别为 $y_1=0.06\cos(\pi x-4\pi t)$，$y_2=0.06\cos(\pi x+4\pi t)$。

(1) 试证明绳子将作驻波式振动，并求波节、波腹的位置；

(2) 波腹处的振幅多大？$x=1.2$ m 处振幅多大？

* 十三、汽车驶过车站时，车站上的观测者测得汽笛声频率由 1200 Hz 变到了 1000 Hz，设空气中声速为 330 m/s，求汽车的速率。

阅读材料

超声波、次声波和地震波

声波是机械纵波。频率在 20～20000 Hz 的声波能引起人的听觉,称为可闻声波,简称声波。频率低于 20 Hz 的声波称为次声波,高于 20000 Hz 的声波称为超声波。

1. 超声波

超声波一般由具有磁致伸缩或压电效应的晶体的振动产生。它的显著特点是频率高,波长短,衍射不严重,因而具有良好的定向传播特性,而且易于聚焦。也由于其频率高,因而超声波的声强比一般声波的大得多,用聚焦的方法,可以获得高达 10^9 W/m^2的声强。超声波穿透本领很大,特别是在液体、固体中传播时,衰减很小。在不透明的固体中,能穿透几十米的厚度。超声波的这个特性,在技术上得到广泛的应用。

利用超声波的定向发射性质,可以探测水中物体,如探测鱼群、潜艇等,也可用来测量海深。由于海水的导电性良好,电磁波在海水中传播时,吸收非常严重,因而无法应用电磁雷达。利用声波雷达——声呐,可以探测出潜艇的方位和距离。

因为超声波碰到杂质或介质分界面时有显著的反射,所以可以用来探测工件内部的缺陷。超声探伤的优点是不损伤工件,而且由于穿透力强,可以用来探测大型工件,如用于探侧大型水压机的主轴和横梁等。此外,超声波在医学上可以用来探测人体内部的病变,如 B 超仪就是利用超声波来显示人体内部结构的仪器。

目前超声探伤正向着显像方向发展,如用声电管把声信号变换成电信号,再用显像管显示出目的物的像来。随着激光全息技术的发展,声全息也日益发展起来。把声全息记录的信息再用光显示出来,可直接看到被测物体的图像。声全息在地质、医学等领域有着重要意义。

由于超声波能量大而且集中,因此可以用来切削、焊接、钻孔、清洗机件,还可以用来处理种子和促进化学反应等。

超声波在介质中的传播特性,如波速、衰减、吸收等与介质的某些特性(如弹性模量、浓度、密度、化学成分、黏度等)或状态参量(如温度、压力、流速等)密切相关,利用这些特性可以间接测量其他有关物理量。这种非声量的声测法具有测量精度高、速度快等优点。

由于超声波的频率与一般无线电波的频率相近,因此利用超声元件代替某些电子元件,可以起到电子元件难以起到的作用。超声延迟线就是其中一例。因为超声波在介质中的传播速度比起电磁波慢得多,用超声波实现延迟方便得多。

2. 次声波

次声波又称亚声波，一般指频率低于 20 Hz 的机械波，人耳听不到。它与地球、海洋和大气等的大规模运动有密切关系。例如，火山爆发、地震、陨石落地、大气湍流、雷暴、磁暴等自然活动中，都有次声波产生，因此次声波已成为研究地球、海洋、大气等的大规模运动的有力工具。

次声波频率低，衰减极小，具有适合远距离传播的突出优点，在大气中传播几千公里后，吸收还不到万分之几分贝。因此对它的研究和应用越来越受到重视，目前已形成现代声学的一个新的分支——次声学。

3. 地震波

地震是一种严重的自然灾害，它起源于地壳内岩层的突然破裂。全球一年内发生约百万次地震，但绝大多数不能被人感知而只能由地震仪记录到，只有少数(几十次)造成或大或小的灾难。

发生岩层破裂的震源一般在地表下几千米到几百千米的地方，震源正上方地表的那一点叫震中。从震源和震中发出的地震波在地球内部有两种形式，即纵波和横波，地震学家分别称为 P 波(首波)和 S 波(次波)。P 波的传播速度从地壳内的 5 km/s 到地幔深处的 14 km/s。S 波的速度较低，为 3～8 km/s。利用两种波速的区别可计算震源的位置。P 波和 S 波传到地球表面时会发生反射，反射时会产生沿地表传播的表面波。表面波也有两种形式，一种是扭曲波，使地表发生扭曲，另一种使地表上下波动，就像大洋面上的水波那样。P 波、S 波及表面波的到达都可以用地震仪在不同时刻记录下来。

地震波的振幅可以大到几米(例如 1976 年唐山大地震地表起伏达 1 m 多)，因而会造成巨大灾害。一次强地震所释放的能量可以达到 10^{17}～10^{18} J。例如，一次里氏 7 级地震释放的能量约为 10^{15} J，这相当于百万吨氢弹爆炸所释放出的能量。人造地震可以帮助了解地壳内地层的分布，它是石油和天然气勘探的一种重要手段。此外，对地震波的分析也是检测地下核试验的一种可靠方法。

第 2 篇

波动光学

光学是研究光的本性、光的传播和光与物质相互作用等规律的学科。其内容通常分为几何光学、波动光学和量子光学三部分。以光的直线传播为基础，研究光在透明介质中传播规律的光学称为几何光学；以光的波动性为基础，研究光的传播及规律的光学称为波动光学；以光的粒子性为基础，研究光与物质相互作用规律的光学称为量子光学。

本篇从波动的角度来研究光的性质，介绍光的干涉、光的衍射和光的偏振。

第6章 光的干涉

6.1 光源、单色光与相干光

发射光波的物体称为光源。各种光源的激发方式不同，常见的有：

(1) 利用热能激发的，如白炽灯、弧光灯等热辐射发光光源。

(2) 利用电能激发引起发光的，称为电致发光，如稀薄气体中通电时发出辉光，以及半导体发光二极管等。

(3) 利用光激发引起发光的，称为光致发光，如某些物质如碱土金属的氧化物等，在可见光或紫外线照射下被激发而发光。在移去外界光源后，立刻停止发光的，称为荧光；在移去外界光源后，仍能持续发光的，称为磷光。

(4) 由于化学反应而发光的，称为化学发光。例如，燃烧过程、萤火虫的发光、腐烂物中的磷在空气中氧化而发光等都属化学发光。

此外，还有受激辐射的激光光源，一般普通光源(指非激光光源)发光的机理是处于激发态的原子(或分子)的自发辐射，即光源中的原子吸收了外界能量而处于激发态，这些激发态是极不稳定的，电子在激发态上存在的时间平均只有 $10^{-11}\sim10^{-8}$ s。这样，原子就会自发地回到低激发态或基态。在这过程中，原子向外发射电磁波(光波)。

每个原子的发光是间歇的。一个原子经一次发光后，只有在重新获得足够能量后才会再次发光，每次发光的持续时间极短，约为 10^{-8} s。可见原子发射的光波是一段频率一定、振动方向一定、有限长的光波，通常称为光波列，如图 6.1 所示。在普通光源中，各个原子的激发和辐射参差不齐，而且彼此之间没有联系，是一种随机过程，因而不同原子在同一时刻所发出的波列在频率、振动方向和相位上各自独立，同一原子在不同时刻所发出的波列之间振动方向和相位也各不相同，可见，普通光源中的原子发光，真可谓此起彼伏、瞬息万变。

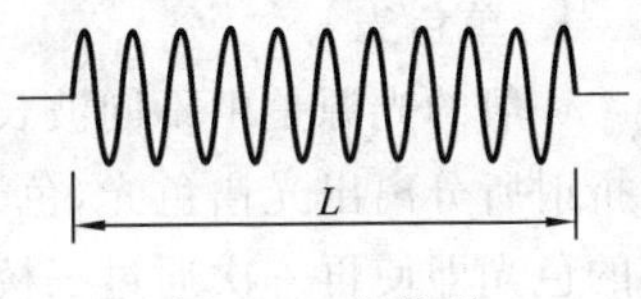

图 6.1 光波列

6.1.1 光源的性能指标

描述光源的常用性能指标有以下六类：

(1) 光量特性指标，包括总光通量、亮度、光强、紫外线量和热辐射量等。

(2) 光色特性指标,包括光色、色温、显色性、色度和光谱分布等。

(3) 电气特性指标,包括消耗功率、灯电压、灯电流、启动特性和干扰噪声等。

(4) 机械特性,包括几何尺寸、灯结构和灯头等。

(5) 经济特性,包括发光效率、寿命、价格和电费等。

(6) 心理特性,包括灯外观和舒适性等。

6.1.2 照明光源

照明光源是以照明为目的,主要辐射出可见光谱(波长为 380～780 nm)的电光源,其规格品种繁多,功率从 0.1 W 到 20 kW,产量占电光源总产量的 95%以上。照明光源品种很多,按发光形式分为热辐射光源、气体放电光源和电致发光光源三类。

(1) 热辐射光源:电流流经导电物体,使之在高温下辐射光能的光源,包括白炽灯和卤钨灯两种。

(2) 气体放电光源:电流流经气体或金属蒸气,使之产生气体放电而发光的光源。气体放电有弧光放电和辉光放电两种,放电电压有低气压、高气压和超高气压三种。弧光放电光源包括:荧光灯、低压钠灯等低气压放电灯,高压汞灯、高压钠灯、金属卤化物灯等高气压放电灯,超高压汞灯等超高压放电灯,以及碳弧灯、氙灯、某些光谱光源等放电气压跨度较大的气体放电灯。辉光放电光源包括辉光指示光源和霓虹灯,二者均为低气压放电灯。

(3) 电致发光光源:在电场作用下,使固体物质发光的光源。它将电能直接转变为光能,包括场致发光光源和发光二极管两种。

6.1.3 单色光与相干光

1. 单色光

一般的光源是由不同波长的单色光所混合而成的复色光。白光或太阳光经三棱镜折射所分离出光谱色光,色光具有红、橙、黄、绿、青、蓝、紫等七种颜色。这种被分解的色光即使再一次通过三棱镜也不会再分解为其他的色光。这种不能再分解的色光称为单色光,而由单色光混合而成的光称为复色光。由红到紫的七色光中每种色光并非真正意义上的单色光,它们都有相当宽的频率(或波长)范围,如波长为 0.760～0.622 μm 范围内的光都称红光,而氦氖激光器辐射的光波单色性最好,波长为 0.6328 μm,可认为是一种单色光。各种单色光的波长及频率分布如表 6.1 所示。

表 6.1　单色光的波长及频率分布表

红光	中心波长	660 nm
	波长范围	760～622 nm
	频率范围	480～405 MHz

续表

橙光	中心波长	610 nm
	波长范围	622～597 nm
	频率范围	510～480 MHz
黄光	中心波长	570 nm
	波长范围	597～577 nm
	频率范围	530～510 MHz
绿光	中心波长	550 nm
	波长范围	577～492 nm
	频率范围	600～530 MHz
青光	中心波长	460 nm
	波长范围	492～450 nm
	频率范围	600～620 MHz
蓝光	中心波长	440 nm
	波长范围	450～435 nm
	频率范围	680～620 MHz
紫光	中心波长	410 nm
	波长范围	435～390 nm
	频率范围	790～680 MHz

2. 相干光

若两个光源发出的光之间具有确定的相位差，则这两个光源称为相干光源，它们所发出的就是相干光。将同一光源上同一点或极小区域(可视为点光源)发出的一束光分成两束，让它们经过不同的传播路径后，再使它们相遇，这时，这一对由同一光束分出来的光的频率和振动方向相同，在相遇点的相位差也是恒定的，因而是相干光。相干的条件是：振动方向相同，频率相同，具有确定的相位差。两个独立的普通光源很难满足相干条件，获得相干光源的方法常用的有波阵面分割法和振幅分割法。波阵面分割法将光波的波阵面分为两部分，如杨氏双缝干涉实验所采用的获取相干光的方法。振幅分割法利用两个反射面产生两束反射光，如薄膜干涉、等厚干涉等。

6.2 杨氏双缝干涉实验

在两个或多个光波叠加的区域，某些点的振动始终加强，另一些点的振动始终减弱,形成在该区域内稳定的光强强弱分布的现象称为光的干涉现象,如肥皂泡、水面上的油膜呈现出的美丽色彩等。当两束相干光在空间任一点相遇时,它们之间的相位差 $\Delta\varphi$ 随空间位置不同而连续变化,从而在不同位置上出现光强的强弱分布,这种现象就是光的干涉现象。

托马斯·杨(1773—1829),英国人,是一位想象力异常丰富的博学通才。他于1799 年在剑桥大学完成学业,获医学学位。他对眼睛生理学、解剖学和颜色视觉很有研究。由于涉及人眼对颜色的视觉研究,故他对光学,尤其是光的波动学说感兴趣。1802 年,他设计了杨氏双缝干涉实验,证明了存在光的干涉现象。如图 6.2 所示,两个狭缝 S_1、S_2 长度方向彼此平行,单缝被照亮后相当于一个线光源,发出以 S 为轴的柱面波。由于 S_1 和 S_2 关于 S 对称放置,S 在 S_1 和 S_2 处激起的振动相同,因此可将 S_1 和 S_2 看作两个同位相的相干波源。它们发出的光波在屏上相遇后发生相干叠加,出现了明暗相间的平行条纹——干涉条纹。杨氏双缝干涉实验条纹形成原理如图 6.3 所示,图中的“最大”对应明纹出现的位置,“最小”对应暗纹出现的位置。干涉条纹反映了光的全部信息,干涉的对比度包含两列光振幅比的信息;条纹的形状

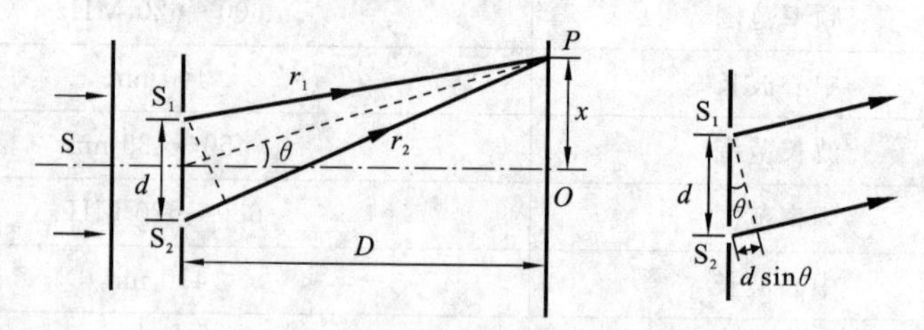

图 6.2　杨氏双缝干涉实验原理

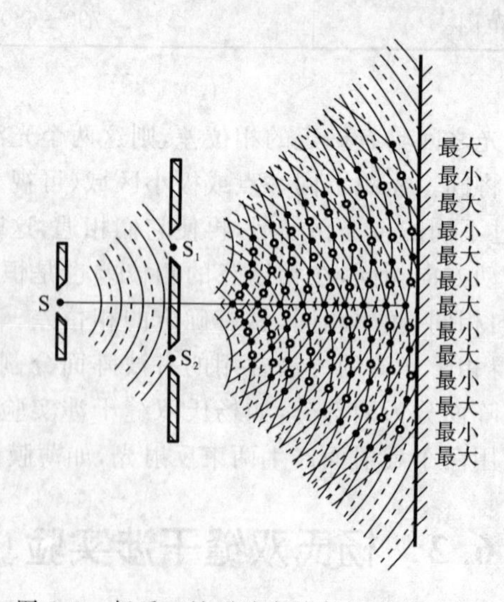

图 6.3　杨氏双缝干涉实验条纹形成示意图

和空间分布反映相位差的信息。

6.2.1 条纹的位置分布

S_1 和 S_2 的间距为 d，到光屏的距离为 D。考察屏上一点 P，设 P 到 S_1 的距离为 r_1，P 到 S_2 的距离为 r_2，因一般情况下 $d \ll D, x \ll D$，故两列光波到达相遇点 P 处的波程差为

$$\delta = r_2 - r_1 \approx d\sin\theta$$

出现明纹和暗纹的条件是

$$\delta = d\sin\theta = \begin{cases} \pm 2k\dfrac{\lambda}{2}, & k=0,1,2,\cdots(\text{明纹}) \\ \pm(2k-1)\dfrac{\lambda}{2}, & k=1,2,\cdots(\text{暗纹}) \end{cases}$$

式中：k 称为干涉条纹的级次。

由于通常是在小角度范围内观察，故可以得到

$$\sin\theta \cong \tan\theta = \frac{x}{D}$$

代入可得明纹、暗纹的位置满足

$$x_k = \begin{cases} \pm\dfrac{D}{d}k\lambda, & k=0,1,2,\cdots(\text{明纹}) \\ \pm(2k-1)\dfrac{D\lambda}{2d}, & k=1,2,\cdots(\text{暗纹}) \end{cases}$$

则相邻明纹和暗纹的间距

$$\Delta x = \frac{D}{d}\lambda$$

上式说明，杨氏双缝干涉实验中相邻明纹或暗纹的间距与干涉条纹的级次无关，条纹呈等间距排列，如图 6.4 所示的为双缝干涉条纹。测出 D 和 d 及相邻间距，即可求得入射光的波长，托马斯·杨正是利用这一办法最先测量光波波长的，红光波长约为 758 nm，紫光波长约为 390 nm。

图 6.4 双缝干涉条纹

D 和 d 确定后，波长较长的红光所产生的相邻条纹间距比波长较短的紫光的大，因此用白光进行杨氏双缝干涉实验时，除中央明纹是白色（见图 6.5）外，其余各级明纹因各色光互相错开而形成由紫到红的彩色条纹。

图 6.5 白光双缝干涉

6.2.2 干涉条纹的强度分布

设 S_1 和 S_2 发出的光波在 P 点产生的光振动振幅分别为 A_1 和 A_2，初相位差为 $\Delta\varphi$，则 P 点的合成光振动的振幅为

$$A^2=A_1^2+A_2^2+2A_1A_2\cos\Delta\varphi$$

光强，即光波的强度，应正比于光振动的振幅的平方，故 P 点的光强为

$$I=I_1+I_2+2\sqrt{I_1I_2}\cos\Delta\varphi$$

在杨氏双缝干涉实验中，$A_1=A_2$，$I_1=I_2$，因而有

$$I=4I_1\cos^2\frac{\Delta\varphi}{2}$$

其对应的光强分布如图 6.6 所示。

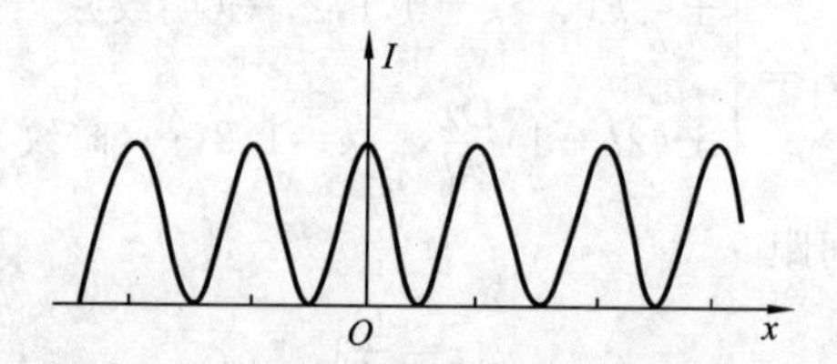

图 6.6 双光干涉的光强分布曲线

由图 6.6 可以看出，明纹中心光强最大，从中心往两边伸展，光强逐渐减弱，因而，明纹有一定的宽度，通常所指的明纹位置是明纹中心的位置。另外，由于人眼或感光材料能感觉到的光强都有一个下限，因而暗纹并不是一条几何线，同样有一定的宽度，暗纹的位置通常是指暗纹的中心位置。

6.2.3 介质对干涉条纹的影响

在 S_1 后加透明介质薄膜，分析干涉条纹变化，如图 6.7 所示。零级明纹上移至点 P，屏上所有干涉条纹同时向上平移。移过条纹数目 $\Delta k=\frac{(n-1)t}{\lambda}$。条纹移动距离 $\Delta P=\Delta k\cdot e$。若 S_2 后加透明介质薄膜，干涉条纹下移。

例 6.1 在杨氏双缝干涉实验装置中，两小孔的间距为 0.5 mm，光屏离小孔的距离为 50 cm。当以折射率为 1.60 的透明薄片贴住小孔 S_2 时，发现屏上的条纹移动了 1 cm，试确定该薄片的厚度。

解　在小孔 S_1 未贴以薄片时，从两小孔 S_1 和 S_2 至屏上 P_0 点的光程差为零。当小孔 S_2 被薄片贴住时，如图 6.8 所示，零光程差点从 P_0 点移到 P 点。按题意，P 点相距 P_0 为 1 cm，P 点光程差的变化量为

$$\delta=\frac{d}{r_0}y=\frac{0.5}{500}\times 10\ \text{mm}=0.01\ \text{mm}$$

P 点光程差的变化等于 S_2 到 P 的光程差的增加，即

$$\delta=nt-t$$

式中：t 表示薄片的厚度。

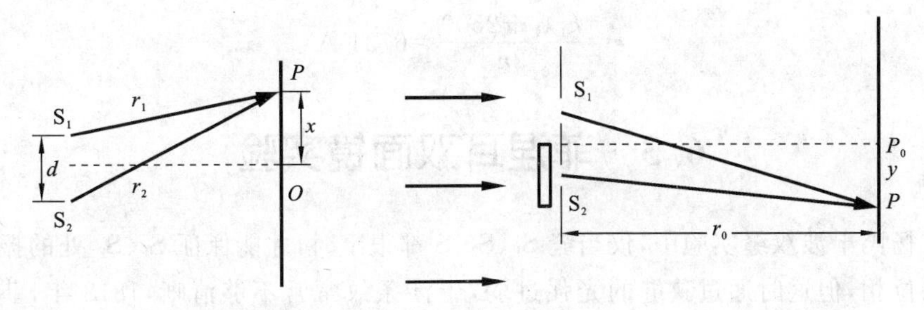

图 6.7　加透明介质薄膜　　　图 6.8　例 6.1 图

设空气的折射率为 1，则

$$(n-1)t=\frac{d}{r_0}y$$

$$t=\frac{d}{(n-1)r_0}y=\frac{0.5}{0.6\times 500}\times 10\ \text{mm}=1.67\times 10^{-2}\ \text{mm}$$

例 6.2　一平面单色光波垂直照射在厚度均匀的薄油膜上，油膜覆盖在玻璃板上。油的折射率为 1.30，玻璃的折射率为 1.50。若单色光的波长可由光源连续可调，可观察到 5000 Å 与 7000 Å 这两个波长的单色光在反射中消失。试求油膜的厚度。

解　油膜上、下两表面反射光的光程差为 $2ne$，由反射相消条件有

$$2ne=(2k+1)\frac{\lambda}{2k}=\left(k+\frac{1}{2}\right)\lambda\quad(k=0,1,2,\cdots)\tag{6.1}$$

当 $\lambda_1=5000$ Å 时，有

$$2ne=\left(k_1+\frac{1}{2}\right)\lambda_1=k_1\lambda_1+2500\tag{6.2}$$

当 $\lambda_2=7000$ Å 时，有

$$2ne=\left(k_2+\frac{1}{2}\right)\lambda_2=k_2\lambda_2+3500\tag{6.3}$$

因 $\lambda_2>\lambda_1$，所以 $k_2<k_1$；又因为 λ_1 与 λ_2 之间不存在 λ_3 满足 $2ne=\left(k_3+\frac{1}{2}\right)\lambda_3$，即不存

在 $k_2<k_3<k_1$ 的情形,所以 k_2、k_1 应为连续整数,则

$$k_2=k_1-1 \tag{6.4}$$

由式(6.2)、式(6.3)、式(6.4)可得

$$k_1=\frac{k_2\lambda_2+1000}{\lambda_1}=\frac{7k_2+1}{5}=\frac{7(k_1-1)+1}{5}$$

得

$$k_1=3$$

$$k_2=k_1-1=2$$

可由式(6.2)求得油膜的厚度为

$$e=\frac{k_1\lambda_1+2500}{2n}=6731\ \text{Å}$$

6.3 菲涅耳双面镜实验

在杨氏干涉双缝实验中,仅当缝 S_1、S_2、S 都很窄时,才能保证 S_1、S_2 处的振动有相同的位相,但这时通过狭缝的光强过弱,干涉条纹常常不够清晰,1818 年,菲涅耳进行了双面镜实验,装置如图 6.9 所示。

由狭缝光源 S 发出的光波,经平面镜 M_1、M_2 反射后(波阵面分割法),成两束相干光波,在 E 上形成干涉条纹。M_1 和 M_2 之间的夹角 ε 很小,所以,S 在双镜 M_1、M_2 中所成的虚像 S_1、S_2 之间的距离很小。从 M_1、M_2 反射的两束光相干,可看作从 S_1、S_2 发出的,这相当于杨氏双缝干涉。

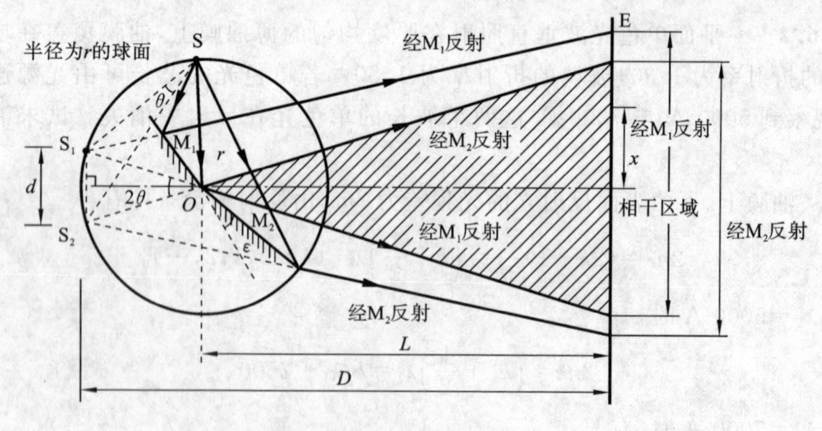

图 6.9 菲涅耳双面镜实验

菲涅耳双面镜实验获得相干光的办法采用了双平面镜,其干涉条纹形成和条纹间距等的计算方法与杨氏双缝干涉实验的相同。

6.4 洛埃德镜干涉实验

除了使用杨氏双缝干涉实验装置获取相干光源外，还有很多方法也能获得相干光源，比如，洛埃德镜干涉实验。洛埃德(Lioyd)于1834年提出了一种更简单的观察干涉的装置。如图6.10所示，MN是一块平玻璃板，用作反射镜，S_1是一个狭缝光源，从光源发出的光波，一部分掠射(即入射角接近90°)到玻璃平板上，经玻璃表面反射到达屏上，另一部分直接射到屏上。这两部分光也是相干光，它们同样是用波阵面分割得到的。反射光可看成是由虚光源S_2发出的。

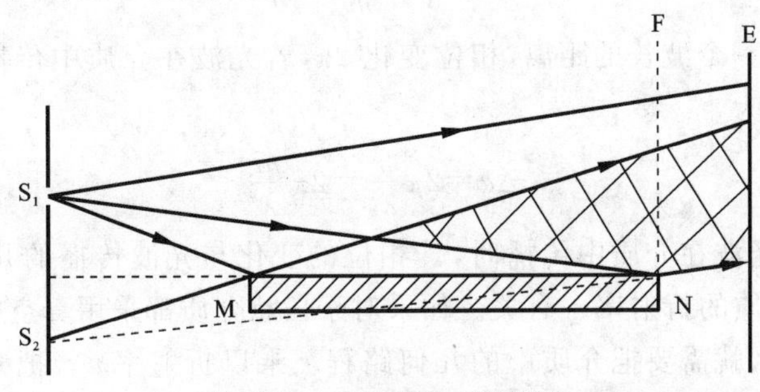

图6.10 洛埃德镜干涉实验

S_1和S_2构成一对相干光源，犹如杨氏双缝干涉实验中的双缝，对干涉条纹的分析与杨氏双缝干涉实验中的相同。当两束光相遇时，在相遇区(见图6.10中以▩标示部分)中放一个屏幕E，这时在屏上就可以观察到明暗相间的干涉条纹。

应该指出，在洛埃德镜干涉实验中，如果将屏幕移到和镜面边缘N相接触，即图中F的位置，这时从S_1和S_2发出的光到达接触处的路程相等，似乎在接触处应出现明纹，但实验结果却是出现暗纹！其他的条纹也有相应的变化。这一实验事实说明，由镜面反射出来的光和直接射到屏上的光在N处的相位相反，即相位差为π。由于直射光的相位不会变化，因此只能认为光从空气射向玻璃平板发生反射时，反射光的相位跃变了π。

进一步的实验表明：在掠入射(入射角$i\sim 90°$)或正入射($i\sim 0°$)的情况下，当光从光疏媒质射向光密媒质而被反射时，反射光的相位较之入射光的相位有π的突变，这相当于反射光多走(或少走)了半个波长的路程，常称之为半波损失。今后在讨论光波叠加时，若有半波损失，则在计算波程差时必须计入，否则会得出与实际情况不同的结果。

6.5 光程与光程差

在前面讨论的干涉现象中，两相干光束始终在同一介质(实际上是空气)中传播，它们到达某一点叠加时,光振动的相位差取决于两相干光束间的路程差。若讨论一束光在几种不同介质中传播,或者比较两束经过不同介质的光,则常引入光程的概念,这对分析相位关系将带来很大方便。

由波动学可知,同一单色光在不同介质中传播时,其频率 ν 不变。在折射率为 n 的介质中,光速 v 是真空中光速 c 的 $\frac{1}{n}$,所以在该介质中,单色光的波长 λ_n 将是真空中波长 λ 的 $\frac{1}{n}$,即

$$\lambda_n=\frac{v}{\nu}=\frac{c}{n\nu}=\frac{\lambda}{n}$$

由于波行进一个波长的距离,相位变化 2π,若光波在介质中传播的几何路程为 r,则相位的变化为

$$\Delta\varphi=2\pi\frac{r}{\lambda_n}=2\pi\frac{nr}{\lambda}$$

上式表明,光波在介质中传播时,其相位的变化与光波传播的几何路程 r、真空中的波长 λ 及介质的折射率 n 有关。如果对于任意介质都采用真空中的波长 λ 来计算相位变化,那么就需要把介质中的几何路程 r 乘以折射率 n。把光波在某一介质中所经历的几何路程 r 与该介质的折射率 n 的乘积 nr,称为光程。

引入光程 nr,单色光在折射率为 n_1 的某种介质中传播 r_1 路程后,相位改变 $\Delta\varphi_1=2\pi\frac{n_1r_1}{\lambda}$,如果该单色光再连续通过折射率为 n_2 的某种介质,传播的路程为 r_2,如图 6.11 所示,则此单色光相位的改变是

$$\Delta\varphi_1=\frac{2\pi}{\lambda}n_1r_1+\frac{2\pi}{\lambda}n_2r_2=\frac{2\pi}{\lambda}(n_1r_1+n_2r_2)$$

显然,用光程 nr 计算相应相位的变化,只要知道单色光在真空中的波长 λ,而不需考虑该单色光在介质中的波长 $n\lambda$。

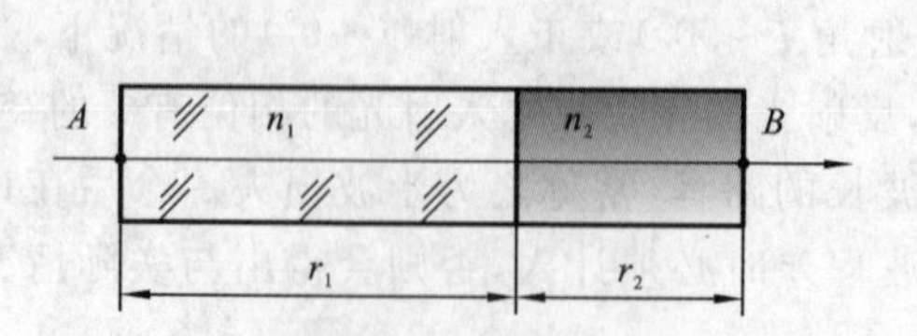

图 6.11　单色光通过 A、B 间的光程为 $n_1r_1+n_2r_2$

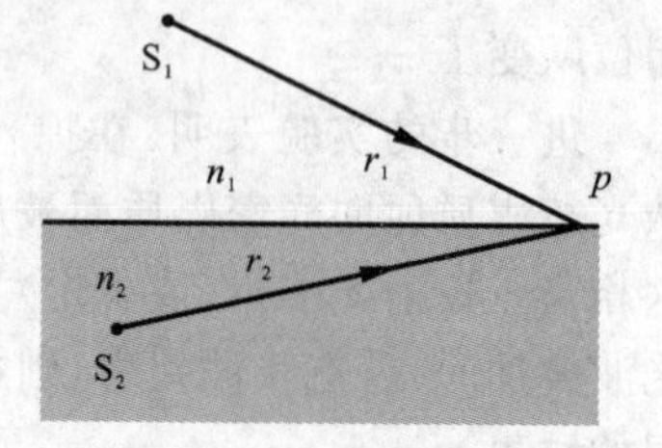

图 6.12　用光程差计算相位差

用光程讨论两束相干光的干涉,也有同样的好处,如图 6.12 所示,两束初相位都是 φ_0 的相干光从 S_1、S_2 发出,分别经历光程 n_1r_1 和 n_2r_2 而会聚于 p 点。这两束光在 p 点的相位差为

$$\Delta\varphi=\left(\varphi_0-2\pi\frac{n_2r_2}{\lambda}\right)-\left(\varphi_0-2\pi\frac{n_1r_1}{\lambda}\right)=\frac{2\pi}{\lambda}(n_1r_1-n_2r_2)$$

即相位差 $\Delta\varphi$ 取决于这两束光会聚前经历的光程差 $n_1r_1-n_2r_2$，常用符号 δ 来表示光程差。

采用光程这一概念，就可以把单色光在不同介质中的传播都折算为该单色光在真空中的传播。这样，相位差可用光程差来表示，它们的关系是

$$相位差=\frac{光程差}{\lambda}\times 2\pi$$

或

$$\Delta\varphi=\frac{2\pi\delta}{\lambda}$$

由此可见，两相干光分别通过不同的介质在空间某点相遇时，所产生的干涉情况与两者的光程差有关。利用这个关系讨论干涉条件：

$$\Delta\varphi=\begin{cases}\pm 2k\pi & 明纹\\ \pm(2k+1)\pi & 暗纹\end{cases}\quad(k=0,1,2,3,\cdots)$$

用光程差直接表示，则为

$$\delta=\begin{cases}\pm 2k\dfrac{\lambda}{2} & 明纹\\ \pm(2k-1)\dfrac{\lambda}{2} & 暗纹\end{cases}\quad(k=0,1,2,3,\cdots)$$

式中：λ 为光在真空中的波长。

6.5.1 透镜不引起附加的光程差

在干涉和衍射实验中，常常需用薄透镜将平行光线会聚成一点，使用透镜后会不会使平行光的光程发生变化呢？下面对这个问题作简单分析。

我们知道，从实物发出的不同光线经不同路径通过凸透镜，可以会聚成一个明亮的实像。平行光束通过透镜后，会聚于焦平面上，相互加强成一个亮点，如图6.13(a)所示。这是由于在垂直于平行光的某一波阵面上的各点(图中 A、B、C、D、E)相位相同，到达焦平面后相位仍相同，因而互相加强。可见，从 A、B、C、D、E 各点到 F 点的

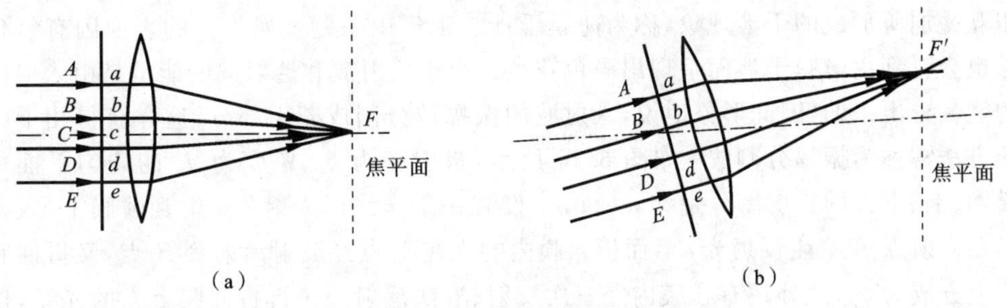

图 6.13　光通过透镜的光程

各光线的光程都相等。可以这样来理解这个事实，如图 6.13 所示，虽然光 AaF 比光 CcF 经过的几何路程长，但是光 CcF 在透镜中经过的路程比光 AaF 的长，而透镜材料的折射率大于 1，如果折算成光程，通过计算可以证明两者的光程是相等的。这一点又称薄透镜主轴上物点和像点之间的等光程性。斜入射的平行光会聚于焦平面上的 F' 点，类似地讨论可知，AaF'、BbF'……的光程均相等，如图 6.11(b)所示。因此，使用透镜只能改变光波的传播情况，但对物、像间各光线不会引起附加的光程差。

6.5.2　反射光的相位突变和附加光程差

在讨论干涉问题时，经常要遇到比较两束反射光相位的问题，例如，比较从薄膜的不同表面反射的两束光相位突变引起额外的相位差(见图 6.14)。在讨论洛埃德镜实验时已经指出，光从光疏媒质射到光密媒质界面反射时，反射光有相位突变 π，即有半波损失。理论和实验表明：如果两束光都是从光疏媒质界面到光密媒质界面反射(即 $n_1<n_2<n_3$ 的情况)，或都是从光密媒质界面到光疏媒质界面反射(即 $n_1>n_2>n_3$ 的情况)，则两束反射光之间无附加的光程差。

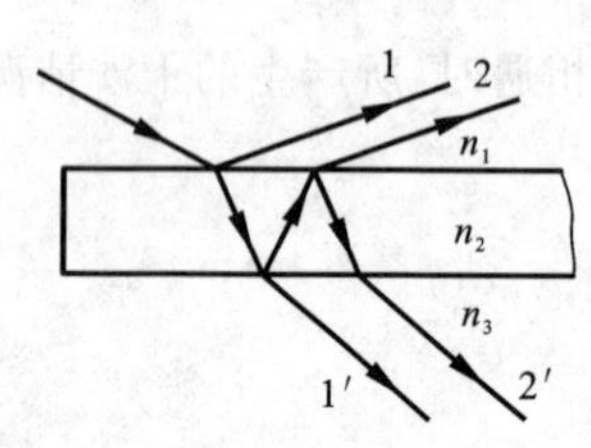

图 6.14　反射光的相位差

如果一束光从光疏媒质界面到光密媒质界面反射，而另一束光从光密媒质界面到光疏媒质界面反射(即 $n_1<n_2>n_3$ 或 $n_1>n_2<n_3$ 的情形)，则两束反射光之间有附加的相位差 π，或者说有附加光程差$\frac{\lambda}{2}$。对于折射光，则任何情况下都不会有相位突变。

6.6　薄膜干涉

前面讨论了由波阵面分割法产生干涉的典型实验，下面介绍一种常见的振幅分割的干涉——薄膜干涉。

在日常生活中，常见到在阳光的照射下，肥皂膜、水面上的油膜，以及许多昆虫(如蜻蜓、蝉、甲虫等)的翅膀上呈现彩色的花纹，这是一种光波经薄膜两表面反射后相互叠加所形成的干涉现象，称为薄膜干涉。工厂中一些金属工件的表面因有氧化层也会看到由薄膜干涉而呈现出彩色花纹。由于反射波和透射波的能量是由入射波的能量分出来的，因此形象地说，入射波的振幅被分割成若干部分，这样获得相干光的方法常称为振幅分割法。如图 6.15 所示，折射率为 n_2、厚度为 d_0 的均匀平面薄膜，其上、下方的折射率分别为 n_1 和 n_3，设有一条光线以入射角 i 射到薄膜上，入射光在入射点 A 产生反射光 a_1，而折入膜内的光在 C 点经反射后射到 B 点，又折回膜的上方成为 a_2，此外还有在膜内经三次反射、五次反射……再折回膜上方的光线，但其强度迅速下降，所以只需考虑 a_1、a_2 两束光线间的干涉。由于这两束光线是平行

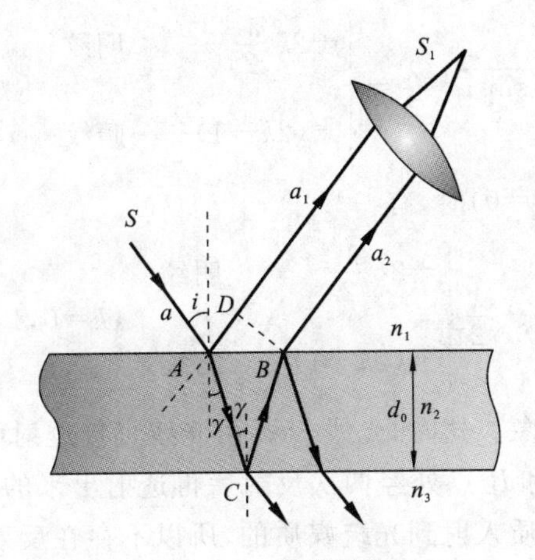

图 6.15 薄膜干涉

的,因此它们经透镜会聚于焦平面上一点 S_1,然后在其焦平面上放上光屏,就能在屏上观察到干涉现象。

现在来计算两光线 a_1、a_2 在焦平面上 S_1 点相交时的光程差。从反射点 B 作光线 a_1 的垂线 BD。由于从 D 到 S_1 和从 B 到 S_1 的光程相等(透镜不引起附加的光程差),因此这两束光线之间的光程差为

$$\delta=n_2(d_{AC}+d_{CB})-n_1d_{AD}\pm\delta'$$

式中:δ' 等于 $\pm\dfrac{\lambda}{2}$ 或 0,由光束在薄膜上、下表面反射时,有无附加光程差决定。

当满足 $n_1>n_2>n_3$ 或 $n_1<n_2<n_3$ 时,不存在附加光程差。当满足 $n_1<n_2>n_3$ 或 $n_1>n_2<n_3$ 时,要考虑附加光程差 $\dfrac{\lambda}{2}$。从图 6.15 上还可以看出 $d_{AC}=d_{BC}=\dfrac{e}{\cos\gamma}$,$d_{AD}=d_{AB}\sin i=2d_0\tan\gamma\sin i$,代入上式,得到

$$\delta=2n_2\frac{e}{\cos\gamma}-2n_1e\tan\gamma\sin i+\delta'$$

式中:d_0 为薄膜厚度;γ 为折射角。

再利用折射定律 $n_1\sin i=n_2\sin\gamma$,有

$$\delta=\frac{2n_2e}{\cos\gamma}(1-\sin^2\gamma)+\delta'=2n_2e\cos\gamma+\delta'$$

或

$$\delta=2e\sqrt{n_2^2-n_1^2\sin^2 i}+\delta'$$

由上式可见,对于厚度均匀的薄膜,光程差是由入射角 i 决定的。凡以相同倾角入射的光,经膜的上、下表面反射后产生的相干光束都有相同的光程差,从而对应于干涉图样中的一条条纹,故又将此类干涉条纹称为等倾条纹。

在此取 $\delta'=\dfrac{\lambda}{2}$,于是干涉条件为

$$\delta=2e\sqrt{n_1^2-n_2^2\sin^2 i}+\frac{\lambda}{2}=\begin{cases}\pm 2k\dfrac{\lambda}{2} & 明纹\\ \pm(2k-1)\dfrac{\lambda}{2} & 暗纹\end{cases}\quad(k=0,1,2,\cdots)$$

当光垂直照射(即 $i=0$)时,有

$$\delta=2n_2e+\frac{\lambda}{2}\begin{cases}\pm 2k\dfrac{\lambda}{2} & 明纹\\ \pm(2k-1)\dfrac{\lambda}{2} & 暗纹\end{cases}\quad(k=0,1,2,\cdots)$$

透射光也有干涉现象。这时,光线 c_1 是由光线直接透射而来的,而光线 c_2 是光线折入薄膜后,在 C 点和 B 点处经两次反射后再透射出来的。如 $n_1<n_2<n_3$,则这两次反射都是由光密媒质入射到光疏媒质的,所以不存在反射时的附加光程差。因此,这两束透射的相干光的光程差是

$$\delta=2e\sqrt{n_1^2-n_2^2\sin^2 i}$$

将透射光干涉与反射光干涉相比较,两者的光程差相差 $\left|\dfrac{\lambda}{2}\right|$,可见反射光相互加强时,透射光将相互减弱,当反射光相互减弱时,透射光将相互加强,两者是互补的。

以上所讨论的是单色光的干涉情形。若用复色光源,则在屏幕上看到的干涉条纹将是彩色的。实际生活中所用的光源一般都是复色光源,所以看到的是彩色图样。

6.7 劈尖干涉及牛顿环

6.7.1 劈尖

如图 6.16(a)所示,将两块玻璃片 G_1、G_2 一端叠合,另一端夹一薄片或细丝(为了便于说明问题和易于作图,图中薄片的厚度特别予以放大),这时在两玻璃片间就形成一楔状空气薄膜,称为空气劈尖。两块玻璃片接触处 OO' 为劈尖的棱边,在平行于棱边的线上,劈尖的厚度是相等的。

图 6.16(a)中,M 为半透明半反射玻璃片,L 为透镜,T 为显微镜,单色光源 S 发出的光经透镜 L 后成为平行光,经 M 反射后垂直($i=0$)射向劈尖。自劈尖上、下两面反射的相干光,从显微镜 T 中可观察到明暗相间、均匀分布的干涉条纹。相邻两暗纹(或明纹)中心间的距离 Δl 称为条纹宽度,如图 6.16(b)所示。

当平行单色光垂直($i=0$)入射于这样的两块玻璃片时,在空气劈尖($n_2=1$)的上、下两表面所引起的反射光线将形成相干光。因由劈尖下表面反射的光有半波损失,所以根据光程差可进一步确定条纹的以下特点:

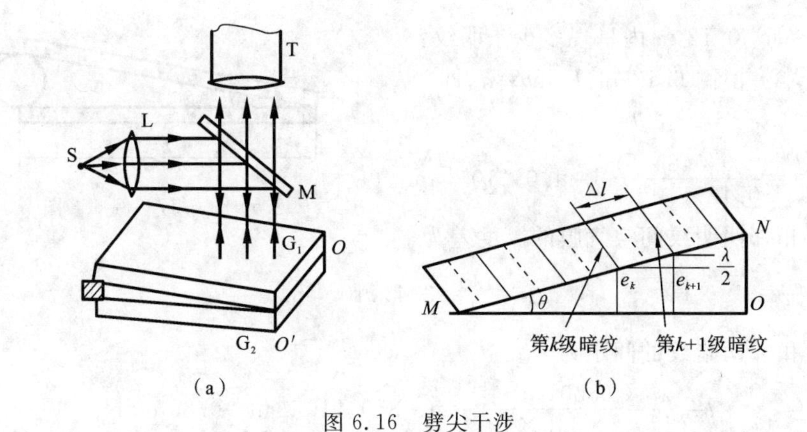

图 6.16 劈尖干涉

(1) 条纹位置

$$\delta=2e+\frac{\lambda}{2}=\begin{cases} k\lambda & \text{明纹} \quad (k=1,2,3,\cdots) \\ (2k+1)\frac{\lambda}{2} & \text{暗纹} \quad (k=0,1,2,3,\cdots) \end{cases}$$

干涉条纹为平行于劈尖棱边的直线条纹。每一明、暗条纹都与一定的 k 值相关，也就是与劈尖的一定厚度 e 相关。这种与劈尖厚度相对应的干涉条纹称为等厚干涉条纹。观察劈尖干涉的实验装置如图 6.16(a)所示。在两块玻璃片相接触处，$e=0$，光程差等于$\frac{\lambda}{2}$，所以应看到暗纹，而事实也是这样。这是相位突变的又一个有力证据。

(2) 任意两相邻明纹(或暗纹)所对应的空气层厚度差为

$$\Delta e=e_{k+1}-e_k=\frac{\lambda}{2n}=\frac{\lambda}{2}$$

(3) 相邻两明纹(或暗纹)的间距为

$$\Delta l=\frac{\Delta e}{\sin\theta}\approx\frac{\Delta e}{\theta}=\frac{\lambda}{2\theta}$$

式中：θ 为劈尖的夹角。

显然干涉条纹是等间距的，而且 θ 越小，干涉条纹越疏，θ 越大，干涉条纹越密。如果劈尖的夹角 θ 过大，干涉条纹就将密得难以分辨。因此干涉条纹只能在很尖的劈尖上看到。

例 6.3 如图 6.17 所示，波长为 6800 Å 的平行光垂直照射到 $L=0.12$ m 的两块玻璃片上，两块玻璃片一边相互接触，另一边被直径 $d=0.048$ mm 的细钢丝隔开。求：

(1) 两块玻璃片间的夹角 θ 是多大?

(2) 相邻两明纹间空气膜的厚度差是多少?

(3) 相邻两暗纹的间距是多少?

(4) 在这 0.12 m 内呈现多少条明纹?

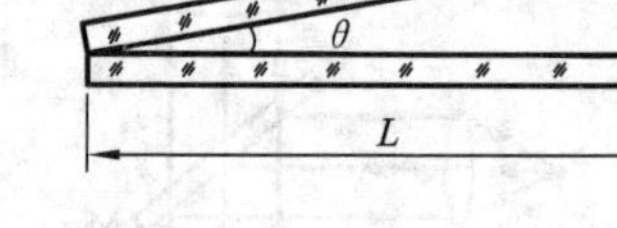

图 6.17　例 6.3 图

解　(1) 由图 6.17 知,$L\sin\theta=d$,即

$$L\theta=d$$

故　$\theta=\frac{d}{L}=\frac{0.048}{0.12\times10^{3}}\ \text{rad}=4.0\times10^{-4}\ \text{rad}$

(2) 相邻两明纹间空气膜的厚度差为

$$\Delta e=\frac{\lambda}{2}=3.4\times10^{-7}\ \text{m}$$

(3) 相邻两暗纹的间距为

$$l=\frac{\lambda}{2\theta}=\frac{6800\times10^{-10}}{2\times4.0\times10^{-4}}\ \text{m}=850\times10^{-6}\ \text{m}=0.85\ \text{mm}$$

(4)
$$\Delta N=\frac{L}{l}\approx141\ 条$$

6.7.2　牛顿环

将一个曲率半径很大的平凸透镜 A 如图 6.18(a)那样放在一块平板玻璃 B 上,在 A、B 间就形成环状劈尖形空气层。当波长为 λ 的单色光入射到此装置时,空气膜上表面与下表面的反射光相遇而形成等厚干涉条纹。若从反射方向观察,将看到一组以接触点为中心的明暗相间的圆形干涉条纹,而且中心是暗斑;若从透射方向观察,则看到的干涉环纹与反射光的干涉环纹的光强正好互补,中心是亮斑,原来的亮环变为暗环,暗环变为亮环。这种干涉现象最早为牛顿所发现,故称为牛顿环。干涉条纹如图 6.18(b)所示。

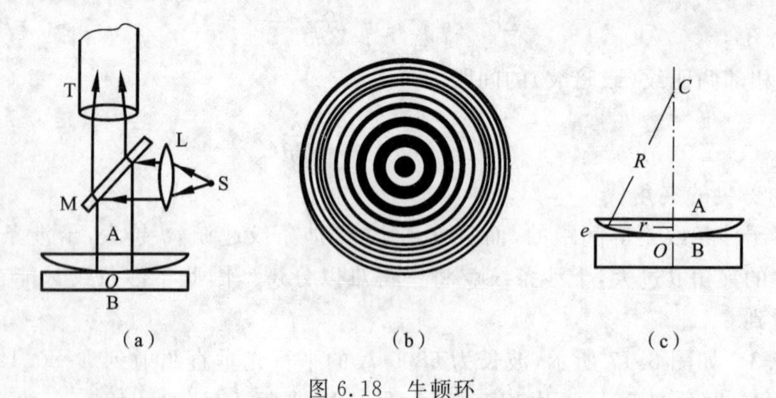

图 6.18　牛顿环

牛顿环条纹位置由下式确定:

$$\delta=2e+\frac{\lambda}{2}=\begin{cases}k\lambda & 明纹\quad(k=1,2,3,\cdots)\\(2k+1)\frac{\lambda}{2} & 暗纹\quad(k=0,1,2,3,\cdots)\end{cases}$$

式中：e 是条纹处对应的空气层厚度。

由图 6.16(c)中的几何关系，可得

$$r^2=R^2-(R-e)^2=2eR-e^2$$

因 $R\gg e$，所以上式中的 e^2 可以略去，于是 $e=\dfrac{r^2}{2R}$，代入上式，得

明环半径 $$r=\sqrt{\frac{2k-1}{2}R\lambda}\quad (k=1,2,3,\cdots)$$

暗环半径 $$r=\sqrt{kR\lambda}\quad (k=0,1,2,\cdots)$$

在光学冷加工车间中经常利用牛顿环快速检测透镜表面曲率是否合格，并作出判断，确定应该如何研磨。做法大致如下：将标准件 G 覆盖于待测工件 L 之上，两者间形成空气膜，因而出现牛顿环。圈数越多，说明公差越大。例如，当人们说某工件表面的公差为一个光圈时，就表示它与验规之间的差距为 $\lambda/2$。如果某处光圈偏离圆形，则说明待测表面在该处有不规则起伏。如果光圈太多，工件不合格，还需进一步磨合。将验规轻轻下压，若牛顿环外扩，则说明透镜曲率大，需要磨中间，若牛顿环内缩，则说明透镜曲率小，需要磨两侧。

习 题 6

一、选择题。

(1) 在双缝干涉实验中，为使屏上的干涉条纹间距变大，可以采取的办法是(　　)。

(A) 使屏靠近双缝　　(B) 使两缝的间距变小

(C) 把两个缝的宽度稍微调窄　　(D) 改用波长较小的单色光源

(2) 两块平玻璃构成空气劈形膜，左边为棱边，用单色平行光垂直入射。若上面的平玻璃以棱边为轴，沿逆时针方向作微小转动，则干涉条纹的(　　)。

(A) 间隔变小，并向棱边方向平移　　(B) 间隔变大，并向远离棱边方向平移

(C) 间隔不变，向棱边方向平移　　(D) 间隔变小，并向远离棱边方向平移

(3) 一束波长为 λ 的单色光由空气垂直入射到折射率为 n 的透明薄膜上，透明薄膜放在空气中，要使反射光得到干涉加强，则薄膜最小的厚度为(　　)。

(A) $\lambda/4$　　(B) $\lambda/(4n)$　　(C) $\lambda/2$　　(D) $\lambda/(2n)$

(4) 在迈克尔逊干涉仪的一条光路中，放入一折射率为 n，厚度为 d 的透明薄片，放入后，这条光路的光程改变了(　　)。

(A) $2(n-1)d$　　(B) $2nd$　　(C) $2(n-1)d+\lambda/2$　　(D) nd　　(E) $(n-1)d$

(5) 在迈克尔逊干涉仪的一条光路中，放入一折射率为 n 的透明介质薄膜后，测出两束光的光程差的改变量为一个波长，则薄膜的厚度是(　　)。

(A) $\lambda/2$　　(B) $\lambda/(2n)$　　(C) λ/n　　(D) $\lambda/[2(n-1)]$

二、填空题。

(1) 如题图 6.1 所示，波长为 λ 的平行单色光斜入射到距离为 d 的双缝上，入射角为 θ。在图中的

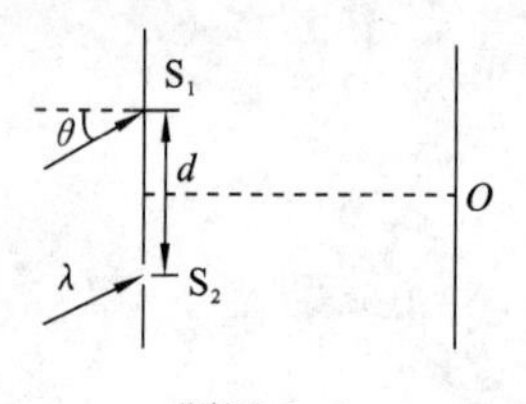

题图 6.1

屏中央 O 处($d_{S_1}O=d_{S_2}O$),两束相干光的相位差为__________。

(2) 在杨氏双缝干涉实验中,所用单色光波长为 $\lambda=562.5$ nm ($1\ \text{nm}=10^{-9}$ m),双缝与观察屏的距离 $D=1.2$ m,若测得屏上相邻明纹间距为 $x=1.5$ mm,则双缝的间距 $d=$______。

(3) 波长 $\lambda=600$ nm 的单色光垂直照射到牛顿环装置上,第 2 个明环与第 5 个明环所对应的空气膜厚度之差为__________ nm。($1\ \text{nm}=10^{-9}$ m)

(4) 在杨氏双缝干涉实验中,整个装置的结构不变,全部由空气中浸入水中,则干涉条纹的间距将变__________。(填"疏"或"密")

(5) 在杨氏双缝干涉实验中,光源作平行于缝 S_1、S_2 连线方向向下微小移动,则屏幕上的干涉条纹将______方移动。

(6) 在杨氏双缝干涉实验中,用一块透明的薄云母片盖住下面的一条缝,则屏幕上的干涉条纹将______方移动。

(7) 由两块平玻璃构成空气劈形膜,左边为棱边,用单色平行光垂直入射。若上面的平玻璃以垂直于下平玻璃的方向离开平移,则干涉条纹将向______平移,并且条纹的间距将__________。

三、在杨氏双缝干涉实验中,双缝间距 $d=0.20$ mm,缝屏间距 $D=1.0$ m。

(1) 若第 2 级明纹离屏中心的距离为 6.0 mm,计算此单色光的波长;

(2) 试求相邻两条明纹间的距离。

四、在双缝干涉装置中,用一很薄的云母片($n=1.58$)覆盖其中的一条缝,结果使屏幕上的第 7 级明纹恰好移到屏幕中央原零级明纹的位置。若入射光的波长为 5500 Å,求此云母片的厚度。

五、洛埃德镜干涉装置如题图 6.2 所示,镜长 30 cm,狭缝光源 S 在离镜左边 20 cm 的平面内,与镜面的垂直距离为 2.0 mm,光源波长 $\lambda=7.2\times10^{-7}$ m,试求位于镜右边缘的屏幕上第 1 条明纹到镜边缘的距离。

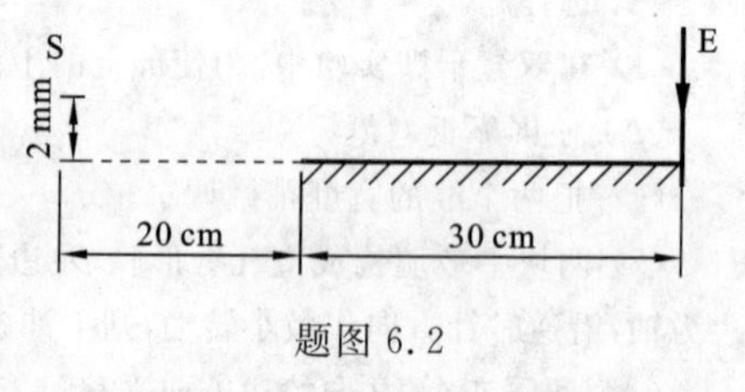

题图 6.2

六、一平面单色光波垂直照射在厚度均匀的薄油膜上,油膜覆盖在玻璃板上。油的折射率为 1.30,玻璃的折射率为 1.50,若单色光的波长可由光源连续可调,可观察到 5000 Å 与 7000 Å 这两个波长的单色光在反射中消失。试求油膜层的厚度。

七、白光垂直照射到空气中一厚度为 3800 Å 的肥皂膜上,设肥皂膜的折射率为 1.33,试问该膜的正面呈现什么颜色?背面呈现什么颜色?

八、在折射率 $n_1=1.52$ 的镜头表面涂有一层折射率 $n_2=1.38$ 的 MgF_2 增透膜,如果此膜适用于波长 $\lambda=5500$ Å 的光,问膜的厚度应取何值?

九、(1)若用波长不同的光观察牛顿环,$\lambda_1=6000$ Å,$\lambda_2=4500$ Å,观察到用 λ_1 时的第 k 个暗环与用 λ_2 时的第 $k+1$ 个暗环重合,已知透镜的曲率半径是 190 cm。求用 λ_1 时第 k 个暗环的半径。

(2) 又如在牛顿环中用波长为 5000 Å 的第 5 个明环与用波长为 λ_2 的第 6 个明环重合,求未知波长 λ_2。

十、利用迈克尔逊干涉仪可测量单色光的波长。当 M_1 移动距离为 0.322 mm 时,观察到干涉条纹移动数为 1024 条,求所用单色光的波长。

阅读材料

仿生学可使颜色历久弥新

想象一下，你喜欢的T恤衫在穿过一段时间后仍光彩依旧，你的爱车在历经数年风吹日晒后依然色泽如新，那将会是件多么美妙的事情！美国阿克伦大学正在进行的一项研究或许能让这些梦想变成现实。

该校的科学家正在试图重建鸟类羽毛中能产生颜色的结构，从而让材料在无须颜料或染料的情况下产生颜色。这种结构色在色调上几乎不会发生褪色现象，甚至它们还能根据使用者的喜好进行改变。相关论文发表在最近出版的《美国化学学会·纳米》杂志上。

生活中常见的颜色按照形成机理，可分为化学色和结构色两种。化学色即通过颜料、染料形成的颜色，一般通过色素对光的吸收引起；结构色则是由某些特殊的微结构引起光的干涉、衍射或散射形成的颜色，是亚显微结构导致的一种光学效果，在昆虫的外壳、鸟类的羽毛上最为常见。结构色与色素着色无关，具有不褪色、环保和色彩艳丽等特点，在许多领域都具有应用价值。

阿克伦大学生物学副教授马修·夏凯和他的同事阿里·德赫诺瓦利教授正在试图制造出一种特殊的合成颗粒，以模仿从鸟类羽毛中发现的含有黑色素的合成颗粒。这种微小的含有黑色素的合成颗粒能像鸟类的羽毛一样添加到材料表面，让材料形成不会褪色的色泽。

夏凯说，目前商业上所使用的绝大多数颜料和染料无论在经济上还是环境上都具有极高的成本，而且除了褪色以外无法改变颜色。而结构色则完全不同，理论上它们可以用更普通的、环境友好的材料制成，并根据环境或使用者一时兴起的灵感作出改变。这些发现仅仅只是一个开始，未来还将有更多的仿生设计，这些来自大自然的智慧将为人们的生活带来极大改观。

第7章　光的衍射

7.1　光的衍射

除干涉现象外，波动的另一重要特征是衍射。波在传播过程中遇到障碍物时，能够绕过障碍物的边缘前进。这种偏离直线传播的现象称为波的衍射现象。例如，水波可以绕过闸口，声波可以绕过门窗，无线电波可以绕过高山等，都是波的衍射现象。光波也同样存在着衍射现象，但是由于光的波长很短，因此在一般光学实验(如光学系统成像等)中，衍射现象不明显。只有当障碍物(如小孔、狭缝等)的大小比光的波长大得不多时，才能观察到衍射现象。

7.1.1　光的衍射现象

如图7.1所示，一束平行光通过一个狭缝K以后，在屏幕P上将呈现光斑E。若缝宽比波长大得多时，屏幕P上的光斑和狭缝完全一致，如图7.1(a)所示，这时光可看成是沿直线传播的。若缩小缝宽使它可与光波波长相比较，则在屏幕P上将出现如图7.1(b)所示的明暗相间的条纹，这就是光的衍射现象。

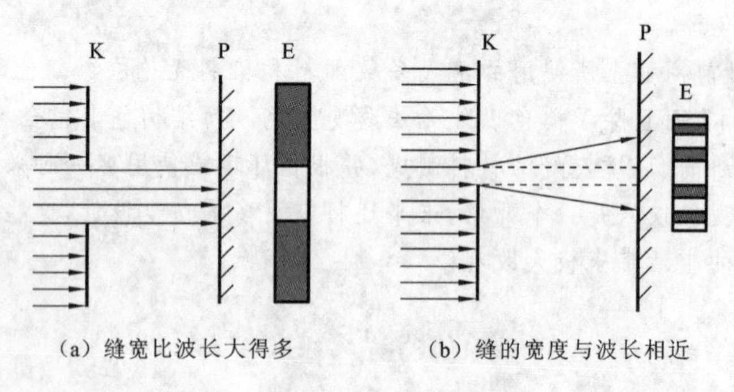

(a) 缝宽比波长大得多　　(b) 缝的宽度与波长相近

图7.1　光的衍射

7.1.2　惠更斯-菲涅耳原理

在研究波的传播时，惠更斯曾指出，媒质中波所到达的各点都可以看作是发射子波的波源，其后任一时刻，这些子波的包迹就决定新的波前，这就是惠更斯原理。根据惠更斯原理可以确定波的传播方向，说明衍射中波的绕弯行为，但不能解释波的衍射区域中能量的不均匀分布现象。

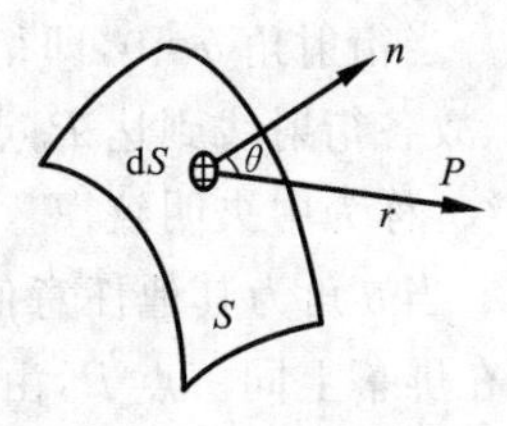

图 7.2 惠更斯-菲涅耳原理

菲涅耳发展了惠更斯原理，为衍射理论奠定了基础。他假定：波在传播过程中，从同一波阵面上各点发出的子波经传播而在空间某点相遇时，会产生相干叠加。这个发展了的惠更斯原理称为惠更斯-菲涅耳原理。

根据惠更斯-菲涅耳原理，可将某时刻的波前 S 分割成无数面元 dS，如图 7.2 所示，每一个面元可视为一个子波源。所有面元发出的子波在空间某点 P 的叠加结果决定了该点的振动情况，也即决定了该点的振幅或光强度。为此，惠更斯-菲涅耳原理还指出：每一面积元 dS 发出的子波在点 P 所引起光振动振幅的大小，与面积元 dS 的大小成正比，与从 dS 到 P 的距离 r 成反比，并与 r 和 dS 的法线 n 之间的夹角 θ 有关，θ 越大，则振幅越小。利用积分学的方法可以计算出整个波面 S 所发出的光传播到点 P 的光强。但是一般来说，这个积分问题是较复杂的。

7.1.3 单缝的夫琅禾费衍射

宽度远较长度为小的狭缝，称为单缝。单缝夫琅禾费衍射的实验装置如图 7.3(a)所示。线光源 S 放在透镜 L_1 的主焦面上，因此从透镜 L_1 穿出的光线形成一平行光束。这束平行光照射在单缝 K 上，一部分穿过单缝，再经过透镜 L_2，在 L_2 的焦平面处的屏幕上将出现一组明暗相间的平行直条纹。

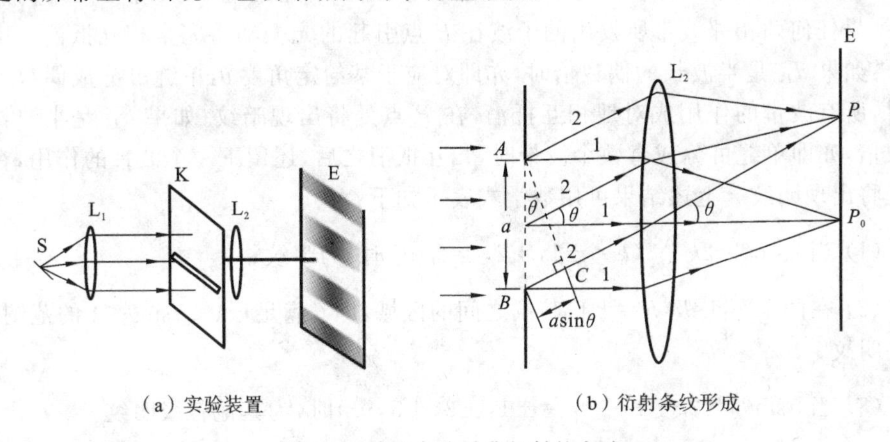

(a) 实验装置　　(b) 衍射条纹形成

图 7.3 单缝夫琅禾费衍射的实验

下面来分析单缝衍射图样的形成及其特点。设单缝宽度为 a，如图 7.3(b)所示，入射光波长为 λ，在平行单色光的垂直照射下，位于单缝所在处的波阵面 AB 上各点所发出的子波沿各个方向传播。衍射后沿某一方向传播的子波波线即衍射线与缝平面法线间的夹角 θ 称为衍射角。

当衍射角 $\theta=0$,即衍射线 1 与入射线同方向时,因由同相位面 AB 到点 P_0 等光程,故各衍射线到达 P_0 点时同相位,它们相互干涉加强,在 P_0 处就形成平行于缝的明纹,称为中央明纹。

当 θ 角为其他任意值时,相同衍射角 θ 的衍射线(图中用 2 表示)经过透镜后,聚焦在屏幕上同一点 P,由缝 AB 上各点发出的衍射线到 P 点光程不等,其光程差可这样来分析:过 A 作平面 AC 与衍射线 2 垂直,由透镜的等光程性可知,从 AC 面上各点到 P 点等光程,所以,两条边缘衍射线之间的光程差为

$$d_{BC}=a\sin\theta$$

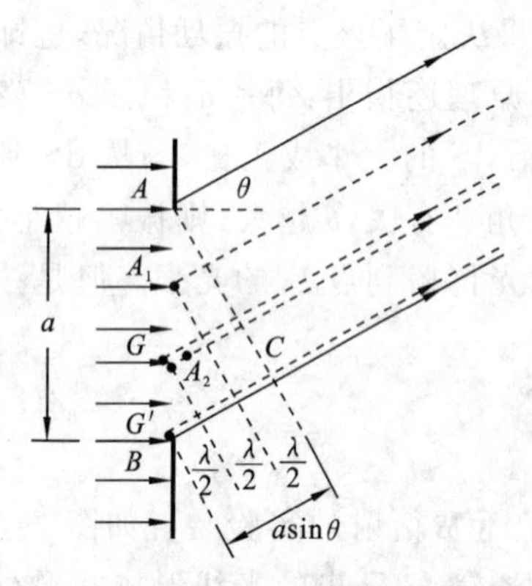

图 7.4　菲涅尔的半波带

P 点条纹的明暗完全取决于光程差 d_{BC} 的量值。菲涅耳在惠更斯-菲涅耳原理的基础上,提出了将波阵面分割成许多等面积的波带的方法。在单缝的例子中,可以作一些平行于 AC 的平面,使两相邻平面之间的距离等于入射光的半波长,即 $\lambda/2$。假定这些平面将单缝处的波阵面 AB 分成 AA_1、A_1A_2、A_2B 等整数个波带,如图 7.4 所示。由于各个波带的面积相等,因此各个波带在 P 点所引起的光振幅接近相等。两相邻的波带上,任何两个对应点所发出的子波的光程差总是 $\lambda/2$,亦即相位差总是 π。经过透镜聚焦,由于透镜不产生附加光程差,因此到达 P 点时相位差仍然是 π。结果任何两相邻波带所发出的子波在 P 点引起的光振动将完全相互抵消。由此可见:如果 d_{BC} 是半波长的偶数倍时,亦即对应于某给定角度 θ,单缝可分成偶数个波带时,所有波带的作用成对地相互抵消,在 P 点处将出现暗纹;如果 d_{BC} 是半波长的奇数倍,亦即单缝可分成奇数个波带时,相互抵消之后,还留下一个波带的作用,在 P 点处将出现明纹。上述结果可用数学式表示如下:

(1) 当 $a\sin\theta=2k\dfrac{\lambda}{2}$ $(k=\pm1,\pm2,\pm3,\cdots)$时,为暗纹;

(2) 在两个第 1 级($k=\pm1$)暗纹之间的区域,即 θ 满足 $-\lambda<a\sin\theta<\lambda$ 的范围,为中央明纹。

(3) 当 $a\sin\theta=(2k+1)\dfrac{\lambda}{2}$$(k=\pm1,\pm2,\pm3,\cdots)$时,为其他各级明纹。

例 7.1　一单色平行光垂直照射一单缝,若其第 3 级明纹位置正好与 6000 Å 的单色平行光的第 2 级明纹位置重合,求前一种单色光的波长。

解　单缝衍射的明纹公式为

$$a\sin\varphi=(2k+1)\frac{\lambda}{2}$$

当 $\lambda=6000$ Å 时,　　$k=2$

$\lambda=\lambda_x$ 时，$k=3$

重合时 φ 角相同，所以有

$$a\sin\varphi=(2\times2+1)\frac{6000}{2}=(2\times3+1)\frac{\lambda_x}{2}$$

得

$$\lambda_x=\frac{5}{7}\times6000\ \text{Å}=4286\ \text{Å}$$

7.2　圆孔衍射、光学仪器分辨率

7.2.1　圆孔的夫琅禾费衍射

当光波射到小圆孔时，也会产生衍射现象。光学仪器中所用的孔径光阑、透镜的边框等都相当于一个透光的圆孔，在成像问题中常要涉及圆孔衍射问题，所以圆孔夫琅禾费衍射具有重要的意义。

在观察单缝夫琅禾费衍射的实验装置中，用小圆孔 L 代替狭缝 K。平行单色光垂直照射到圆孔上，光通过圆孔后被透镜 L_2 会聚。按照几何光学，在光屏上只能出现一个亮点，但是实际上在光屏上看到的是圆孔的衍射图样，中央是一个较亮的圆斑，外围是一组同心的暗环和明环。这个由第 1 级暗环所围的中央光斑，称为爱里(G. B. Airy)斑，如图 7.5 所示。

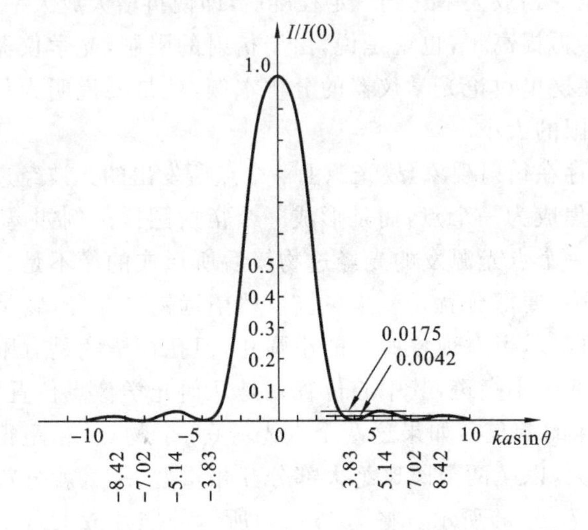

图 7.5　爱里斑及强度分布

由理论计算可得，第 1 级暗环的衍射角 θ_1 满足下式：

$$\sin\theta_1=0.61\frac{\lambda}{r}=1.22\frac{\lambda}{d}$$

式中:r 和 d 是圆孔的半径和直径。

上式与单缝衍射第1级暗纹的 $\sin\theta_1=\frac{\lambda}{d}$ 相对应。

爱里斑的角半径就是第1级暗环所对应的衍射角

$$\theta_1\approx\sin\theta_1=0.61\frac{\lambda}{r}=1.22\frac{\lambda}{d}$$

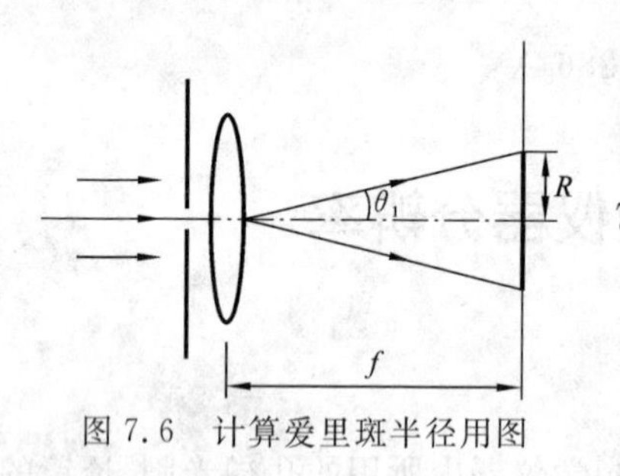

图7.6　计算爱里斑半径用图

若透镜 L_2 的焦距为 f,则爱里斑的半径由图7.6可知为

$$R=f\tan\theta_1$$

由于 θ_1 很小,故 $\tan\theta_1\approx\sin\theta_1\approx\theta_1$,则

$$R=1.22\frac{\lambda}{d}f$$

由此可知,λ 愈大或 d 愈小,衍射现象愈显著,当 $\frac{\lambda}{d}\ll1$ 时,衍射现象可忽略。

7.2.2　光学仪器的分辨本领

当讨论各种光学仪器的成像问题时,如果仅从几何光学的定律来考虑,只要适当选择透镜焦距并且适当安排多个透镜的组合,总可能用提高放大率的办法,把任何微小物体或远处物体放大到清晰可见的程度。但是,实际上各种光学仪器成像的清晰程度最终要受光的衍射现象所限制。当放大率达到一定程度后,即使再增大放大率,该仪器分辨物体细节的性能也不会再提高了,也就是说,由于衍射的限制,光学仪器的分辨能力有一个最高的极限。在这里讨论光学仪器的分辨本领,就是要说明为什么有一个分辨极限,并给出分辨极限的大小。

从波动光学的观点来看,由于存在衍射现象,故光源上一个点所发出的光波经过仪器中的圆孔或狭缝后,并不能聚焦成为一个点,而是形成一个衍射图样。例如,望远镜的物镜相当于一个通光圆孔,一个点光源发的光经过物镜后所形成的像不是一个点,而是前述的圆孔衍射图样,其主要部分就是爱里斑。虽然望远镜的孔径(物镜直径)远大于光波的波长,不是平时演示衍射现象所用的小圆孔,但孔径毕竟是有限的,一个点光源的像仍然是一个弥散的小亮斑,其中心位置就是几何光学像点位置。两个点光源所成的像将是两个这样的圆斑。如果这两个点光源(两个物点)相距很近,而它们形成的衍射圆斑又比较大,以至两个圆斑绝大部分互相重叠,那么就分辨不出是两个物点了,这种情形如图7.7(a)所示。将图7.7(a)所示的照片放大若干倍,还是分辨不清是两个物点。如果这个圆斑足够小,或其中心距离足够远,如图7.7(b)所示,那么两个圆斑虽有一些重叠,但也能分辨这两个点光源。

对一个光学仪器来说,如果一个点光源的衍射图样中央最亮处刚好与另一个点光源的衍射图样的第1个最暗处相重合,如图7.7(c)所示,这时两衍射图样(重叠

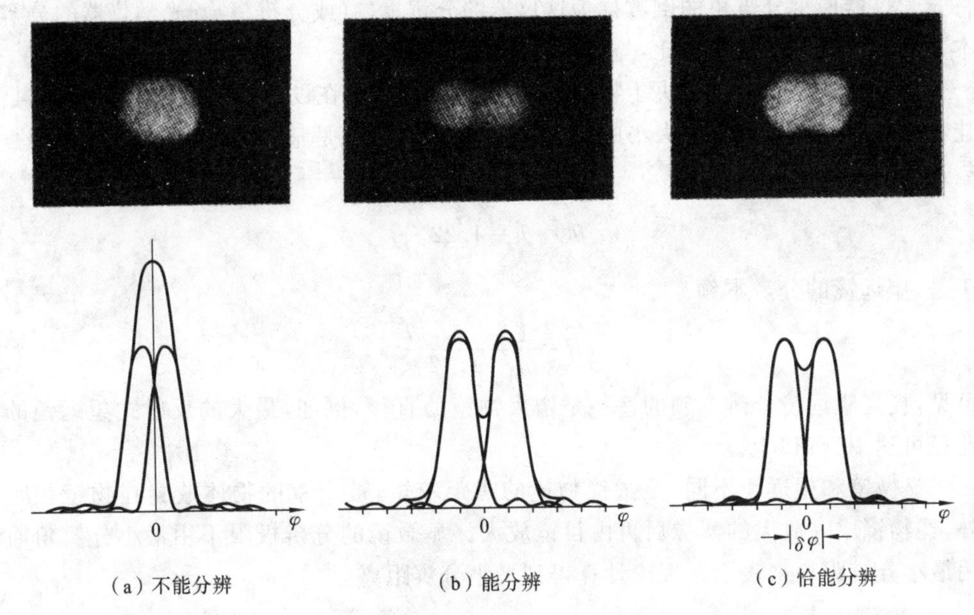

图 7.7 分辨两个衍射图样的条件

区)光强约为单个衍射图样中央最大光强的 80%,一般人的眼睛刚刚能够判断出这是两个光点的像。这时,我们说这两个点光源恰好为这一光学仪器所分辨。这一条件称为瑞利(Rayleigh)准则。按此规定可求出两个物点的距离,以作为光学仪器能分辨的两个物点的最小距离。以圆孔形物镜(透镜)为例,恰能分辨的两个点光源的两衍射图样中心之间的距离,应等于爱里斑的半径。此时,两个点光源在透镜处所张的角称为最小分辨角,用 θ_R 表示(见图 7.8)。对于直径为 d 的圆孔衍射图样来说,爱里斑的角半径 θ_1 由下式给出:

$$\sin\theta_1 = 1.22\frac{\lambda}{d}$$

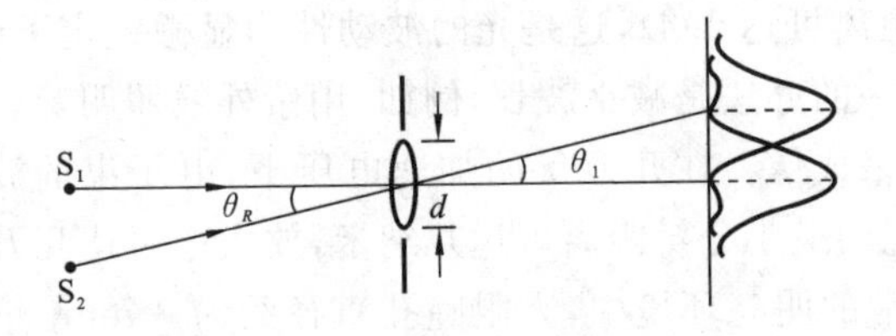

图 7.8 最小分辨角

这样,最小分辨角 θ_R 的大小可用下式表示(因 $\theta_1 \approx \sin\theta_1$):

$$\theta_R = \theta_1 = 1.22\frac{\lambda}{d}$$

即最小分辨角的大小由仪器的孔径 d 和光波的波长 λ 决定。在光学研究领域中,常将光学仪器最小分辨角的倒数称为这仪器的分辨本领(或分辨率)。光学仪器的分辨本领都与仪器的孔径成正比,与所用的光波波长成反比。

望远镜的分辨本领取决于物镜的直径 d,这是因为在设计和制造望远镜时,总是让物镜成为限制成像光束大小的通光孔,物镜的直径就是整个望远镜的孔径。因此,望远镜的最小分辨角

$$\theta_R=\theta_1=1.22\frac{\lambda}{d}$$

于是,望远镜的分辨本领

$$R=\frac{1}{\theta_R}=\frac{1}{1.22}\frac{d}{\lambda}$$

可见,提高望远镜分辨本领的途径是增大物镜的直径,例如,最大的反射式望远镜的孔径可达 10 m 以上。

显微镜和望远镜不同,显微镜物镜的焦距较短,被观察的物体放置在物镜焦距外,经物镜成一放大的实像后再由目镜放大。显微镜的分辨极限不用最小分辨角而用最小分辨距离来表示。理论计算得到最小分辨距离为

$$\Delta y=\frac{0.61\lambda}{n\sin u}$$

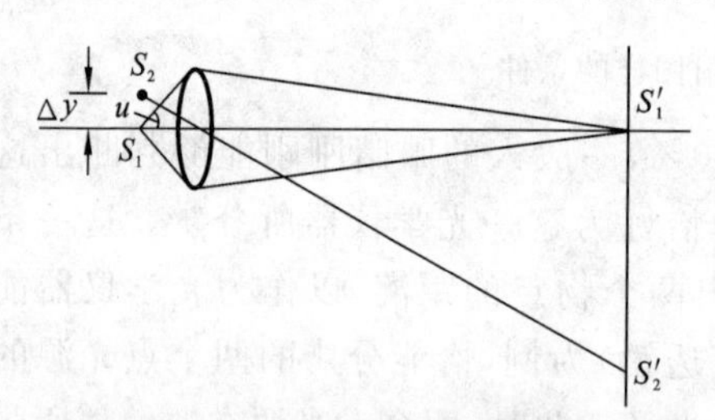

图 7.9　显微镜的最小分辨距离

式中:n 为物方的折射率;u 为孔径对物点的半张角(见图 7.9);乘积 $n\sin u$ 常称为显微镜的数值孔径,用符号 N. A. 表示,因此,显微镜的分辨本领

$$R=\frac{1}{\Delta y}=\frac{n\sin u}{0.61\lambda}$$

可见,要提高显微镜的分辨本领,就是要减小使用的光波波长,增大显微镜的数值孔径。一般显微镜的数值孔径总是小于 1,高倍率的显微镜使用油浸式的镜头,就是使用显微镜时,在载物片与物镜之间滴上一滴油,这样可使数值孔径增大到 1.5 左右,这时最小分辨距离可达 0.4λ,这是光的波动性为显微镜定下的极限。因此,提高显微镜分辨本领唯一的办法是减小波长,例如,用紫外线照明等。近代电子显微镜利用电子束的波动性来成像。在几万伏的加速电压下,电子束的波长可达 0.1 nm 的数量级,电子显微镜的最小分辨距离可达几纳米,放大率可达几万倍乃至几百万倍。

例 7.2　在通常的明亮环境中,人眼瞳孔直径约为 3 mm。问:人眼的最小分辨角是多大?如果纱窗上两根细丝之间的距离为 2.0 mm,那么人离开纱窗多远恰能分辨清楚?

解　以视觉感受最灵敏的黄绿光来讨论,波长 $\lambda=550$ nm,根据公式求得人眼的最小分辨角

$$\theta_R=1.22\frac{\lambda}{d}=1.22\times\frac{550\times10^{-9}}{3.0\times10^{-3}}\text{ rad}=2.2\times10^{-4}\text{ rad}$$

设人离开纱窗的距离为 s，纱窗上相邻两根细丝的间距为 l，对人眼来说，张角 θ 为

$$\theta\approx\frac{l}{s}$$

当恰能分辨时，应有

$$\theta=\theta_R$$

于是

$$s=\frac{l}{\theta}=\frac{2.0\times10^{-3}}{2.2\times10^{-4}}\text{ m}=9.1\text{ m}$$

即人眼能分辨纱窗细丝的最远距离约为 9.1 m。

7.3 光　　栅

7.3.1 光栅衍射

由大量等宽、等间距的平行狭缝构成的光学器件称为光栅。一般常用的光栅是在玻璃片上刻出大量平行刻痕制成的。刻痕为不透光部分，两刻痕之间的光滑部分可以透光，相当于一个狭缝。精制的光栅，在 1 cm 宽度内刻有几千条乃至上万条刻痕，这种利用透射光衍射的光栅称为透射光栅，还有利用两刻痕间的反射光衍射的光栅，如在镀有金属层的表面上刻出许多平行刻痕，两刻痕间的光滑金属面可以反射光，这种光栅称为反射光栅。

设透射光栅的总缝数为 N，缝宽为 a，缝间不透光部分宽度为 b，$a+b=d$ 称为光栅常量。假设平行单色光垂直入射到光栅上，如图 7.10 所示。透过光栅每个缝的光都有衍射，这 N 个缝的 N 套衍射条纹通过透镜完全重合，而通过光栅不同缝的光要发生干涉。所以，光栅的衍射条纹应是单缝衍射和多缝干涉的总效果，就是 N 个缝的干涉条纹要受到单缝衍射的调制。

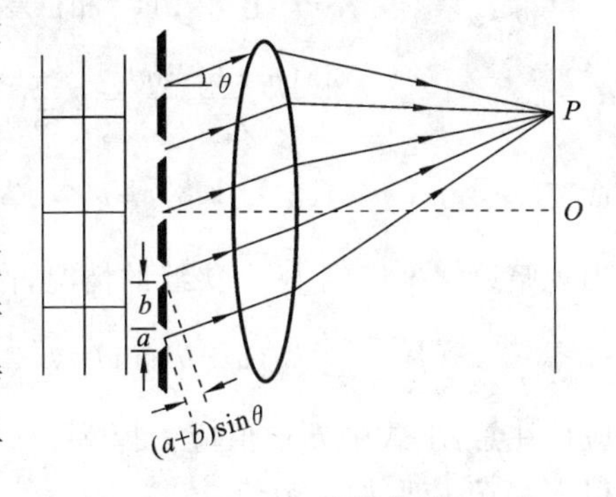

图 7.10　光栅衍射

下面用振幅矢量法来分析光栅衍射条纹的分布。设来自每个狭缝的光振动到达屏上 P 点的振幅矢量分别用 $\mathbf{A}_1,\mathbf{A}_2,\cdots,\mathbf{A}_N$ 来表示。

(1) 明纹。若相邻两个缝发出的光束间的相位差为零或 2π 的整数倍，则 N 个

缝的光束在 P 点干涉加强，合振动的振幅最大，如图 7.11 所示，产生明纹。因此，产生明纹的条件为

$$\frac{2\pi(a+b)\sin\theta}{\lambda}=2k\pi,\quad k=0,\pm1,\pm2,\cdots$$

或
$$(a+b)\sin\theta=k\lambda,\quad k=0,\pm1,\pm2,\cdots$$

即相邻两个缝间的光程差等于波长的整数倍时，将出现明纹。上式称为光栅方程，满足光栅方程的明纹又称主明纹或主极大。

(2) 暗纹。如果在 P 点处光振动的合振幅等于零，将出现暗纹。这时，各分振动的振幅矢量应组成一个闭合多边形，如图 7.11(b)所示，图中以 6 个缝为例，若相邻两缝光振动的相位差 φ 等于$\frac{\pi}{3}$、$\frac{2\pi}{3}$、π、$\frac{4\pi}{3}$和$\frac{5\pi}{3}$(相位差在 0 和 2π 之间)，则其合振幅均为零。所以，相邻两缝光束间的相位差满足

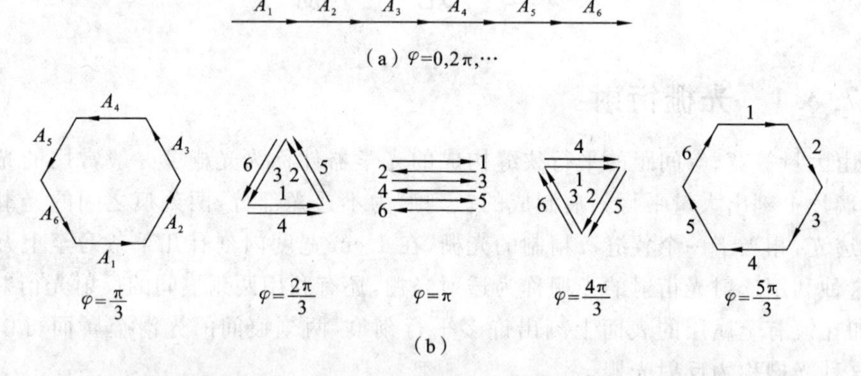

图 7.11　相位差不同时多缝光振动的合成

$$\frac{2\pi(a+b)\sin\theta}{\lambda}=k'\frac{\pi}{3},\quad k'=\pm1,\pm2,\pm3,\pm4,\pm5$$

或
$$(a+b)\sin\theta=k'\frac{\lambda}{6},\quad k'=\pm1,\pm2,\pm3,\pm4,\pm5$$

出现暗纹。推广到 N 个狭缝的情况，产生暗纹的条件为

$$(a+b)\sin\theta=k'\frac{\lambda}{N},\quad k=\pm1,\pm2,\pm3,\cdots$$

应该注意，上式中 k'取值应去掉 $k'=kN$ 的情况，因为这属于出现主明纹的情况，所以 k'忌 7，应取如下数值：

$$k'=\pm1,\pm2,\cdots,\pm(N-1),\pm(N+1),\pm(N+2),\cdots,\pm(2N-1),\pm(2N+1),\cdots$$

可见在两个相邻的主明纹之间有 $N-1$ 条暗纹。

(3) 次明纹。既然在相邻两主明纹之间有 $N-1$ 条暗纹，则在两暗纹之间一定还存在着明纹。这些地方虽然光振动没有全部抵消，但却是部分抵消。计算表明，这

些明纹的强度仅为主明纹的4%左右，所以称为次明纹或次极大。两主明纹之间出现的次明纹的数目由暗纹数可推知为 $N-2$ 条。

综上所述，由于光栅的缝数很多，其结果是在两相邻主明纹之间布满了暗纹和光强极弱的次明纹，因此在主明纹之间实际是一暗区，明纹分得很开且很细，光强集中在窄小的区域内，条纹变亮。所以，光栅衍射图样的特点是：在黑暗的背景上呈现一系列分得很开的细窄亮线。

图 7.12 给出了光强分布图，其中图 7.12(a)给出了缝宽为 a 的单缝衍射图样的光强图，图 7.12(b)给出了多缝干涉图样的光强分布图，多缝干涉和单缝衍射共同决定的光栅衍射的总光强如图 7.12(c)所示，干涉条纹的光强要受到单缝衍射的调制。如果光栅缝数很多，每条缝的宽度很小，则单缝衍射的中央明纹区域变得很宽。通常观察到的光栅衍射图样就是各缝的衍射光束在单缝衍射中央明纹区域内的干涉条纹。

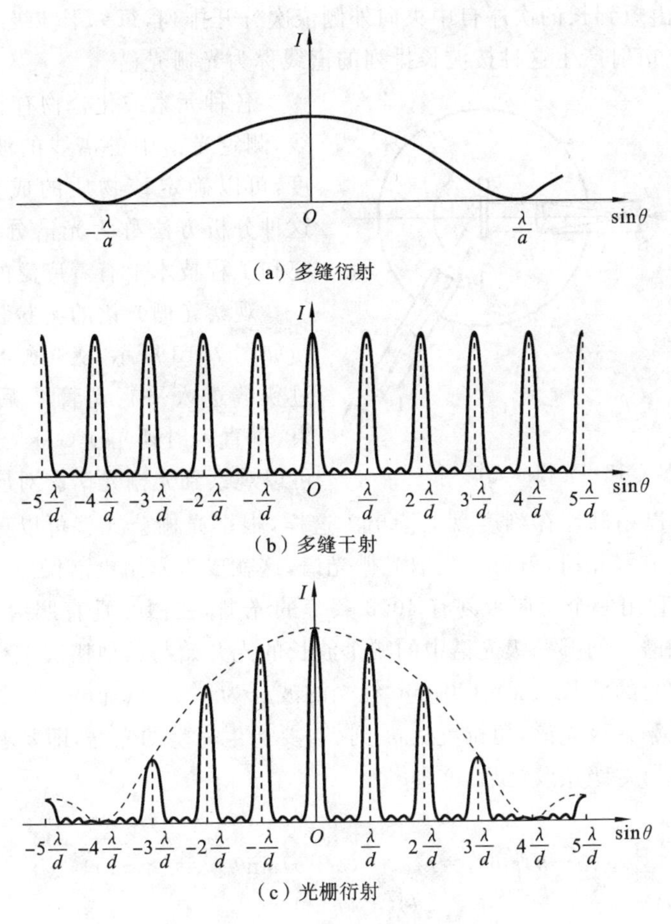

图 7.12　光强分布

这里还应指出,如果 θ 的某些值既满足光栅方程的主明纹条件,又满足单缝衍射的暗纹条件,则这些主明纹将消失,这一现象称为缺级。如果 θ 角同时满足

$$(a+b)\sin\theta=k\lambda,\quad a\sin\theta=k'\lambda$$

则缺级的级数 k 为

$$k=\frac{a+b}{a}k',\quad k'=\pm1,\pm2,\pm3,\cdots$$

例如,当 $a+b=4a$ 时,缺级的级数为 $k=4,8,\cdots$。图 7.12(c)所示的就是这种情况。

7.3.2　光栅光谱

单色光经过光栅衍射后形成各级细而亮的明纹,从而可以精确地测定其波长。如果用复色光照射到光栅上,除中央明纹外,不同波长的同一级明纹的角位置是不同的,并按波长由短到长的次序自中央向外侧依次分开排列,每一干涉级次都有这样一组谱线。光栅衍射产生这种按波长排列的谱线称为光栅光谱。

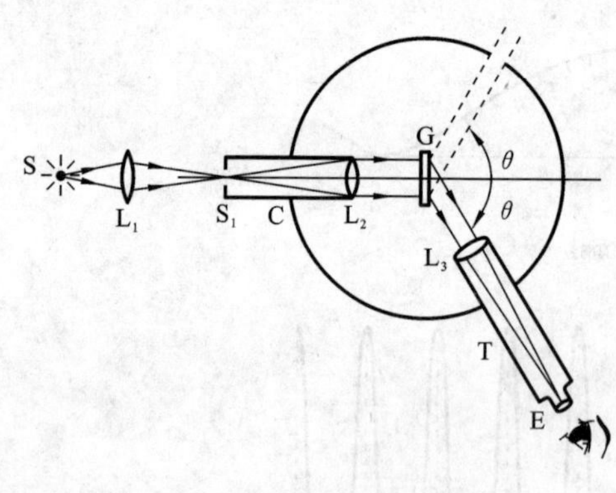

图 7.13　光栅分光镜

各种元素或化合物有它们特定的谱线,测定光谱中各谱线的波长和相对强度,可以确定该物质的成分及其含量。这种分析方法称为光谱分析,在科学研究和工程技术上有着广泛的应用。

观察光栅光谱的实验装置光栅分光镜如图 7.13 所示,从光源 S 发出的光经过狭缝进入平行光管 C 后成为平行光束,垂直入射到光栅 G 上,通过望远镜 T 可以观察到光栅光谱。对应于某一级光谱线的 θ 角可以精确地在刻度盘上读出。这样,根据光栅公式就可以算出波长。如果把望远镜换成照相机,就可以摄取光栅光谱,这就成为光栅摄谱仪。

例 7.3　利用一个每厘米刻有 4000 条缝的光栅,在白光垂直照射下,可以产生多少完整的光谱?问哪一级光谱中的哪个波长的光开始与其他谱线重叠?

解　设紫光的波长为 $\lambda=400$ nm,红光的波长为 $\lambda'=760$ nm。按光栅方程 $(a+b)\sin\theta=k\lambda$,对第 k 级光谱,角位置从 θ_k 到 θ'_k,要产生完整的光谱,即要求 λ 的第 $k+1$ 级条纹在 λ' 的第 k 级条纹之后,亦即

$$\theta'_k<\theta_{k+1}$$

由

$$(a+b)\sin\theta'_k=k\lambda',\quad (a+b)\sin\theta_{k+1}=(k+1)\lambda$$

得

$$k\lambda'<(k+1)\lambda$$

$$760k<400(k+1)$$

因为只有 $k=1$ 才满足上式，所以只能产生一个完整的可见光谱，而第 2 级和第 3 级光谱即有重叠现象出现。

设第 2 级光谱中波长为 λ'' 的光与第 3 级的光谱开始重叠，即与第 3 级中紫光开始重叠，这样

$$(k+1)\lambda''=k\lambda'$$

$k=2$，代入得

$$\lambda''=\frac{2}{3}\lambda'=\frac{2}{3}\times 760\ \text{nm}=506.7\ \text{nm}$$

例 7.4 用每毫米刻有 500 条栅纹的光栅观察钠光谱线($\lambda=589.3$ nm)。求下列情况下最多能看到第几级条纹？总共有多少条条纹？

(1) 平行光线垂直入射时；

(2) 平行光线以入射角 30°入射时。

解 (1) 由光栅公式 $(a+b)\sin\theta=k\lambda$ 得

$$k=\frac{a+b}{\lambda}\sin\theta$$

可见 k 的可能最大值对应 $\sin\theta=1$。

按题意，每毫米中刻有 500 条栅纹，所以光栅常量为

$$a+b=\frac{1}{500}\ \text{mm}=2\times 10^{-6}\ \text{m}$$

将其及 λ 值代入 $k=\dfrac{a+b}{\lambda}\sin\theta$，并设 $\sin\theta=1$，得

$$k=\frac{2\times 10^{-6}}{589.3\times 10^{-9}}=3.4$$

k 只能取整数，故取 $k=3$，即垂直入射时能看到第 3 级条纹，总共有 $2k+1=7$ 条明纹(其中加 1 是指中央明纹)。

(2) 如平行光以 θ' 角入射，光程差的计算公式应作适当的修正。从图 7.14 中可以看出，在衍射角 θ 的方向上，相邻两缝对应点的衍射光程差为

$$\begin{aligned}\delta&=d_{BD}-d_{AC}=(a+b)\sin\theta-(a+b)\sin\theta'\\&=(a+b)(\sin\theta-\sin\theta')\end{aligned}$$

这里角 θ 和角 θ' 的正负号是这样规定的：从光栅平面的法线算起，逆时针转向光线时的夹角取正值，反之取负值。图 7.14 中所示的 θ 和 θ' 都是正值，由此得斜入射时的光栅方

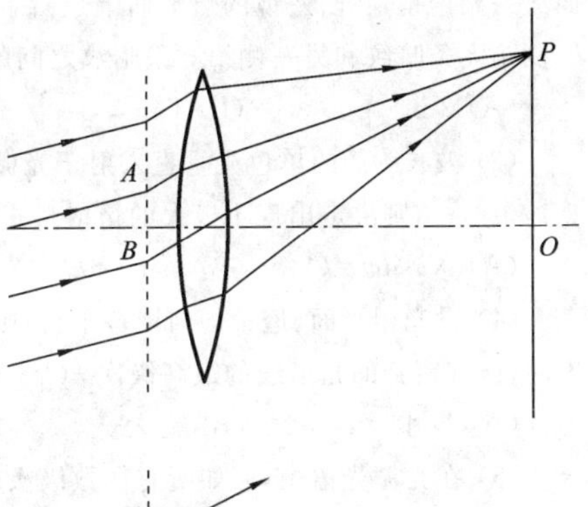

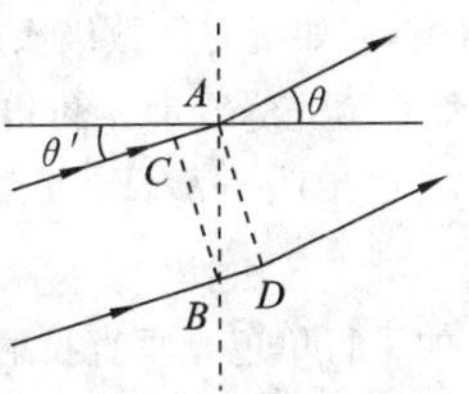

图 7.14 斜入射时光栅光程差的计算

程为

$$(a+b)(\sin\theta-\sin\theta')=k\lambda,\quad k=0,\pm1,\pm2,\cdots$$

同样，k 的可能最大值对应 $\sin\theta=\pm1$。

在 O 点上方观察到的最大级次设为 k_1，取 $\theta=90°$，得

$$k_1=\frac{(a+b)(\sin90°-\sin30°)}{\lambda}=\frac{2\times10^{-6}(1-0.5)}{589.3\times10^{-9}}=1.70$$

取 $k_1=1$。

而在 O 点下方观察到的最大级次设为是 k_2，取 $\theta=-90°$，得

$$k_1=\frac{(a+b)[\sin(-90°)-\sin30°]}{\lambda}=\frac{(a+b)[-1-0.5]}{589.3\times10^{-9}}=-5.09$$

取 $k_2=-5$。

所以斜入射时，总共有 $k_1+|k_2|+1=7$ 条明纹。

习　题　7

一、选择题。

(1) 在夫琅禾费单缝衍射实验中，对于给定的入射单色光，当缝宽度变小时，除中央亮纹的中心位置不变外，各级衍射条纹(　　)。

(A) 对应的衍射角变小　　(B) 对应的衍射角变大

(C) 对应的衍射角也不变　　(D) 光强也不变

(2) 波长 $\lambda=500$ nm(1 nm$=10^{-9}$ m)的单色光垂直照射到宽度 $a=0.25$ mm 的单缝上，单缝后面放一凸透镜，在凸透镜的焦平面上放置一屏幕，用以观测衍射条纹。今测得屏幕上中央明条纹一侧第 3 条暗纹和另一侧第 3 条暗纹之间的距离为 $d=12$ mm，则凸透镜的焦距是(　　)。

(A) 2 m　　(B) 1 m　　(C) 0.5 m　　(D) 0.2 m　　(E) 0.1 m

(3) 波长为 λ 的单色光垂直入射于光栅常数为 d、缝宽为 a、总缝数为 N 的光栅上。取 $k=0,\pm1,\pm2,\cdots$，则决定出现主极大的衍射角 θ 的公式可写成(　　)。

(A) $Na\sin\theta=k\lambda$　　(B) $a\sin\theta=k\lambda$　　(C) $Nd\sin\theta=k\lambda$　　(D) $d\sin\theta=k\lambda$

(4) 设光栅平面、透镜均与屏幕平行，则当入射的平行单色光从垂直于光栅平面入射变为斜入射时，能观察到的光谱线的最高级次 k(　　)。

(A) 变小　　(B) 变大　　(C) 不变　　(D) 改变无法确定

(5) 在光栅光谱中，假如所有偶数级次的主极大都恰好在单缝衍射的暗纹方向上，因而实际上不出现，那么此光栅每个透光缝宽度 a 和相邻两缝间不透光部分宽度 b 的关系为(　　)。

(A) $a=0.5b$　　(B) $a=b$　　(C) $a=2b$　　(D) $a=3b$

二、填空题。

(1) 将波长为 λ 的平行单色光垂直投射于一狭缝上，若对应于衍射图样的第 1 级暗纹位置的衍射角的绝对值为 θ，则缝的宽度等于________。

(2) 波长为 λ 的单色光垂直入射在缝宽为 $a=4\lambda$ 的单缝上。对应于衍射角 $\varphi=30°$，单缝处的

波面可划分为________个半波带。

(3) 在夫琅禾费单缝衍射实验中，当缝宽变窄时，衍射条纹变______，当入射波长变长时，衍射条纹变______。(填"疏"或"密")

(4) 在单缝夫琅禾费衍射实验中，设第1级暗纹的衍射角很小，若钠黄光($\lambda_1=589$ nm)中央明纹宽度为4.0 nm，则$\lambda_2=442$ nm(1 nm$=10^{-9}$ m)的蓝紫色光的中央明纹宽度为______ nm。

(5) 在透光缝数为N的平面光栅的衍射实验中，中央主极大的光强是单缝衍射中央主极大光强的__________倍，通过N个缝的总能量是通过单缝能量的__________倍。

三、用橙黄色的平行光垂直照射一宽为$a=0.60$ mm的单缝，缝后凸透镜的焦距$f=40.0$ cm，观察屏幕上形成的衍射条纹，设屏上离中央明纹中心1.40 mm处的P点为一明纹。求：

(1) 入射光的波长；

(2) P点处条纹的级数；

(3) 从P点看，对该光波而言，狭缝处的波面可分成几个半波带？

四、用$\lambda=5900$ Å的钠黄光垂直入射到每毫米有500条刻痕的光栅上，问最多能看到第几级明纹？

五、波长$\lambda=6000$ Å的单色光垂直入射到一个光栅上，第2级、第3级明纹分别出现在$\sin\varphi_2=0.20$与$\sin\varphi_3=0.30$处，第4级缺级。求：

(1) 光栅常数；

(2) 光栅上狭缝的宽度；

(3) 在$90°>\varphi>-90°$范围内，实际呈现的全部级数。

六、在夫琅禾费圆孔衍射中，设圆孔半径为0.10 mm，透镜焦距为50 cm，所用单色光波长为5000 Å，求在透镜焦平面处屏幕上呈现的爱里斑半径。

七、已知天空中两颗星相对于望远镜的角距离为4.84×10^{-6} rad，它们都发出波长为550 nm的光，试问望远镜的口径至少要多大，才能分辨出这两颗星？

*八、已知入射的X射线束含有从0.095～1.3 nm范围内的各种波长，晶体的晶格常数为0.275 nm，当X射线以45°角入射到晶体时，问对哪些波长的X射线能产生强反射？

阅读材料

中国“隐身衣”研究获得最新进展

要研究隐形,就要先明白物体为什么会显形:当电磁波照射到物体上时,会在物体上发生散射。散射的电磁波被人眼等感应器接收,就能识别哪里存在物体。目前应用的隐身技术大部分是通过吸收电磁波,让反射回去的电磁波达到最小,但这种技术并不是人们通常所理解的“隐身”。

2006年,英国帝国理工学院彭德里发表文章,提出了利用坐标变换的方法设计隐身衣,既不反射也不吸收电磁波,使电磁波能够绕过被隐身的区域,按照原来的方向传播,从而可以使物体完全隐形。这是隐身衣设计的殿堂级理论,奠定了隐身衣研究的理论体系。它的核心思想是,通过材料表面折射率的改造,让光线转弯,绕过物体,按原方向传播,就能将物体隐藏。此后,隐身衣的研究得到飞速发展,近年来成为电磁学、物理学、光学、材料科学及交叉学科非常前沿和热门的研究领域之一。

“就像小溪里的流水,经过一块石头时,溪流会绕过石头后再合拢了继续向前,就像没有遇到过石头一样。进入隐身衣的光线要绕过物体,所以走过的路径长;没有进入隐身衣的光线是一条直线,走过的路径短。完美的隐身衣要求所有的光线保持相同相位,因此进入隐身衣的光线必须跑得比外部光线快,这就要求隐身衣的材料对不同光线具有不同的折射率。”要实现彭德里“完美隐身”的理想,要具备非常精密的纳米加工技术,目前还无法实现,必须进一步对理论进行简化,才有可能在不同的电磁波频段里研发出可以实用的隐身衣。

隐身衣理论体系的提出者彭德里看到了这一研究进展,他在接受英国《卫报》采访时表示,这项工作是隐身衣研究领域“一个真正的进步”,此外,他在接受《自然》记者采访时进一步指出,“每个人都想拥有一件在可见光频段下能够隐藏现实世界中很大物体的隐身衣,但是要实现这一点需要对理想的隐身衣理论进行一些折中设计”,他认为陈红胜和他的同事们在这方面走得比大多数人更远,他们剔除了透射波相位要求保持一致的条件,“结果,他们实现了尺度相当大的可见光隐身器件”。

据介绍,目前关于隐身器件实验研究方面的进展主要可以归为两类:一类是地毯式隐身器件,物体躲在地毯式隐身器件下面,对于上面的观察者来说,看到的效果就像平整的地面一样,由此可以使物体得到隐身。这一类地毯式隐身器件要求物体不能脱离地面,主要是基于光线的反射,参数上相对容易实现一些。通过许多科学家的努力,目前地毯式隐身器件已经从微波段做到了光频段,并且隐身的尺度也从几个波长的大小达到几千个波长的大小。

第二类是人们通常所理解的哈利·波特式的隐身衣,可以脱离地面移动。这类隐身衣要求光线能够绕过中间的隐身区域,参数要求更加苛刻一些,相应的实验工作也比较少一些。目前国际上这部分的实验工作大部分集中在微波波段。

浙江大学陈红胜教授的工作集中在研究上述第二类型的隐身器件。从应用的角度出发,隐身如要能得到较好的应用,必须要能够工作在宽频带、全方向、全极化,要实现这个最终目标难度非常大。陈红胜的这项研究目前虽然还只能在几个方向上有效地隐身,但是可以适用于整个可见光频段和任意极化的光波。

在可见光中实验实现了物体的隐身,而且无须使用精密设计的纳米电磁材料。浙江大学国际电磁科学院陈红胜教授团队与新加坡南洋理工大学等国际团队合作,使用玻璃制造出了能够在水中隐形的六边形柱状隐身器件和能够在空气中隐形的多边形隐身器件。两种隐身器件使金鱼和猫成功隐形。“这意味着隐身器件不仅能够隐藏像猫、鱼这样大的物体,物体还能和隐身器件一起活动,隐身效果并不会因此受到影响。”

陈红胜介绍,目前的隐身技术应用,如隐形飞机,大部分是通过吸收电磁波,让反射回去的电磁波达到最小,但他认为,这种技术并不是通常理解的隐身技术。

人之所以能看到物体,是因为光射到物体上后,被物体阻挡并反射到人的眼睛。英国理论物理学家约翰·彭德里在2006年提出了利用坐标变换的方法设计隐身衣,使电磁波能够绕过被隐身的区域,按照原来的方向传播,从而可以使物体完全隐形,奠定了隐身衣研究的理论体系。但通过这种方法设计出的隐形器件理论上只能够在某一个电磁频率上实现完美的隐身效果,很难在较宽的频段实现。

陈红胜团队对这个理论进行了简化,提出了一种可见光波段多边形隐身衣的设计方法。由于人眼对光线的相位和略微延时并不敏感,陈红胜团队剔除理论中“光线保持相同相位”的条件,令隐身器件能够使用玻璃这种透明均匀的易得材料,也不需要纳米级工艺雕琢,降低了隐身衣的设计和实现难度。

通过对隐形器件的特殊设计,改变材料的折射率,令光线绕过位于隐身器件中心的物体,陈红胜团队率先将这一理论付诸实践,展示了一个在可见光波段隐形的途径。这一研究成果于2013年10月发表于《自然通讯》杂志。

截至目前,这一可见光频段的隐身器件还只能在特定的角度上取得理想的隐身效果,如六边形隐身器在正对六条棱角的角度具有较好效果,而多边隐身器仅有两个角度能够实现隐身。

第8章 光的偏振

光的干涉和衍射现象揭示了光的波动性，光的偏振现象则进一步说明光波是横波，充实了光的波动理论。

8.1 自然光和偏振光

普通光源中各个分子或原子内部运动状态的变化是随机的，发光过程又是间歇的。它们发出的光是彼此独立的，从统计规律上来说，相应的光振动将在垂直于光速方向的平面上遍布所有可能的方向，而且所有可能的方向上相应光矢量的振幅(光强)都是相等的。因而普通光源发出的光不显示偏振性。在垂直于光传播方向的平面内沿各方向振动的光矢量呈对称分布的光就称为自然光。实验表明，在光波的 E 振动和 H 振动中可引起人的视觉的只有 $\boldsymbol{E}$ 矢量，所以一般称 $\boldsymbol{E}$ 为光矢量。E 振动为光振动。自然光中各原子的振动方向都是随机的，$\boldsymbol{E}$ 在各方向的振动都同样地存在，而且在所有可能的方向上 $\boldsymbol{E}$ 的振幅都相等，如图 8.1(a)所示。因此，可将每个 $\boldsymbol{E}$ 矢量沿两个相互垂直的方向分解，如图 8.1(b)所示。自然光可分解为两个任意垂直方向上的、振幅相等的独立分振动，它们的相位之间没有固定的关系，不能把它们叠加成一个具有某一方向的合矢量，两者的光强各等于自然光总光强的一半。通常用图 8.1(c)所示的方法来表示自然光，用短线和点分别表示在纸面内和垂直于纸面的光振动。点线均布表示两振动振幅相等。

(a) 自然光中E振动的自然分布

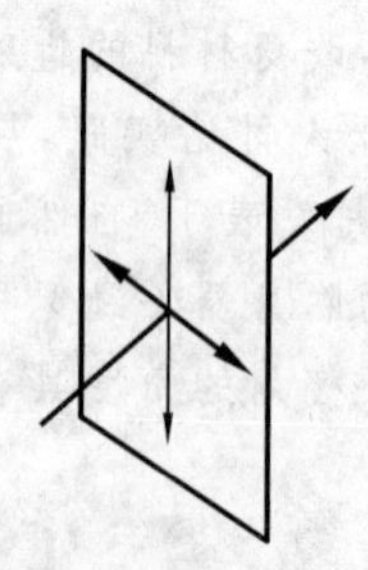

(b) 可用两等幅的独立分振动表示

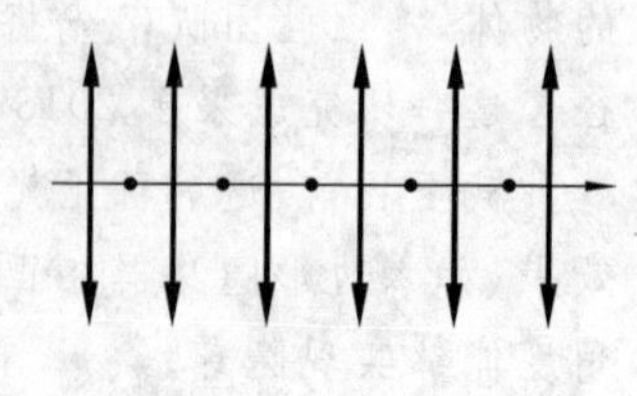

(c) 自然光的一般表示

图 8.1 自然光

如果用某些装置使自然光中某方向的光振动通过，而与此方向垂直的光振动完全被挡住，从而得到仅沿一个方向振动的光，这就是线偏振光。线偏振光也称完全偏振光或平面偏振光，有时简称偏振光。如果用某种办法使得光振动在某方向较强，而在与此垂直的方向上较弱，所得到的光就是部分偏振光。两种偏振光常用图 8.2 表示。

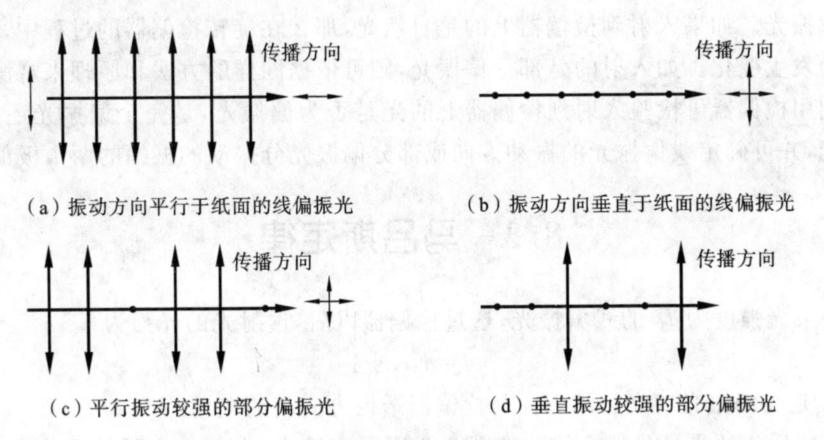

图 8.2 线偏振光和部分偏振光的表示

8.2 偏振片、起偏与检偏

将自然光转变为偏振光的过程称为起偏，用以转变自然光为偏振光的物体称为起偏器；检验某束光是否是偏振光，称为检偏，用以判断某束光是否是偏振光的物体称为检偏器。偏振片是一种常用的起偏器和检偏器，它只能透过沿某个方向的光矢量或光矢量振动沿该方向的分量。某些物质，如天然的电气石晶体、硫酸碘奎宁晶体等，能吸收某一方向的光振动，而只让与这个方向垂直的光振动通过，形成偏振光，这种性质称为二向色性。如将硫酸碘奎宁晶粒涂敷于透明薄片上，就可制成偏振片。这个允许特定光振动通过的方向称为偏振化方向或透振方向。

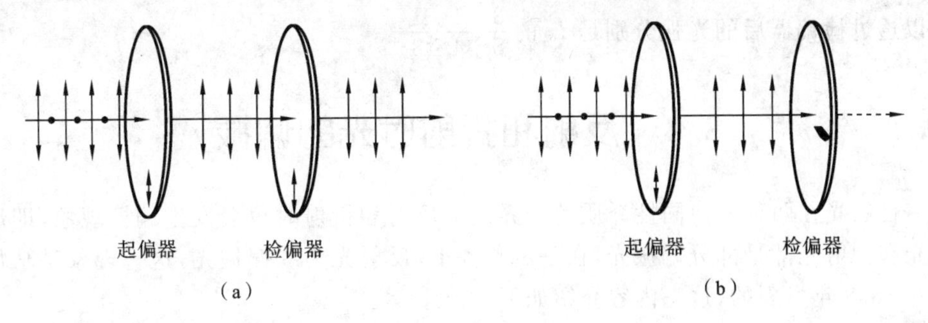

图 8.3 起偏与检偏

如图 8.3(a)所示，若将起偏器和检偏器按偏振化方向平行放置，则有光从检偏器出射，且此时出射光最亮；若以光传播方向为轴，慢慢旋转检偏器，如图 8.3(b)所示,则可看到出射光光强逐渐减弱,直至两偏振化方向正交时,出射光最暗,可认为没有光出射,此时即可判断得知经起偏器出射的是振动方向与检偏器偏振化方向垂直的线偏振光。如果入射到检偏器上的是自然光,那么在旋转检偏器的过程中,出射光强不会发生变化。如入射的是部分偏振光,则可依据同样的方法和原理来观测分析。因此利用检偏器可检验入射到检偏器上的光是否为偏振光,是完全偏振光还是部分偏振光,并可确定线偏振光的振动方向或部分偏振光分振动的振幅的两个极值方向。

8.3 马吕斯定律

一束光强度为 I_0 的线偏振光,透过检偏器以后,透射光的光强为

$$I=I_0\cos^2\alpha$$

式中:α 是线偏振光的光振动方向与检偏器透振方向间的夹角。

该式反映的是马吕斯定律。在图 8.3 所示实验中,出射光光强的变化遵循马吕斯定律。

例 8.1 投射到起偏器的自然光光强为 I_0,开始时,起偏器和检偏器的透光轴方向平行。然后使检偏器绕入射光的传播方向转过 30°、45°、60°,试分别求出在上述三种情况下,透过检偏器后的光强是 I_0 的几分之几?

解 由马吕斯定律有

$$I_1=\frac{I_0}{2}\cos^2 30°=\frac{3}{8}I_0$$

$$I_1=\frac{I_0}{2}\cos^2 45°=\frac{1}{4}I_0$$

$$I_1=\frac{I_0}{2}\cos^2 60°=\frac{1}{8}I_0$$

所以透过检偏器后的光强分别是 I_0 的$\frac{3}{8}$、$\frac{1}{4}$、$\frac{1}{8}$。

8.4 反射和折射时光的偏振

自然光在两种各向同性介质的分界面上反射和折射时也会发生偏振现象,即反射光和折射光都是部分偏振光,在一定条件下,反射光为线偏振光,这一现象是马吕斯在 1808 年发现的,这一内容介绍如下。

8.4.1 反射和折射时光的偏振现象

如图 8.4 所示,MM'是两种介质(如空气与玻璃)的分界面,S 是一束自然光入射线,R、R'分别是反射线和折射线,i、γ 分别为入射角和折射角。前面已讲过,自然光

可分解为两个振幅相等的垂直分振动。在此，设二分振动在图面内及垂直图，前者称为平行振动，后者称为垂直振动。在入射线中，短线与点均等分布。

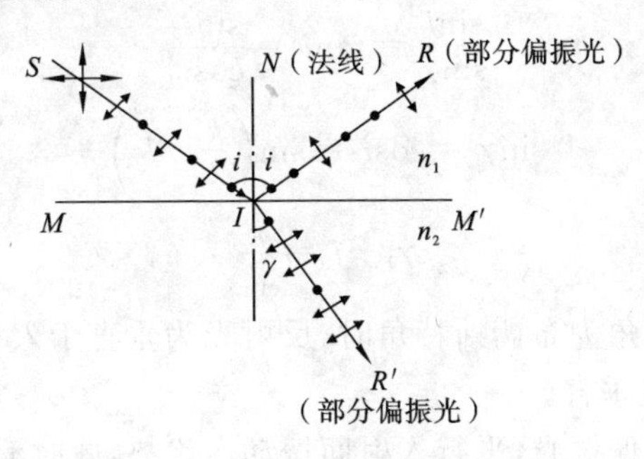

图 8.4　反射和折射时光的偏振

实验表明：反射光波垂直成分较多，被折射部分含平行成分较多。可见，反射光和折射光均为部分偏振光。

8.4.2　布儒斯特定律

反射光和折射光的偏振化程度与入射角 i 有关，设 n_1、n_2 是入射光和折射光所在介质空间的折射率，用 $n_{21}=\frac{n_2}{n_1}$ 表示折射介质相对入射介质的折射率。实验表明，当 i 等于某一特殊值 i_0，入射光与折射光垂直时，反射光为垂直入射面振动的线偏振光，折射光仍为部分偏振光，此时，入射角 i_0 满足

$$\frac{\sin i_0}{\sin \gamma_0}=\frac{n_2}{n_1}\quad（折射定律）$$

因为

$$i_0+\gamma_0=\frac{\pi}{2}$$

所以

$$\sin\gamma_0=\sin\left(\frac{\pi}{2}-i_0\right)=\sin i_0$$

故

$$\tan i_0=\frac{n_2}{n_1}=n_{21}$$

即入射角 i_0 满足 $\tan i_0=\frac{n_2}{n_1}=n_{21}$ 时，反射光为垂直于入射面振动的线偏振光，这一规律称为布儒斯特定律，上式为布儒斯特定律数学表达式。该定律是布儒斯特 1812 年从实验中研究得出的。i_0 称为布儒斯特角或起偏角。

说明　可证明：当 $i=i_0$ 时，反射光为垂直于入射面振动的线偏振光。

由折射定律知

$$\frac{\sin i_0}{\sin \gamma_0}=\frac{n_2}{n_1}$$

又 $$\tan i_0 = \frac{n_2}{n_1} \quad \text{(布儒斯特定律)}$$

所以 $$\frac{\sin i_0}{\sin \gamma_0} = \tan i_0 = \frac{\sin i_0}{\cos i_0}$$

即 $$\sin \gamma_0 = \cos i_0 = \sin\left(\frac{\pi}{2} - i_0\right)$$

所以 $$\gamma_0 + i_0 = \frac{\pi}{2}$$

结论 (1) 当入射角为布儒斯特角时,反射光为垂直于入射面的线偏振光,并且该线偏振光与折射光线垂直。

(2) 折射光为部分偏振光,平行入射面振动占优势,此时偏振化程度最高。

例 8.2 某一物质对空气的临界角为 45°,光从该物质向空气入射。求 i_0。

解 设 n_1 为该物质折射率,n_2 为空气折射率,可由全反射定律得

$$\frac{\sin 45^\circ}{\sin 90^\circ} = \frac{n_2}{n_1}$$

又 $$\tan i_0 = \frac{n_2}{n_1}$$

所以 $$\tan i_0 = \frac{\sin 45^\circ}{\sin 90^\circ} = \frac{\sqrt{2}}{2}$$

$$i_0 = 35.5^\circ$$

8.4.3 用玻璃堆获得偏振光

由布儒斯特定律可知,当 $i = i_0$ 时,折射光的偏振化程度最大(相对 $i \neq i_0$ 而言)。实际上,$i = i_0$ 时,折射光与线偏振光还相差很远。例如,当自然光从空气射向普通玻璃时,入射光中垂直振动的能量仅有 15%被反射,其余 85%没全部平行振动的能量都折射到玻璃中,可见通过单个玻璃的折射光,其偏振化程度不高。为了获得偏振化程度很高的折射光,可令自然光通过多块平行玻璃(称为玻璃堆),如图 8.5 所示。使 $i = i_0$ 入射,因射到各玻璃表面的入射线均为起偏角,入射光中垂直振动的能量有 15%被反射,而平行振动能量全部通过。所以,每通过一个面,折射光的偏振化程度就均加一次。如果玻璃体数目足够多,则最后折射光就接近于线偏振光。

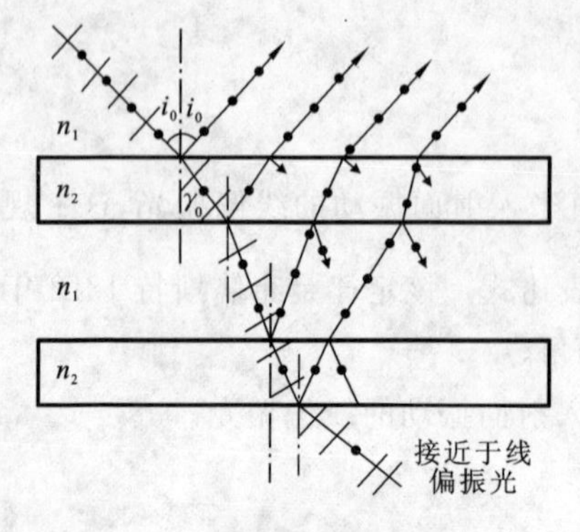

图 8.5 用玻璃堆获得偏振光

证明 自然光入射角为 i_0,通过各面入射时,均以起偏角入射,即

$$\tan \gamma_0 = \frac{n_2}{n_1}$$

因为 $$\frac{\sin\gamma_0}{\sin i_0}=\frac{n_2}{n_1},\quad \sin i_0=\sin\left(\frac{\pi}{2}-\gamma_0\right)=\cos\gamma_0$$

所以 $$\frac{\sin\gamma_0}{\sin i_0}=\frac{\sin\gamma_0}{\cos\gamma_0}=\tan\gamma_0=\frac{n_1}{n_2}$$

可见，γ_0 是光从玻璃中向空气界面入射时的起偏角。

习 题 8

一、选择题。

(1) 一束光强为 I_0 的自然光垂直穿过两个偏振片，且此两偏振片的偏振化方向成 $45°$，则穿过两个偏振片后的光强 I 为(　　)。

(A) $I_0/4\sqrt{2}$　　(B) $I_0/4$　　(C) $I_0/2$　　(D) $\sqrt{2}I_0/2$

(2) 自然光以布儒斯特角由空气入射到一块玻璃表面上，反射光是(　　)。

(A) 在入射面内振动的完全线偏振光

(B) 平行于入射面的振动占优势的部分偏振光

(C) 垂直于入射面振动的完全线偏振光

(D) 垂直于入射面的振动占优势的部分偏振光

(3) 在双缝干涉实验中，用单色自然光在屏上形成干涉条纹。若在两缝后放一个偏振片，则(　　)。

(A) 干涉条纹的间距不变，但明纹的亮度加强

(B) 干涉条纹的间距不变，但明纹的亮度减弱

(C) 干涉条纹的间距变窄，且明纹的亮度减弱

(D) 无干涉条纹

(4) 一束自然光自空气射向一块平板玻璃，设入射角等于布儒斯特角 i_0，则在界面的反射光是(　　)。

(A) 自然光

(B) 线偏振光且光矢量的振动方向垂直于入射面

(C) 线偏振光且光矢量的振动方向平行于入射面

(D) 部分偏振光

二、填空题。

(1) 马吕斯定律的数学表达式为 $I=I_0\cos^2\theta$，式中 I 为通过检偏器的透射光的强度，I_0 为入射________的强度；θ 为入射光________方向和检偏器________方向之间的夹角。

(2) 当一束自然光以布儒斯特角入射到两种媒质的分界面上时，就偏振状态来说反射光为________________，其振动方向________于入射面。

(3) 一束自然光从空气投射到玻璃表面上(空气折射率为 1)，当折射角为 $30°$时，反射光是完全偏振光，则此玻璃板的折射率等于____________。

(4) 光的干涉和衍射现象反映了光的______性质。光的偏振现象说明光波是______波。

三、使自然光通过两个偏振化方向夹角为 $60°$的偏振片时，透射光强为 I_1，今在这两个偏振片

之间再插入一偏振片，它的偏振化方向与前两个偏振片均成 30°，问此时透射光 I 与 I_1 之比为多少？

四、自然光入射到两个重叠的偏振片上。如果透射光强为：(1) 通过第一个偏振片透射光最大强度的三分之一，(2) 入射光强的三分之一，则这两个偏振片透光轴方向间的夹角为多少？

五、一束自然光从空气入射到折射率为 1.40 的液体表面上，其反射光是完全偏振光。试求：

(1) 入射角等于多少？

(2) 折射角为多少？

六、利用布儒斯特定律怎样测定不透明介质的折射率？若测得釉质在空气中的起偏振角为 58°，求釉质的折射率。

七、光由空气射入折射率为 n 的玻璃。在题图 8.1 所示的各种情况中，用黑点和短线把反射光和折射光的振动方向表示出来，并标明是线偏振光还是部分偏振光。题图 8.1 中 $i \neq i_0$，$i_0 = \arctan n$。

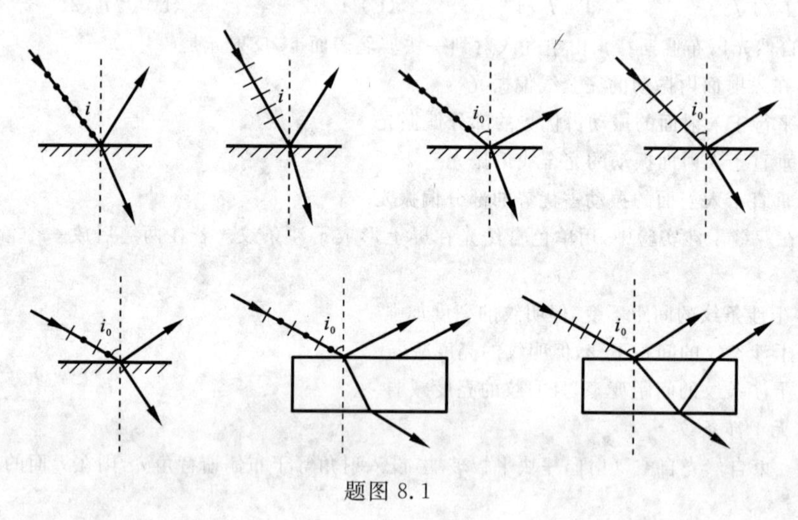

题图 8.1

阅读材料

立体电影和偏振

在观看立体电影时,观众要戴上一副特制的眼镜。这副眼镜就是一对透振方向互相垂直的偏振片。这样,从银幕上看到的景象才有立体感。如果不戴这副眼镜看,银幕上的图像就模糊不清了。

这要从人眼看物体说起,人的两只眼睛同时观察物体,不但能扩大视野,而且能判断物体的远近,产生立体感。这是由于人的两只眼睛同时观察物体时,在视网膜上形成的像并不完全相同,左眼看到物体的左侧面较多,右眼看到物体的右侧面较多,这两个像经过大脑综合以后就能区分物体的前后、远近,从而产生立体视觉。立体电影是用两个镜头如人眼那样从两个不同方向同时拍摄下景物的像,制成电影胶片的。在放映时,通过两个放映机,把用两个摄影机拍下的两组胶片同步放映,使这略有差别的两幅图像重叠在银幕上。这时如果用眼睛直接观看,看到的画面是模糊不清的。要看到立体电影,就要在每架电影机前装一块偏振片,它的作用相当于起偏器。从两架放映机射出的光,通过偏振片后,就成了偏振光。左右两架放映机前偏振片的偏振化方向互相垂直,因而产生的两束偏振光的偏振方向也互相垂直。这两束偏振光投射到银幕上再反射到观众处,偏振光方向不改变。观众用上述偏振眼镜观看电影,每只眼睛只看到相应的偏振光图像,即左眼只能看到左放映机放映出的画面,右眼只能看到右放映机放映出的画面,这样就会像直接观看那样产生立体感觉。这就是立体电影的原理。

部分习题答案

习题 1

一、(1) D (2) D (3) B

二、(1) 10 m，5π m (2) 23 m/s (3) $\boldsymbol{v}_1+\boldsymbol{v}_2+\boldsymbol{v}_3=0$

三、(1) $\boldsymbol{r}=(3t+5)\boldsymbol{i}+\left(\frac{1}{2}t^2+3t-4\right)\boldsymbol{j}$ (2) $\Delta\boldsymbol{r}=(3\boldsymbol{i}+4.5\boldsymbol{j})$ m (3) $\overline{\boldsymbol{v}}=(3\boldsymbol{i}+5\boldsymbol{j})$ m/s

(4) $\boldsymbol{v}_4=(3\boldsymbol{i}+7\boldsymbol{j})$ m/s (5) $\overline{\boldsymbol{a}}=1\boldsymbol{j}$ m/s

(6) $\boldsymbol{a}=1\boldsymbol{j}$ m/s^2

四、$v=2\sqrt{x^3+x+25}$ m/s

五、$v_{10}=190$ m/s， $x_{10}=705$ m

六、(1) $a_\tau=36$ m/s^2， $a_n=1296$ m/s^2 (2) $\theta=2.67$ rad

七、(1) $a=\sqrt{b^2+\frac{(v_0-bt)^4}{R^2}}$， $\varphi=\arctan\frac{a_\tau}{a_n}=\frac{-Rb}{(v_0-bt)^2}$ (2) 当 $t=\frac{v_0}{b}$时，$a=b$

八、$v=0.16$ m/s，$a_n=0.064$ m/s^2，$a_\tau=0.08$ m/s^2，$a=0.102$ m/s^2

九、(1) $v_{21}=50$ km/h，方向北偏西 36.87°

(2) $v_{12}=50$ km/h，方向南偏东 36.87°

习题 2

一、(1) C (2) C

二、(1) 290 J (2) $\frac{v^2}{2s}$，$\frac{v^2}{2gs}$ (3) E_k，$\frac{2}{3}E_k$

三、$a_1=\frac{(m_1-m_2)g+m_2a'}{m_1+m_2}$，$a_2=\frac{(m_1-m_2)g-m_1a'}{m_1+m_2}$，$f=T=\frac{m_1m_2(2g-a')}{m_1+m_2}$

四、$y=\frac{1}{2v_0^2}g\sin\alpha\cdot x^2$

五、$\boldsymbol{r}=\left(-\frac{13}{4}\boldsymbol{i}-\frac{7}{8}\boldsymbol{j}\right)$ m，$\boldsymbol{v}=\left(-\frac{5}{4}\boldsymbol{i}-\frac{7}{8}\boldsymbol{j}\right)$ m/s

六、略

七、$56\boldsymbol{i}$ kg·m/s，沿 x 轴正向，$\Delta\boldsymbol{v}_1=5.6\boldsymbol{i}$ m/s，$\boldsymbol{I}_1=56\boldsymbol{i}$ kg·m/s

八、$-m\omega(a\boldsymbol{i}+b\boldsymbol{j})$，$-m\omega(a\boldsymbol{i}+b\boldsymbol{j})$，$-m\omega(a\boldsymbol{i}-b\boldsymbol{j})$

九、(1) $t=\frac{a}{b}$ (2) $I=\frac{a^2}{2b}$ (3) $m=\frac{I}{v_0}=\frac{a^2}{2bv_0}$

十、(1) -45 J (2) 75 W (3) -45 J

十一、0.414 cm

十二、$\frac{\Delta x_1}{\Delta x_2}=\frac{k_2}{k_1}$，$\frac{E_{p1}}{E_{p2}}=\frac{k_2}{k_1}$

十三、(1) 38.32×10^6 m (2) 1.28×10^6 J

十四、$k=1450$ N/m,0.87 m

十五、$v=\sqrt{\dfrac{2MgR}{m+M}}$

*十六、略

习题 3

一、(1) C (2) A (3) A (4) E

二、(1) 0.15 $\mathrm{m/s^2}$,1.256 $\mathrm{m/s^2}$ (2) 对 O 轴的角动量,在子弹击中木球的过程中系统所受外力对 O 轴的合外力矩为零,机械能 (3) $<$

三、(1) $\Delta\boldsymbol{p}=15\boldsymbol{j}$ kg·m/s (2) $\Delta\boldsymbol{L}=82.5\boldsymbol{k}$ $\mathrm{kg\cdot m^2/s}$

四、$\omega'=\sqrt{\dfrac{M_1 g}{mr_0}}\left(\dfrac{M_1+M_2}{M_1}\right)^{\frac{2}{3}}$,$r'=\left(\dfrac{M_1}{M_1+M_2}\right)^{\frac{1}{3}}\cdot r_0$

五、(1) $t=7.06$ s,53.1 转 (2) 177 N

六、(1) 6.13 $\mathrm{rad/s^2}$ (2) 17.1 N,20.8 N

七、$a=7.6$ $\mathrm{m/s^2}$

八、(1) $\dfrac{3g}{2l}$ (2) $\sqrt{\dfrac{3g\sin\theta}{l}}$

九、(1) $\dfrac{\sqrt{6(2-\sqrt{3})gl}}{12}\dfrac{3m+M}{m}$ (2) $\dfrac{\sqrt{6(2-\sqrt{3})gl}}{6}M$,与初速度方向相反

*十、(1) $H=\dfrac{v_0^2}{2g}=\dfrac{1}{2g}R^2\omega^2$ (2) ω,$\left(\dfrac{1}{2}MR^2-mR^2\right)\omega$,$\dfrac{1}{2}\left(\dfrac{1}{2}MR^2-mR^2\right)\omega^2$

十一、2.0 m/s

习题 4

一、(1) D (2) D (3) D

二、(1) $\dfrac{2}{3}$ (2) b、f、a、e (3) $x=A\cos(2\pi t/T-\pi/2)$,$x=A\cos(2\pi t/T-\pi/3)$

三、(1) $\dfrac{1}{4}$ s,0.1 m,$2\pi/3$,2.51 m/s,63.2 $\mathrm{m/s^2}$ (2) 0.63 N,3.16×10^{-2} J,1.58×10^{-2} J,1.58×10^{-2} J,$\pm\dfrac{\sqrt{2}}{20}$ m (3) $\Delta\varphi=32\pi$

四、(1) π,$x=A\cos\left(\dfrac{2\pi}{T}t+\pi\right)$ (2) $\dfrac{3}{2}\pi$,$x=A\cos\left(\dfrac{2\pi}{T}t+\dfrac{3}{2}\pi\right)$ (3) $\dfrac{\pi}{3}$,$x=A\cos\left(\dfrac{2\pi}{T}t+\dfrac{\pi}{3}\right)$ (4) $\dfrac{5}{4}\pi$,$x=A\cos\left(\dfrac{2\pi}{T}t+\dfrac{5}{4}\pi\right)$

五、(1) $12\sqrt{2}$ m,-4.2×10^{-3} N,沿 x 轴负向 (2) $\dfrac{2}{3}$ s (3) 7.1×10^{-4} J

六、1.26 s,$x=\sqrt{2}\times10^{-2}\cos\left(5t+\dfrac{5}{4}\pi\right)$

七、$x_a=0.1\cos\left(\pi t+\dfrac{3}{2}\pi\right)$,$x_b=0.1\cos\left(\dfrac{5}{6}\pi t+\dfrac{5\pi}{3}\right)$

八、$\dfrac{3}{2}\pi$,$\theta=3.2\times10^{-3}$ rad,$\theta=3.2\times10^{-3}\cos\left(3.13t+\dfrac{3}{2}\pi\right)$ rad

九、0.1 m，$\frac{\pi}{2}$

十、10 cm，0

十一、0.1 m，$\frac{\pi}{6}$，$x=0.1\cos\left(2t+\frac{\pi}{6}\right)$

习题 5

一、(1) D　(2) A　(3) A

二、(1)0.5　(2) 0.02 m，2.5 m，100 Hz，250 m/s　(3) $y_2=A\cos2\pi\left(\nu t-\frac{x}{\lambda}\right)$，$2A\cos\left(2\pi\frac{x}{\lambda}+\frac{\pi}{2}\right)\cos\left(2\pi\nu t+\frac{\pi}{2}\right)$，$x=(2k-1)\frac{\lambda}{4}$

三、(1) $A,\frac{B}{C},\frac{B}{2\pi},\frac{2\pi}{B},\frac{2\pi}{C}$　(2) $y=A\cos(Bt-Cl)$　(3) Cd

四、(1) 0.5π m/s，$5\pi^2$ m/s^2　(2) 9.2π，0.825 m

五、(1) $\varphi_O=\frac{\pi}{2},\varphi_A=0,\varphi_B=-\frac{\pi}{2},\varphi_C=-\frac{3\pi}{2}$　(2) $\varphi'_O=-\frac{\pi}{2},\varphi'_A=0,\varphi_B=\frac{\pi}{2},\varphi'_C=\frac{3\pi}{2}$

六、(1) $y=0.1\cos\left[5\pi\left(t-\frac{x}{5}\right)+\frac{3\pi}{2}\right]$

(2)

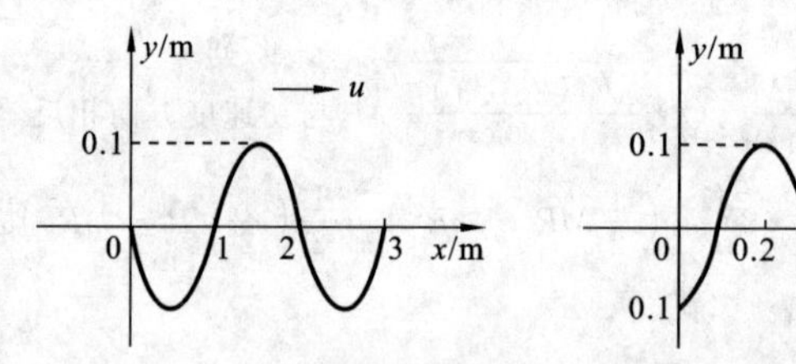

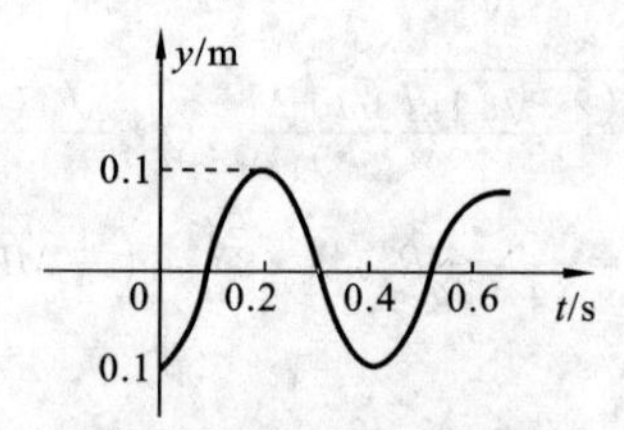

七、(1) $y=0.1\cos\left[\pi\left(t-\frac{x}{2}\right)+\frac{\pi}{2}\right]$　(2) $y=0.1\cos\left[\left(\pi t-\frac{\pi}{2}+\frac{\pi}{2}\right)\right]=0.1\cos\pi t$

八、(1) $y=0.1\cos\left[10\pi\left(t-\frac{x}{10}\right)+\frac{\pi}{3}\right]$　(2) $y_P=0.1\cos\left(10\pi t-\frac{4}{3}\pi\right)$，图略　(3) 1.67 m　(4) $\frac{1}{12}$ s

九、(1) $y=A\cos\left[\omega\left(t+\frac{l}{u}-\frac{x}{u}\right)+\varphi_0\right]$，$y=A\cos\left[\omega\left(t+\frac{x}{u}\right)+\varphi_0\right]$

(2) $A_Q=A\cos\left[\omega\left(t+\frac{b}{u}\right)+\varphi_0\right]$

十、$y=0.2\cos\left[2\pi\left(\frac{t}{2}+\frac{x}{4}\right)-\frac{\pi}{2}\right]$，图略

十一、(1) 0　(2) 4×10^{-3} m

*十二、(1) 合成波 $y=0.12\cos\pi x\cos4\pi t$，故为驻波振动，波腹位置，$x=k$，$k=0,\pm1,\pm2,\cdots$，波节位置，$x=(2k+1)\frac{1}{2}$，$k=0,\pm1,\pm2,\cdots$　(2) 0.12 m，0.097 m

*十三、30 m/s

习题 6

一、(1) B　(2) A　(3) B　(4) A　(5) D

二、(1) $2\pi d\sin\theta/\lambda$ (2) 0.45 mm (3) 900 (4) 密 (5) 向上 (6) 向下 (7) 棱边,保持不变

三、(1) 6000 Å (2) 3 mm

四、6.6 μm

五、4.5×10^{-2} mm

六、6731 Å

七、紫红色,绿色

八、($1993k+996$) Å

九、(1) 1.85×10^{-3} m (2) 4091 Å

十、6289 Å

习题 7

一、(1) B (2) B (3) D (4) B (5) B

二、(1) $\lambda/\sin\theta$ (2) 4 (3) 疏,疏 (4) 3.0 (5) N^2,N

三、(1) 6000 Å,4700 Å (2) 3、4(明纹) (3) 7、9

四、3

五、(1) $a+b=6.0\times10^{-6}$ m (2) 1.5×10^{-6} m (3) $k=0,\pm1,\pm2,\pm3,\pm5,\pm6,\pm7,\pm9$

六、1.5 mm

七、13.86 cm

*八、1.30 Å,0.97 Å

习题 8

一、(1) B (2) C (3) B (4) B

二、(1) 线偏振光(或完全偏振光,或平面偏振光),光(矢量)振动,偏振化(或透光轴) (2) 完全偏振光(或线偏振光),垂直 (3) $\sqrt{3}$ (4) 波动,横

三、2.25

四、(1) 54°44′,35°16′

五、(1) 54°28′ (2) 35°32′

六、说明略,1.60

七、图略

参考文献

[1] 程守洙,江之永.普通物理学[M].7版.北京:高等教育出版社,2016.

[2] 李迺伯.物理学[M].3版.北京:高等教育出版社,2011.

[3] 吴百诗.大学物理学[M].北京:高等教育出版社,2004.

[4] 赵近芳.大学物理学[M].3版.北京:北京邮电大学出版社,2008.

[5] 赵近芳,王登龙.大学物理学[M].4版.北京:北京邮电大学出版社,2014.

[6] R P Feynman,M A Gottlieb,R Leighton,等.费恩曼物理学讲义[M].潘笃武,李洪芳,郑永令,等,译.上海:上海科学技术出版社,2013.